高职高专园林园艺专业"十三五"规划教材

园林庭院景观施工图设计

YUANLIN TINGYUAN JINGGUAN SHIGONGTU SHEJI

主　编：何礼华　黄敏强

副主编：胡秀萍　罗　盛　邹卫妍

　　　　周艳丽　黄筱珍　应芳红

ZHEJIANG UNIVERSITY PRESS

浙江大学出版社

图书在版编目（CIP）数据

园林庭院景观施工图设计 / 何礼华 黄敏强 主编.—
杭州：浙江大学出版社，2020.6（2025.1重印）
　　ISBN 978-7-308-20402-6

Ⅰ．①园 … Ⅱ．①何 … ②黄 … Ⅲ．①庭院—
园林设计—景观设计—工程制图—高等职业教育—教材
Ⅳ．①TU986.2

中国版本图书馆CIP数据核字（2020）第134179号

园林庭院景观施工图设计

何礼华　黄敏强　主编

责任编辑	王元新
责任校对	徐　霞
封面设计	林智广告
出版发行	浙江大学出版社
	（杭州市天目山路148号　　邮政编码　310007）
	（网址：http://www.zjupress.com）
排　　版	杭州林智广告有限公司
印　　刷	杭州高腾印务有限公司
开　　本	889mm×1194mm　1/16
印　　张	12　　　彩插　4
字　　数	312千
版 印 次	2020年6月第1版　2025年1月第8次印刷
书　　号	ISBN 978-7-308-20402-6
定　　价	48.00元

编 写 委 员 会

顾　问：李　夺【北京绿京华生态园林股份有限公司董事长，高级工程师，园林
　　　　　　　国手品牌创始人，国家职业技能鉴定高级考评师，第44届世界
　　　　　　　技能大赛园艺项目中国技术指导专家，全国多个省（区、市）
　　　　　　　园林景观设计与施工赛项裁判长】

　　　　张万荣【浙江农林大学风景园林与建筑学院教授级高级工程师，中国风
　　　　　　　景园林学会风景名胜专业委员会理事，《风景园林工程》主编，
　　　　　　　《浙江省园林工程施工规范》主编，杭州市工程技术人员高级
　　　　　　　工程师资格评审委员会委员】

主　任：何礼华【杭州富阳真知园林科技有限公司总经理、教学总监，全国多家
　　　　　　　高职院校客座教授，园林国培基地培训师，园林植物、植物造
　　　　　　　景、工程材料等教材主编，中国造园技能大赛国际邀请赛裁判，
　　　　　　　全国多个省（区、市）园林景观设计与施工赛项裁判长】

副主任：黄敏强【杭州凰家园林景观有限公司总裁、艺术总监，高级工程师，浙
　　　　　　　江省花卉协会花园分会副会长，华南农业大学笨鸟文化高级培
　　　　　　　训师，浙江农林大学风景园林与建筑学院人才培养企业导师，
　　　　　　　浙派园林文旅研究中心顾问，《花园集》编委】

　　　　郭　磊【北京景园人园艺技能推广有限公司总经理，园林国手品牌负责人，
　　　　　　　主导系列"中国造园技能大赛国际邀请赛"，主持编写《园林
　　　　　　　国手职业技能评价体系》，策划出版《园林国手系列丛书》】

　　　　万孝军【江苏农林职业技术学院副教授，一级建造师，2018年江苏省状
　　　　　　　元赛优秀指导老师，2019年园林国赛优秀指导老师，世界技能
　　　　　　　大赛园艺项目中国集训基地教练、裁判，全国多个省（区、市）
　　　　　　　园林景观设计与施工赛项裁判长】

　　　　刘秀云【上海农林职业技术学院园林系主任、副教授，中国现代农业职
　　　　　　　业教育集团副秘书长，上海市园艺学会理事，上海市花卉协会
　　　　　　　理事，多次担任上海市"星光计划"职业技能大赛和世界技能
　　　　　　　大赛园艺项目上海市选拔赛裁判】

委　员：李利博（唐山职业技术学院）
　　　　陶良如（河南农业职业学院）
　　　　徐洪武（池州职业技术学院）
　　　　李玉舒（北京农业职业学院）
　　　　于桂芬（辽宁农业职业技术学院）
　　　　管　虹（潍坊职业学院）
　　　　符志华（重庆三峡职业学院）
　　　　郑　淼（山西林业职业技术学院）
　　　　张晓红（甘肃林业职业技术学院）
　　　　温　和（黑龙江建筑职业技术学院）
　　　　陈徐佳（广东科贸职业学院）
　　　　李　璟（宜宾职业技术学院）
　　　　沙环环（宁夏建设职业技术学院）
　　　　孟　洁（咸宁职业技术学院）
　　　　高建亮（湖南环境生物职业技术学院）
　　　　李　刚（江西环境工程职业学院）
　　　　莫东颖（广西农业职业技术学院）
　　　　孟　丽（山东城市建设职业学院）
　　　　唐长贞（安庆职业技术学院）
　　　　刘桂玲（浙江建设技师学院）
　　　　孙巨淼（杭州第一技师学院）
　　　　李四明（杭州萧山技师学院）
　　　　卢承志（杭州博古科技有限公司）
　　　　周文飞（杭州凰家园林景观有限公司）
　　　　虞海峰（杭州之江园林绿化艺术有限公司）
　　　　何敏豪（杭州富春湾新城基础设施建设有限公司）

主　　编：何礼华（杭州富阳真知园林科技有限公司）

黄敏强（杭州凰家园林景观有限公司）

副 主 编：胡秀萍（丽水职业技术学院）

罗　盛（重庆工程职业技术学院）

邹卫妍（苏州农业职业技术学院）

周艳丽（咸宁职业技术学院）

黄筱珍（杭州科技职业技术学院）

应芳红（杭州凰家园林景观有限公司）

参编人员：肇丹丹（唐山职业技术学院）

张　纯（杨凌职业技术学院）

刘玮芳（池州职业技术学院）

李庆华（山西林业职业技术学院）

张俊丽（潍坊职业学院）

黄　晖（深圳职业技术学院）

夏建红（闽西职业技术学院）

冯　磊（河南建筑职业技术学院）

张秋英（吉安职业技术学院）

田若凡（恩施职业技术学院）

庞勇奇（江西现代职业技术学院）

谢二兰（海南经贸职业技术学院）

施春燕（杭州萧山技师学院）

于超群（山东城市建设职业技术学院）

前　言

　　园林景观工程设计制图是高职院校园林、园艺、环境艺术专业学生必须熟练掌握的基本功，制图的规范性直接影响后期工程的施工质量和整体景观效果。编者近几年参与多个省（区、市）国赛"园林景观设计与施工"项目选拔赛和中国造园技能大赛（园艺项目）国际邀请赛（世赛）的裁判工作，发现各个院校的设计图里都存在一定的细节问题，觉得有必要组织编写一本针对国赛和世赛的小庭院景观施工图设计方面的教材，提供较为规范的施工图画法，供读者参考学习。

　　根据收集到的园林国赛选拔赛和中国造园技能大赛国际邀请赛的几十套图纸，经过整理分析，编者认为主要存在以下问题：①图框，形式五花八门，有的标题栏布局欠妥。②图纸目录，大多内容不太准确。③设计与施工说明，有的过于简单，没有把施工要求说清楚。④总平面图、索引图、尺寸标注图等，标注字号偏小，标注的内容不规范。⑤网格定位图，有些图纸没有实线与虚线之分，线条混乱不清。⑥竖向标高图，有的指定标高位置的图例错误。⑦水电布置图，有的缺少"水电材料表"或内容不规范。⑧种植设计图（植物配置图），有的缺少"苗木表"或者苗木表的排版不规范。⑨立面图、剖面图、断面图，有的混淆了三者的概念，有的剖面符号与断面符号表达不准确。⑩有些施工详图中的材料图例有误，混凝土、天然石材、木材、自然土壤等图例的错误较多。

　　此外，针对各类竞赛图纸中出现的其他问题，编者提出以下几点建议：①受竞赛条件限制，部分结构层不能按照实际工程结构施工，但在图纸设计时应本着和实际接轨的原则，按照实际工程结构画图。建议在施工详图里对于不能施工的结构层可以注明"竞赛施工省略"。②施工图涉及的内容较多，一般情况下要求根据图纸的内容，对重要的部分用粗线突出，对次要的部分用细线绘制，以区别主次。③施工图详图的排版，应当考虑排版的美观度，合理选择不同详图的比例设置，从而达到最佳的版面效果。④小庭院的苗木规格通常较小，苗木表里的规格（m）不太合适，建议采用 cm 作为苗木规格的单位。⑤竞赛规程要求，所有图纸以 .jpg 格式出图，建议先从 CAD 导出 .pdf 格式，再转存 .jpg 格式。.pdf 出图时，至少设置 300dpi 的分辨率，以确保图纸的清晰度，便于施工组进行精准施工。

　　本教材第三部分对上述常见细节问题提出了具体的修正建议，以利于今后画图时避免出现类似的问题。第四部分收录了六套设计较为规范的施工图，其中三套是园林国赛赛前训练用图，两套是中国造园技能大赛国际邀请赛竞赛用图，一套是真实别墅庭院景观的施工图。

　　为充分利用行业企业资源，本教材在校企合作方面进行了积极探索，创新地采用企业牵头、高职院校教师参与的合作编写方式；由杭州凰家园学科技有限公司何礼华总工程师和杭州凰家园林景观有限公司黄敏强总经理担任主编；丽水职业技术学院胡秀萍老师、重庆工程职业技术学院罗盛老师、苏州农业职业技术学院邹卫妍老师、咸宁职业技术学院周艳丽老师、杭州科技职业技术学院黄筱珍老师、杭州凰家园林景观有限公司应芳红经理担任副主编；杨凌职业技术学院张纯等十二位老师参加了编写工作。

　　本教材在编写过程中得到了浙江农林大学、丽水职业技术学院、重庆工程职业技术学院、苏州农业职业技术学院、咸宁职业技术学院、杭州科技职业技术学院、浙江建设技师学院、杭州第一技师学院、杭州萧山技师学院的领导和老师的大力支持，在此一并致以衷心的感谢。同时还要感谢宁波城市职业技术学院陈淑君老师提供部分文字资料以及浙江城建规划设计院有限公司邵卫峰、天尚设计集团有限公司陈杰、杭州派兰景观规划设计有限公司毛付琴等设计师协助修正本教材中的部分设计图。

　　由于编写人员水平有限，教材中难免存在错误和疏漏之处，敬请行业专家和广大读者批评指正。

编　者
2019 年 12 月

目 录
CONTENTS

1 庭院景观设计的总体构思

庭院景观设计的总体构思在庭院景观设计过程中起到"提纲挈领"的作用,对庭院整体景观风貌的形成具有决定性的意义。它也是开展其他项目设计的基础,庭院中的山水地形、园路铺地、建筑小品及植物景观的详细设计都要紧紧围绕总体构思与布局展开,从而形成协调统一的美观的庭院景观。

1.1 庭院景观的风格与分区

庭院景观的设计风格与功能分区在庭院景观设计过程中占有举足轻重的地位。如同写文章一样,先要确定主题,再划分段落,然后才是展开写具体内容。庭院景观设计也是讲究"意在笔先",所以首先要进行景观设计定位,再进行景观分区,然后才是整体景观布局与构图设计。其主要内容包括以下两个方面:

1. 根据庭院建筑风格、用地条件、场所特点及业主喜好等确定合理的设计风格,并结合造园艺术、地域文化等,确定设计主题与设计理念。

2. 根据庭院类型、用地现状、功能及造景要求,对庭院空间进行合理划分,使不同的区域满足不同的功能要求,形成不同的景观特色。

1.1.1 庭院景观的风格

不同国家、不同民族由于文化上的差异,它们之间的庭院景观风格也各不相同。最为常见的有中式、日式、欧式以及现代风格,其中欧式风格又涵盖了意大利、法国、英国、德国等多个国家的风格。

1. **中式风格**。随着时代的变迁和社会的进步,人们的审美观念与情趣逐渐发生变化,中式风格的庭院景观也从传统的中式风格向新中式风格发展。

(1)传统中式风格。传统中式庭院深受传统哲学和绘画的影响,倾心于对自然美的追求,讲究"虽由人作、宛自天开"的境界。传统

中式庭院又可细分为北方、江南及岭南庭院。北方庭院端庄、典雅;江南庭院清秀、雅致;岭南庭院秀丽、活泼。其中以江南写意山水庭院风格最具代表性。

传统中式风格庭院景观主要有以下特征:①本于自然,高于自然。往往在有限的空间范围,模拟与提炼大自然中的美景,创造出与自然协调共生的景观。②以山水景观为主。庭院往往以山水作为全园景观的构图中心,其他造园要素围绕山水布置。③建筑美与自然美相融合。庭院建筑力求与山、水、植物等造园要素有机地组织在一起,达到人工美与自然美的高度统一。④讲究诗画情趣与意境的寓涵。庭院景观营造注重寓情于景,情景交融,寓义于物,以物比德,庭院处处诗情画意,意境深远。

(2)新中式风格。新中式风格又称为现代中式风格,是中国传统风格揉入现代时尚元素的一种设计风格。

新中式风格的庭院通过将现代元素和传统元素的有机融合,既保留了传统文化,又体现了时代特色。因此,此类庭院景观往往既有传统韵味,又符合现代人的审美情趣。

新中式风格庭院景观主要有以下特征:①采用传统的造园手法,结合现代景观元素,营造丰富多变的景观空间。它通过景墙、曲桥等进行空间的分隔,增加层次与景深效果。②运用具有中国传统韵味的色彩,如灰、白、黑、红、黄等,结合现代景观材料,营造多样的视觉效果。白色的粉墙、红色的棚架、灰黑的景墙等元素之间形成强烈的色彩对比,既有传统风韵,又具时尚感。③将中国传统的元素融入具有现代感的外观形式中,将传统建筑中的石狮作为景观小品运用于现代庭院。④注重传统植物的种植及植物空间的营造,将松、竹、梅、荷花、兰花、菊花等传统植物运用于现代庭院之中。

2. **日式风格**。日式庭院受中国传统文化的影响很深,亦崇尚自然,但在表现方式上逐渐摆脱了中式庭院的诗情画意和浪漫情趣,走向了枯、寂、佗的境界。日式庭院可分为枯山水庭院、茶道庭院及池泉庭

等多种形式。枯山水庭院是日式庭院的精华，是以砂代水、以石代岛的做法，通过精细耙制的白砂石铺地、叠放有致的石组，表现海洋与岛屿，追求禅意的枯寂美；茶道庭院即茶室庭院，一般面积很小，通常以拙朴的步石象征崎岖的山间石径，以地上的矮松寓指茂盛的森林，以蹲踞式的洗手钵象征山泉，加之竹篱、石灯笼等共同营造出清幽、寂静的茶道氛围；池泉庭以池泉为中心，布置山石、瀑布、溪流、桥、亭、榭等景观，是对自然山水的一种模拟。

日式风格庭院景观主要有以下特征：①往往以表现海洋、岛屿、瀑布、溪流及置石等自然景观为主。②善于用质朴的素材、抽象的手法表达玄妙深邃的儒、释、道法理，体现出禅宗的意境。③自然、简洁、凝练、素雅，注重对自然的提炼与浓缩。④以山石、白砂、水体、建筑及具有禅宗意义的建筑小品等为主要造园要素，精心布局，形成日式庭院独特的景观。⑤植物配置师法自然，以常绿植物为主，并注重四季变化。⑥精于细节，注重对材料的选择。

3. 欧式风格。欧式庭院受西方哲学基础、美学思想的影响，追求人工美、几何美。庭院景观规则而有序，往往由建筑统帅全园，布置规则形式的水体、大面积的草坪、修剪成几何形状的植物等，追求布局的对称性。欧式庭院风格一方面反映西方人定胜天、人力能够改变自然、人工美高于自然美的哲学思想；另一方面反映数理主义美学，将一切都纳入严格的几何制约关系中。欧式庭院较为典型的有意大利式与法式庭院，英式风格较为与众不同，通常以理性、客观的写实手法表现景物的自然美。

（1）意大利式风格。意大利半岛多山地，故其庭院景观呈现台地园式风格。

意大利式风格庭院景观主要有以下特征：①在整体布置上采用较为整齐的格局，往往沿山坡引出的一条中轴线，开辟一层层的台地，设置花坛、喷泉、雕像等景观。②植物规整有序，沿中轴线的两边布置，以模纹绿丛植坛为主，而少用鲜花。③庭院水景往往借地形台阶修成渠道，形成层层下跌的叠水景观。④庭院中较多运用石作，如台阶、平台、雕塑、花盆、亭、廊等通常采用石材构筑。

（2）法式风格。受意大利规则式台地造园艺术的影响，法式庭园也是规整而有序，不同的是法国以平原为主且多河流湖泊，因此在布局上更显庄重与典雅。

法式风格庭院景观主要有以下特征：①有明显的中轴线，景物沿中轴线呈对称布局，有较强的图案效果。②沿中轴线两边主要布置修剪整齐的常绿植物、静水池、喷泉、雕像、模纹花坛等景物。③水景以水渠、静水池、喷泉等景观为主。

（3）英式风格。英式风格庭院与其他的欧式庭院有较大的区别，它讲究"自然天成"，注重各类花卉在庭院中的运用。

英式风格庭院景观主要有以下特征：①追求自然之美，常以理性、客观的写实，再现自然景观。②往往借鉴风景画的原理，把花园布置得如同大自然的一部分，形成自然风致式庭院。③常有自然的水池、蜿蜒的道路、起伏的草地，草地上点缀孤植树、树丛、树群等景观。④常以植物景观为主，种类繁多，色彩丰富，并且注重花卉的布置，乃至形成主题花园，如玫瑰园、百合园等。

4. 现代风格。现代风格庭院也是目前比较流行的一种风格类型，它摆脱了传统庭院程式化的束缚，不再刻意追求烦琐的装饰，主要追求良好的使用功能，强调平面布置与空间组织的自由性，注重形式美，尊重材料的特性，整体上表现出简约之美。

现代风格庭院景观主要有以下特征：①采用以少胜多的手法，通过简洁的线条与形体，产生明快的空间感。②追求非对称构图和动态平衡，可以采用规则的几何直线构图，也可以采用流畅的曲线构图。③色彩不多，但对比较为强烈。④注重植物个体的形式美。⑤注重新材料的应用以及传统材料的新用，突出材料的质感。

1.1.2 庭院景观的分区

所谓分区就是将庭院分成若干个区域，以适应景观功能或主题组织等方面的需要，然后再对各个分区进行详细规划。庭院景观功能分区是形成景观基本格局的重要步骤，为后续的空间组织、景观营造奠定了基础。

庭院景观根据分区规划的标准、要求不同，主要分为景色分区和功能分区两种形式。

1. 景色分区。景色分区是指将庭院中某类景观突出的各个区域划分出来，并拟定某一主题进行统一规划。如以草坪、水景区、花卉区等特定景观为主题进行分区，又如以春、夏、秋、冬景观为主题进行分区等。

2. 功能分区。将庭院用地按活动内容和功能需要来进行分区规划，使不同空间和区域满足不同的功能要求。如观赏区、健身区、休闲娱乐区、户外烧烤区、儿童游戏区、蔬菜种植区等。

庭院景观功能分区的方法：

（1）根据使用功能要求分区。别墅庭院是家庭居住空间的延伸，具有休憩、聊天、健身、游戏、娱乐、晒衣、园艺、室外烹饪与就餐、招待朋友和储存杂物等功能。除此之外，庭院还有兼顾停车、交通组织要求。在设计时具体分析业主在使用功能上的需求，以对庭院进行合理的功能安排。

（2）根据业主或使用者的需要分区。家庭成员的结构及喜好对别墅庭院功能分区有一定的影响，如有幼儿家庭的庭院可以设置儿童游戏区域，有些家庭喜欢自己种些瓜果蔬菜，则可专门开辟一块蔬菜种植区。

（3）根据用地情况合理分区。庭院用地状况对功能区域的设置与安排有较大的影响，如活动区与游戏区最好布置于平坦开敞的地方，而蔬菜种植区则最好布置于阳光充足、土壤肥沃并靠近水源的地方。

另外，有些功能上联系性较强的区域可以布置得紧密些，有些功能上不相兼容的区域则应当分开设置。

1.2 庭院景观的平面构图与布局形式

构图是从概念到形式的过程，在这一过程中，对于庭院景观的各种构思与想法将以具体的图形图线表达出来。庭院景观的平面构图主要是通过点、线、面等基本造型元素表达出各景观构成要素的平面形状及相互关系。庭院景观平面构图要符合形式美的原则，始终围绕景观构思与布局展开，从而使功能与形式得到统一。其主要包括以下三方面内容：

（1）根据庭院景观整体布局形式确定庭院景观平面构图的基本形式。

（2）确定庭院景观平面构成的主要图形与图线，并按形式美法则对庭院景观构成要素进行平面构图，使庭院景观的各种构想通过具体的图形与图线加以表达。

（3）根据国家制图标准绘制庭院景观总平面图。

1.2.1 庭院景观平面构图的基本元素

点、线、面是平面构图最为基本的元素，且在庭院景观设计中起到十分重要的作用。

1. 点。点在平面构图中具有重要的作用。单一点具有集中醒目特点，使人感觉明确、坚定和充实，能够形成平面构图中心。平面上有两个分量相近的点，当各自占有其位置时，会使张力作用集中在两点的视线上，在心理上产生吸引与连接的效果。当两点大小不同时，观察者的注意力会集中在优势一方，然后再向劣势一方转移。空间上的三点在三个方向平均散开时，其张力作用就表现为一个三角形。多个点如果比较稀疏地排列，会使人感到疏朗，反之则使人感到充实与饱满。当点与点之间连续靠近就会产生线的感觉。点的聚集又会产生面的感觉。

2. 线。线在平面构图中非常灵活多变，线主要强调方向与外形。线形不同其表现的特性也往往不同，平面构图中常用的线形有以下几种：①直线。直线主要包括水平线、垂直线、斜线等。水平线与垂直线简洁明快、刚直有力；斜线是相对于水平线与垂直线而言的，与它们产生一定角度以达到方向上的对比和变化，从而打破平面构图的呆板。②曲线。曲线主要包括几何曲线与自由曲线。几何曲线是指用圆规绘制而成的曲线，如圆弧线、螺旋线等，几何曲线具有圆润、优雅的感觉；自由曲线不用圆规绘制，比几何曲线更具灵活性，给人以自由、柔美的感觉。

3. 面。面在平面构图中往往强调形状和面积。面主要分为三种类型：①直线形面。它具有直线所表现的心理特征，简洁、方正、稳定、有序，主要有矩形、三角形及其他多边形等。②曲线形面。它具有曲线所表现的心理特征，几何曲线形面主要有圆形、椭圆形、螺旋形等；自由曲线形面形式丰富，如椭圆形、扇贝形等。③偶然形面。它是不按人意志产生的图形，这种形式的平面构图往往较为自然、多变，在构图中可以产生一些特殊的效果。

4. 庭院景观中的点、线、面。庭院景观中的"点、线、面"不同于几何学上的意义，是具有大小、形态、色彩、肌理的景观构成元素。庭院中的亭子、花架、雕塑、喷泉、景石、孤植树等往往以"点"的形式存在；园路、长廊、溪流、围墙、绿篱及列植的树木则常以"线"的形式存在；草坪、铺地、水面、树林等多以"面"的形式存在。因此，在平面构图时要结合地形、水体、植物、园路、建筑等具体的景观构成要素选择合适的构图元素。

1.2.2 庭院景观平面构图元素的组合

虽然各个庭院大多由点、线、面等基本的平面构图元素组成，但其组合形式却是千变万化，能形成不同庭院的平面结构特征。

1. 点的组合构图。点具有高度的积聚性，易形成构图的焦点与中心。因此，庭院中的点往往布置于轴线的交点、端点或是构图几何中心与视觉重心的位置。在平面构图时，要确定庭院中核心点所对应的景物及其数量、位置与相互间的组合关系，使点与点之间构成良好的呼应关系，形成均衡与稳定的画面。

2. 线的组合构图。线的不同组合是形成平面图形多样化的基础。线与线的组合有连接、分离、平行排列、交错排列等众多关系。在线的组合设计时重点要处理好统一与变化的关系，使整体图面既生动活泼又协调统一。在平面构图时，通常可以通过一定的网格线形成控制性的构架，使线的组合变化在整体架构下进行，以确保构图的整体感与协调性。在网格控制下对同一庭院空间采用不同的图线进行构图设计。网格在划分时要注意与庭院建筑转角、入口、门窗等的对应关系。另外，对于以曲线为主的线条组合则需考虑不同长度、方向、曲率的弧线之间的衔接关系，使其平滑过渡。

3. 面的组合构图。庭院平面构图中的面多以直线形或曲线形为主，下面分别以圆形、方形、自由曲线形等为例阐述它们在组合设计中需要注意的问题。圆形的组合构图主要有两种形式，即叠加圆形式与同心圆形式。叠加圆形式是将许多大小不一的圆形按形式美的规律叠加在一起，整体上形成有大有小、有主有次的图形效果。圆在叠加时要注意使圆的圆周通过或靠近另一个圆的圆心，避免叠加太多或太少，如圆形铺地与草坪的组合。同心圆形式主要通过不同大小的圆，即不同半径的圆相互组合而成，该种形式可用于形成视觉中心。

方形的组合构图以正方形与长方形相互叠加组合为主，主要有正向组合、斜向组合、正斜组合等形式。方形在叠加时除了要注意大小变化与整体均衡外，还应与建筑平面形状、尺度协调与呼应关系有关。方形在叠加时可以将重叠部分限制在1/4、1/3或1/2边长以内，以保持每个方形自身的可识别性。方形构图还可以通过角度的旋转形成斜向的组合构图或是正向与斜向的组合构图，这种构图能够使平面构图更为活泼或是满足庭院在朝向上的某种要求，一般以60°、45°角的方向较为常见。

自由曲线形之间的组合通常也以叠加为主，其可以将一个图形包含于另一个大的图形之中，或是叠加在曲线形的边缘位置，叠加时要注意尽量减少锐角的形成。

4. 点、线、面的组合构图。 在平面构图时，仅仅依靠某种单一的构图元素往往不能将丰富的庭院景观较好地表现出来，通常需要点、线、面的相互组合，通过合理的组合使平面构图结构清晰、内容丰富，形成一个有机的整体。同一空间采用不同的点、线、面所表现出来的构图各不相同。

1.2.3 庭院景观的平面布局形式

由于庭院性质、景观风格、地域文化、用地条件等不同，庭院景观整体布局也往往呈现出不同的外观特征，从形式上可以分为规则式、自然式与混和式等庭院布局形式。

1. 规则式庭院布局。 规则式庭院布局较为整齐、大方，在整体构图上多为几何图形，有较强的图案效果。规则式庭院布局分为规则对称式和规则不对称。规则对称式庭院布局在传统欧式庭院中运用较多，常采用"轴线对称法"进行布局，由纵横两条相互垂直的轴线形成控制全园布局的"十字架"；然后由两条主轴线派生出若干次要的轴线，或相互垂直，或成放射状分布，将庭院分成左右、上下对称的几个部分。该类庭院庄重大气，给人以宁静、整洁、秩序井然的感觉。现代规则式庭院则更多采用不对称式布局，庭院的两条轴线不在庭院的中心点相交，单种构成要素也常为奇数。不同几何形状的构成要素布局注重整体协调性而不强调对称与重复，打破了规则构图的呆板感，显得更为生动、活泼。

规则式庭院在景观构成要素布局上有以下特点：

（1）地形地貌处理上以平地、斜坡地和台地为主。

（2）水体外形轮廓多为几何形构图，庭院水景有规则形水池、壁泉、喷泉与整形的瀑布叠水等，常以喷泉水池为主。

（3）庭院园路多以直线、折线或几何曲线组成，构成方格状或环状放射状，铺装外形轮廓也多为几何形构图。

（4）庭院建筑小品常结合轴线呈完全对称或不完全对称布局，建筑小品以棚架、花架、雕像为主，另外还布置座椅、花钵、瓶饰等小品。

（5）庭院植物在布置上具有较强的图案效果，常以整形树木、模纹花坛、花丛花坛、绿篱等为主。树木配置以行列式和对称式为主，常进行整形修剪形成绿柱、绿墙、绿门、绿亭及其它形式的植物绿雕。

2. 自然式庭院布局。 自然式庭院布局自由、灵活，在构图上多为不规则形，一般在中式与日式庭院中运用较多。自然式庭院常采用"自然山水法"进行布局，以山体、水系为全园的骨架，模仿自然山水景观，通过人工造园艺术达到"虽由人作，宛自天开"的效果，给人以自然、恬静、含蓄的感觉。庭院不以轴线控制，而以主要游览线构成的连续构图控制全园，在布局中讲究"起、承、转、合"的空间变化。

自然式庭院在景观构成要素布局上有以下特点：

（1）地形地貌处理上常以自然或人工起伏的土丘为主，其断面一般为缓和的曲线。

（2）水体外形轮廓线多为自然的曲线形，庭院水景有自然式水池、水潭、溪涧、涌泉与自然形的瀑布叠水等景观，常以瀑布水池为庭院主景。

（3）庭院园路与铺装轮廓多为曲线构成的自然形。

（4）庭院建筑小品常采取不对称均衡的布局手法，以取得整体平衡；建筑小品以亭子、长廊、花架、景墙为主。

（5）庭院植物布局主要反映植物群落自然之美，通常不进行规则修剪。树木配植以孤植树、树丛为主，花卉布置以花丛、花群为主，另外还有桩景、盆景等，主要体现自然意趣。

3. 混合式庭院布局。大部分庭院布局往往介于规则式与自然式之间，兼有两者的特点，这就是混合式庭院。这类庭院既整齐有序又得自然之趣。

混合式庭院大致有以下三种布局形式：

（1）规则为主、自然为辅，如整体布局为规则式，有明显的主轴，而植物景观采用自然式布置。

（2）自然为主、规则为辅，如整体布局为自然式，具有山水景观风貌，而局部区域采用规则布置形式。

（3）规则式、自然式交错组合布局，这是目前住宅庭院较多采用的一种形式，没有明显的轴线，也没有明显的自然山水骨架。其常在建筑周边采用规则式布局，与建筑规则的形式相统一，然后过渡到自然式的布局，与周边自然环境相协调。

2 庭院景观设计的制图标准

为了设计制图规范统一，保证制图质量，提高制图效率，做到图面清晰、简明并符合设计、施工、存档的要求，住房和城乡建设部先后制订了各种制图国家标准和行业标准。园林制图中的建筑及其有关工程图的绘制，应遵守国家制图标准和行业标准中的有关规定。

本教材根据庭院景观设计的特点，从《房屋建筑制图统一标准》（GB/T 50001-2017）和《风景园林制图标准》（CJJ/T 67-2015）中选取了部分适用于庭院景观设计的制图标准（注：编者对其中部分标准稍有改动），供读者参考学习。

2.1 基本规定

1. 庭院景观设计方案阶段和初步设计阶段一般以文本彩图的形式绘制，施工图阶段以黑白线稿形式出图。

2. 图纸信息应排列整齐、美观，表达完整、准确、清晰。

3. 工程图纸的排序应按专业顺序编排，各专业的图纸应按图纸内容的主次关系、逻辑关系进行分类排序。庭院景观设计图纸的顺序应为图纸封面、图纸目录、设计与施工说明、总图（总平面图、网格定位图、尺寸标注图、竖向设计图、物料标注图）、索引图、各类施工详图、给排水设计图、电气设计图、绿化种植设计图等。

4. 图纸封面应写明工程名称、建设单位、设计单位、交图年月等。

5. 图纸目录应写明序号、图号、图名、图幅、张数、比例等。

6. 图号的表达方式为前面两个拼音字母（大写），中间一根连接线，后面为同类图纸的顺序号（阿拉伯数字），如ZS-01。图号两个大写字母的规定：总图设计为ZS，园景设计为YS，绿化设计为LS，给排水设计为SS，电力设计为DS，如果水电设计合为一张图纸，则可以写为SD。

7. 设计与施工说明应包括工程概况、设计依据、设计内容与深度、设计要求、施工要求及其他需要说明的事项。

8. 图纸中的计量单位应使用国家法定计量单位，符号代码应使用国家规定的数字和字母，年份应以公元纪年表示。

9. 图纸中所用的字体应统一，同一图纸中文字字体种类不宜超过两种；应使用中文标准简化汉字。需加注外文的项目，可在中文下方加注外文，外文应使用印刷体或书写体。中文、外文均不宜使用美术体，数字应使用阿拉伯数字的标准体或书写体。

10. 为便于在执行本标准条文时区别对待，对于要求严格程度不同的用词说明如下：

（1）表示很严格，非这样做不可的，正面词采用"必须"，反面词采用"严禁"。

（2）表示严格，在正常情况下均应这样做的，正面词采用"应"，反面词采用"不应"或"不得"。

（3）表示允许稍有选择，在条件允许时首先要这样做的，正面词采用"宜"，反面词采用"不宜"。

（4）表示有选择，在一定条件下可以这样做的，可采用"可"。

（5）条文中指明应按其他有关标准执行的写法为"应符合……的规定"或"应按……执行"。

2.2 图纸版式与编排

1. 工程图纸是指根据投影原理或有关规定，绘制在纸介质上，通过线条、符号、图例、文字说明及其他图形元素，表示工程形状、大小、结构等特征的图形。

2. 图幅即图纸幅面，是指由图纸长度和宽度组成的图面。根据图纸长度和宽度的不同，具体分为0号图幅、1号图幅、2号图幅、3号图幅、4号图幅。

3. 标准工程图纸宜采用横向图幅（见图2.2.1和图2.2.2），图纸图幅及图框尺寸应符合表2.2.1的规定。

表2.2.1 图纸图幅及图框尺寸
单位：mm

图纸幅面	0号图幅	1号图幅	2号图幅	3号图幅	4号图幅
尺寸代号	A0	A1	A2	A3	A4
长度 $l \times$ 宽度 b	1189×841	841×594	594×420	420×297	297×210
图框边的宽度 c	10	10	10	5	5
装订边的宽度 a	30	30	25	20	15

注：建议装订边宽度 a 根据图纸幅面的大小不同而有所区别（原国标规定的装订边宽度 a 统一为25mm，有几个图幅的 a 欠妥）。

4. 初步设计和施工图设计的图纸中应有幅面线、图框线、对中标志、标题栏、指北针、比例、图名、图例、文字说明、设计单位、设计日期等（见图2.2.1和图2.2.2）。

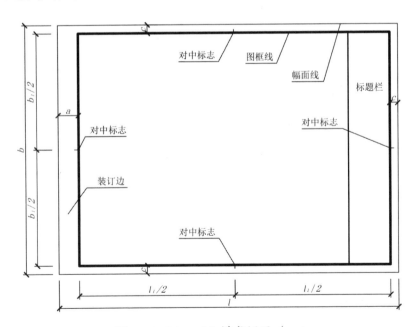

图2.2.1 A0～A3横式幅面（一）

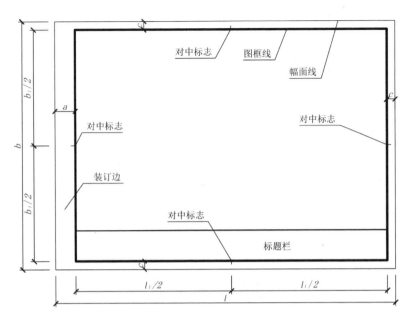

图2.2.2 A0～A3横式幅面（二）

5. 标题栏宜采用右侧标题栏或下侧标题栏，以A3图幅为例，可按图2.2.3或图2.2.4布局标题栏内容。

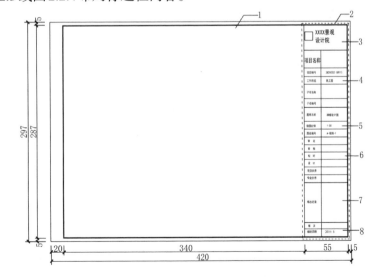

图2.2.3 A3图幅右侧标题栏

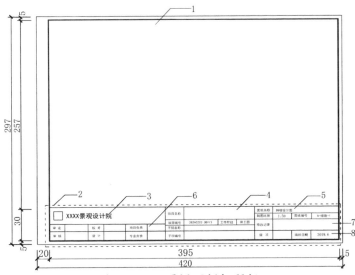

图 2.2.4 A3 图幅下侧标题栏

1-绘图区；2-标题栏；3-设计单位正式全称及资质等级；4-项目名称、项目编号、
工作阶段；5-图纸名称、图纸编号、制图比例；6-技术责任人；
7-修改记录；8-编绘日期

6. 标题栏的内容应包括设计单位全称及资质等级、项目名称、项目编号、工作阶段、图纸名称、图纸编号、制图比例、技术负责人、修改记录、编绘日期等。

7. 标题栏应符合以下要求：

（1）标题栏应根据工程的需要选择确定其尺寸、格式及分区。图签栏应包括实名列和签名列。

（2）涉外工程的标题栏内，各项主要内容的中文下方应附有译文；设计单位的上方或左方应加上"中华人民共和国"字样。

（3）在计算机制图文件中，当使用电子签名与认证时，应符合国家有关电子签名法的规定。

8. 一个工程设计中，每个专业所使用的图纸，不宜多于两种幅面（不含目录及表格所采用的 A4 幅面）。注：园林国赛施工场地面积小，图纸幅面宜采用 A3 图幅。

9. 当图纸图界与比例的要求超出标准图幅最大规格时，可将标准图幅分幅拼接或加长图幅。图纸的短边尺寸不应加长，A0 ~ A3 幅面的长边尺寸可以加长。加长的图幅应有一个边长与标准图幅的短边边长一致。

10. 初步设计和施工图设计制图中，当按照规定的图纸比例一张图幅放不下时，应增绘分区（分幅）图，并应在其分图右上角绘制索引标示。

11. 需要微缩复制的图纸，其一个边上应附有一段准确米制尺度，四个边上附有对中标志；米制尺度的总长应为 100mm，分格应为 10mm。对中标志应画在图纸内框各个边长的中点处，线宽 0.35mm，应伸入内框边，在框外为 5mm。

2.3 图线

图线是指起点和终点之间以各种方式连接的一种几何图形，形状可以是直线或曲线，也可以是不连续的线。

1. 图线的宽度 b，宜从 1.4、1.0、0.7、0.5、0.35、0.25、0.18、0.13mm 线宽系列中选取，图线宽度不应小于 0.1mm。每个设计图样应根据其复杂程度与比例大小，先选定基本线宽 b，再选用表 2.3.1 中相应的线宽组。

表 2.3.1 图线线宽组

线宽比	线 宽 组			
b	1.4	1.0	0.7	0.5
$0.7b$	1.0	0.7	0.5	0.35
$0.5b$	0.7	0.5	0.35	0.25
$0.25b$	0.35	0.25	0.18	0.13
备注	1. 需要缩小打印的图纸，不适宜采用 0.18 及更细的线宽。2. 同一张图纸内，各个不同线宽中的细线，可统一采用较细线宽组的细线。			

2. 图线的线型、线宽及主要用途（表2.3.2）

名 称		线 型	线宽	主 要 用 途
实线	粗		b	1. 总平面图中建筑外轮廓线、水体驳岸顶线 2. 剖断线
	中粗		$0.5b$	1. 构筑物、道路、边坡、围墙、挡土墙的可见轮廓线 2. 立面图的轮廓线 3. 剖面图未剖切到的可见轮廓线 4. 道路铺装、水池、挡墙、花池、坐凳、台阶、山石等高差变化较大的线 5. 尺寸起止符号
	细		$0.25b$	1. 道路铺装、挡墙、花池等高差变化较小的线 2. 放线网格线、图例线、尺寸线、尺寸界线、引出线、索引符号等 3. 说明文字、标注文字等
	极细		$0.15b$	1. 现状地形等高线 2. 平面、剖面中的纹样填充线 3. 同一平面不同铺装的分界线
虚线	粗		b	1. 新建建筑物和构筑物的地下轮廓线 2. 建筑物、构筑物的不可见轮廓线
	中粗		$0.5b$	1. 局部详图外引范围线 2. 计划预留扩建的建筑物、构筑物、道路、运输设施、管线的预留用地线 3. 分幅线
	细		$0.25b$	1. 设计等高线 2. 各专业制图标准中规定的线型
单点长画线	粗		b	1. 露天矿开采界限 2. 见各有关专业制图标准
	中		$0.5b$	1. 土方填挖区零线 2. 各专业制图标准中规定的线型
	细		$0.25b$	1. 分水线、中心线、对称线、定位轴线 2. 各专业制图标准中规定的线型
双点长画线	粗		b	规划边界和用地红线
	中		$0.5b$	地下开采区塌落界限
	细		$0.25b$	建筑红线
折断线			$0.25b$	断开线
波浪线			$0.25b$	

3. 同一张图纸内，相同比例的各个图样应选用相同的线宽组。

4. 图纸的图框线、标题栏线、对中标志可采用表2.3.3所示的线宽。

表2.3.3 图框线宽、标题栏线宽和对中标志线宽

幅面代号	图框线宽	标题栏外框线宽 对中标志线宽	标题栏分格线宽
A0、A1	b	$0.7b$	$0.35b$
A2、A3、A4	b	$0.5b$	$0.25b$

5. 相互平行的图例线，其净间隙或线中间隙不宜小于0.2mm。

6. 虚线、单点长画线或双点长画线的线段长度和间隔，宜各自相等。

7. 单点长画线或双点长画线，当在较小图形中绘制有困难时，可用实线代替。

8. 单点长画线或双点长画线的两端，不应该是点。点画线与点画线交接或点画线与其他图线交接时，应是线段交接。

9. 虚线与虚线交接或虚线与其他图线交接时，应是线段交接。虚线为实线的延长时，不得与实线相接。

10. 图线不得与文字、数字或符号重叠混交，不可避免时应首先保证文字的清晰。

2.4 字体

字体是指文字的风格式样，又称书体。

1. 图纸上所需书写的文字、数字或符号等，均应笔画清晰、字体端正、排列整齐；标点符号应清楚正确。

2. 文字的字高，应从表2.4.1中选用。字高大于 10mm 的文字宜采用 TRUE TYPE 字体，如需书写更大的字，其高度应按1.414 的倍数递增。

表2.4.1 文字的字高　　　　　　　　　　单位：mm

字体种类	中文矢量字体	TRUE TYPE 字体及非中文矢量字体
字 高	3.5、5、7、10、14、20	3、4、6、8、14、20

3. 图样及说明中的汉字，宜采用长仿宋体（矢量字体）或黑体，同一图纸字体种类不应超过两种。长仿宋体的宽度与高度的关系应符合表2.4.2的规定，黑体字的宽度与高度应相同。大标题、图册封面、地形图等所用的汉字，也可书写成其他字体，但应易于辨认。

表2.4.2 长仿宋体字高与字宽的关系　　　单位：mm

字高	20	14	10	7	5	3.5
字宽	14	10	7	5	3.5	2.5

4. 汉字的简化字书写应符合国家有关汉字简化方案的规定。

5. 图样及说明中的拉丁字母、阿拉伯数字与罗马数字，宜采用单线简体或 ROMAN 字体。

拉丁字母、阿拉伯数字与罗马数字的书写规则，应符合表2.4.3的规定。

表2.4.3 拉丁字母、阿拉伯数字与罗马数字的书写规则

书写格式	标准字体	狭窄字体
大写字母高度	h	h
小写字母高度（上下均无延伸）	7/10h	10/14h
小写字母伸出的头部或尾部	3/10h	4/14h
笔划的宽度	1/10h	1/14h
字母的间距	2/10h	2/14h
单词的间距	6/10h	6/14h
上下行基准线的最小间距	15/10h	21/14h

6. 拉丁字母、阿拉伯数字与罗马数字，如需写成斜体字，其斜度应是向上倾斜75°。斜体字的高度和宽度应与相应的直体字相等。

7. 拉丁字母、阿拉伯数字与罗马数字的字高，不应小于2.5mm。

8. 数量的数值注写，应采用正体阿拉伯数字；各种计量单位凡前面有量值的，均应采用国家颁布的单位符号（正体字母）注写。

9. 分数、百分数和比例数的注写，应采用阿拉伯数字和数学符号。

10. 当注写的数字小于 1 时，应写出个位的"0"，小数点应采用圆点，齐基准线书写。

11. 长仿宋汉字、拉丁字母、阿拉伯数字与罗马数字示例应符合国家现行标准《技术制图——字体》（GB/T 14691）的有关规定。

2.5 比例

比例是指图纸中的图形与实物相应要素的线性尺寸之比。

1. 图样的比例，应为图形与实物相对应的线性尺寸之比。

2. 比例的符号为"："，比例应以阿拉伯数字表示。

3. 比例宜注写在图名的右侧，字的基准线应取平；比例的字高宜比图名的字高小一号或二号（见图2.5.1）。

图 2.5.1 比例的注写

4. 绘图所用的比例应根据图样的用途与被绘对象的复杂程度，从

表2.5.1中选用，并应优先采用表中常用比例。

表2.5.1 常用比例一

常用比例	1:1、1:2、1:5、1:10、1:20、1:30、1:50、1:100、1:200、1:500、1:1000、1:2000、1:5000、1:10000
可用比例	1:3、1:4、1:6、1:15、1:25、1:40、1:60、1:80、1:150、1:250、1:300、1:400、1:600、1:800、1:1500、1:4000

5. 初步设计、施工图设计、小庭院设计的图纸常用比例应符合表2.5.2的规定。

表2.5.2 常用比例二

图纸类型	初步设计常用比例	施工图设计常用比例	小庭院设计常用比例
总平面图（索引图）	1:500、1:1000、1:2000	1:200、1:500、1:1000	1:30、1:50、1:100
网格图、竖向设计图	1:500、1:1000	1:200、1:500	1:30、1:50
园路铺装及部分详图索引平面图	1:200、1:500	1:100、1:200	1:10、1:20
建筑、构筑物、山石园林小品设计图	1:50、1:100	1:50、1:100	1:10、1:20
园林设备、电气平面图	1:500、1:1000	1:200、1:500	1:30、1:50
植物种植设计图	1:500、1:1000	1:200、1:500	1:30、1:50
施工详图	1:5、1:10、1:20	1:5、1:10、1:20	1:5、1:10、1:20

6. 一般情况下，一个图样应选用一种比例。根据专业制图需要，同一图样可选用两种比例。

7. 特殊情况下也可自选比例，这时除应注明绘图比例外，还必须在适当位置绘制出相应的比例尺。

2.6 尺寸标注

尺寸标注的内容较多，包括尺寸的组成，尺寸的排列与布置，标高的标注，半径、直径、球径的标注，角度、弧度、弧长的标注，薄板厚度、正方形、坡度、非圆曲线的标注等。

2.6.1 尺寸的组成

图样上的尺寸，包括尺寸界线、尺寸线、尺寸起止符号和尺寸数字（见图2.6.1）。

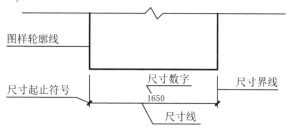

图2.6.1 尺寸的组成

1. 尺寸界线——应用细实线绘制，一般应与被注长度垂直，其一端应离开图样轮廓线不小于2mm，另一端宜超出尺寸线 2~3mm。图样轮廓线可用作尺寸界线（见图2.6.2）。

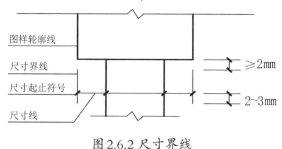

图2.6.2 尺寸界线

2. 尺寸线——应用细实线绘制，应与被注长度平行。图样本身的任何图线均不得用作尺寸线。

3. 尺寸起止符号——应用中粗斜短线绘制，其倾斜方向应与尺寸界线成顺时针 45° 角，长度宜为 2~3mm。半径、直径、角度与弧长的尺寸起止符号，宜用箭头表示。箭头样式见图2.6.3。

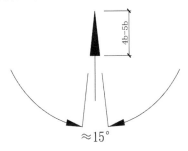

图2.6.3 箭头尺寸起止符号

4.尺寸数字——应用阿拉伯数字表示。

（1）图样上的尺寸，应以尺寸数字为准，不得从图上直接量取。

（2）图样上的尺寸单位，除标高以米（m）为单位外，其他的尺寸均以毫米（mm）为单位。

（3）尺寸数字的方向，要与尺寸线方向保持一致。若尺寸数字在30°斜线区内，可按图2.6.4的形式注写。

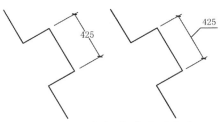

图2.6.4 尺寸数字的注写方向

（4）尺寸数字一般应依据其方向注写在靠近尺寸线的上方中部。如没有足够的注写位置，最外边的尺寸数字可注写在尺寸界线的外侧，中间相邻的尺寸数字可上下错开注写，引出线端部用圆点表示标注尺寸的位置（见图2.6.5）。

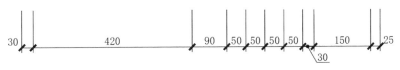

图2.6.5 尺寸数字的注写位置

2.6.2 尺寸的排列与布置

1.尺寸宜标注在图样轮廓以外，不宜与图线、文字及符号等相交（见图2.6.6）。

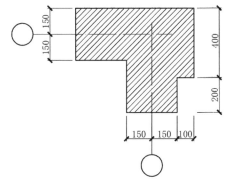

图2.6.6 尺寸数字的注写

2.互相平行的尺寸线，应从被注写的图样轮廓线由近向远整齐排列，较小尺寸应离轮廓线较近，较大尺寸应离轮廓线较远（见图2.6.7）。

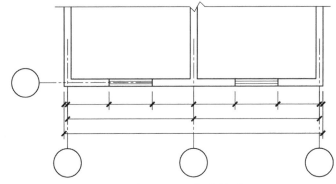

图2.6.7 尺寸的排列

3.图样轮廓线以外的尺寸界线，距图样最外轮廓之间的距离，不宜小于10mm。平行排列的尺寸线的间距，宜为7~10mm，并应保持一致（见图2.6.7）。

4.总尺寸的尺寸界线应靠近所指部位，中间的分尺寸的尺寸界线可稍短，但其长度应相等（见图2.6.7）。

2.6.3 标高的标注

标高是指以某一水平面作为基准面，并以零点（水准原点）起算，地面物至基准面的垂直高度，以米（m）为单位。

1. 标高符号应以直角等腰三角形表示，按图2.6.8（a）所示形式用细实线绘制，如标注位置不够，也可按图2.6.8（b）所示形式绘制。标高符号的具体画法如图2.6.8（c）和（d）所示。

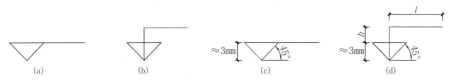

图2.6.8 标高符号

l 取适当长度注写标高数字；*h* 根据需要取适当高度

2. 立面图与剖（断）面图的标高宜用空心三角形加引线表示，引线通常在右边，但也可以在左边，具体画法如图2.6.8所示。平面图上的标高符号，宜用涂黑的三角形表示，具体画法如图2.6.9所示。

图2.6.9 标高符号（主要用于平面图标注）

3. 标高符号的尖端应指至被标注高度的位置。尖端通常为向下，但也可以向上。标高数字应注写在标高符号的上侧或下侧（见图2.6.10）。

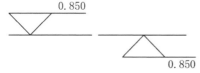

图2.6.10 标高的指向

4. 标高数字应以米（m）为单位，宜注写到小数点后第三位。在总平面图中，可注写到小数字点后第二位（注：庭院的面积小，各个构筑物的体量也小，建议标高值注写到小数点后第三位）。

5. 零点标高应注写成 ±0.000，正数标高不注"+"，负数标高应注"-"。

6. 在图样的同一位置需表示几个不同标高时，标高数字可上下叠加，可按图2.6.11的形式注写。

图2.6.11 同一位置注写多个标高数字

2.6.4 半径、直径、球径的标注

1. 半径的尺寸线应一端从圆心开始，另一端画箭头指向圆弧。半径数字前应加注半径符号"R"（见图2.6.12）。

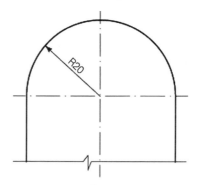

图2.6.12 半径标注方法

2. 较小圆弧的半径，可按图2.6.13形式标注。

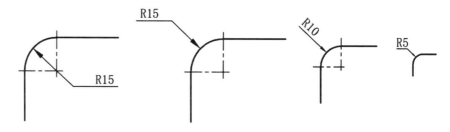

图2.6.13 小圆弧半径的标注方法

3. 较大圆弧的半径，可按图2.6.14 形式标注。

图2.6.14 大圆弧半径的标注方法

4. 标注圆的直径尺寸时，直径数字前应加直径符号"ϕ"。在圆内标注的尺寸线应通过圆心，两端画箭头指至圆弧（见图2.6.15）。

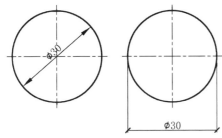

图2.6.15 圆直径的标注方法

5. 较小圆的直径尺寸，可标注在圆外（见图2.6.16）。

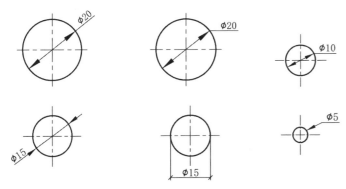

图2.6.16 小圆直径的标注方法

6. 标注球的半径尺寸时，应在尺寸前加注符号"SR"。标注球的直径尺寸时，应在尺寸数字前加注符号"$S\phi$"。注写方法与圆弧半径和圆直径的尺寸标注方法相同。

2.6.5 角度、弧长、弦长的标注

1. 角度的尺寸线应以圆弧表示。该圆弧的圆心应是该角的顶点，角的两条边为尺寸界线。起止符号应以箭头表示，如没有足够位置画箭头，可用圆点代替，角度数字应沿尺寸线方向注写（见图2.6.17）。

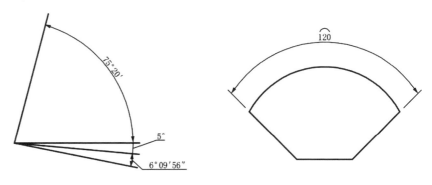

图2.6.17 角度标注方法　　　图2.6.18 弧长标注方法

2. 标注圆弧的弧长时，尺寸线应以与该圆弧同心的圆弧线表示，尺寸界线应指向圆心，起止符号用箭头表示，弧长数字上方应加注圆弧符号"⌒"（见图2.6.18）。

3. 标注圆弧的弦长时，尺寸线应以平行于该弦的直线表示，尺寸界线应垂直于该弦，起止符号用中粗斜短线表示（见图2.6.19）。

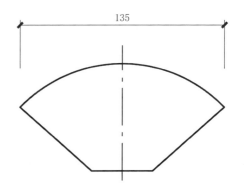

图2.6.19 弦长标注方法

2.6.6 薄板、正方形、坡度、非圆曲线的标注

1. 在薄板板面标注板厚尺寸时，应在厚度数字前加厚度符号"t"（见图2.6.20）。

2. 标注正方形的尺寸，可用"边长×边长"的形式，也可在边长数字前加正方形符号"□"（见图2.6.21）。

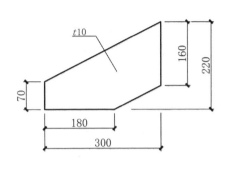

图2.6.20 薄板尺寸标注方法　　图2.6.21 正方形尺寸标注方法

3. 标注坡度时，应加注坡度符号" ➤—"［见图2.6.22（a）和（b）］，该符号为单面箭头，箭头应指向下坡方向。坡度也可用直角三角形形式标注［见图2.6.22（c）］。

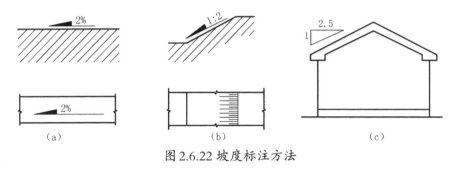

图2.6.22 坡度标注方法

4. 外形为非圆曲线的构件，可用坐标形式标注尺寸。

5. 复杂的图形，可用网格形式标注尺寸（见图2.6.23）。

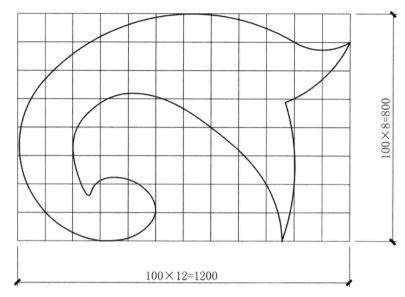

图2.6.23 网格法标注复杂曲线尺寸

2.7 符号

施工图设计常用的符号主要有剖切符号（剖视的剖切符号、断面的剖切符号）、索引符号、详图符号、引出线、对称符号、连接符号、指北针、变更云线等。

2.7.1 剖切符号

剖切符号包括剖视的剖切符号和断面的剖切符号。

1.剖视的剖切符号应符合下列规定：

（1）剖视的剖切符号应由剖切位置线及剖视方向线组成，均应以粗实线绘制。

（2）剖切位置线的长度宜为6~10mm；剖视方向线应垂直于剖切位置线，长度应短于剖切位置线，宜为4~6mm（见图2.7.1），也可采用国际统一的剖视方法，如图2.7.2所示。绘制时，剖视剖切符号不应与其他图线相接触。

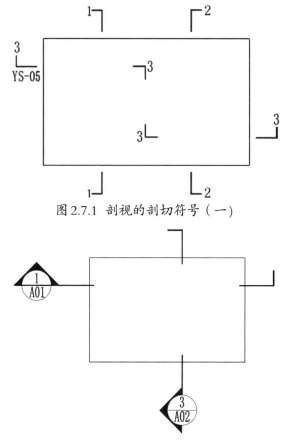

图 2.7.1 剖视的剖切符号（一）

图 2.7.2 剖视的剖切符号（二）

（3）剖视剖切符号的编号宜采用阿拉伯数字，按剖切顺序由左至右、由下向上连续编排，并应注写在剖视方向线的端部。

（4）需要转折的剖切位置线，应在转角的外侧加注与该符号相同的编号。

（5）建（构)筑物剖面图的剖切符号应注在 ±0.000 标高的平面图或首层平面图上。

（6）局部剖面图（不含首层）的剖切符号应注在包含剖切部位的最下面一层的平面图上。

2. 断面的剖切符号应符合下列规定：

（1）断面的剖切符号应只用剖切位置线表示，并应以粗实线绘制，长度宜为 6~10mm。

（2）断面剖切符号的编号宜采用阿拉伯数字，按顺序连续编排，并应注写在剖切位置线的一侧；编号所在的一侧应为该断面的剖视方向（见图 2.7.3）。

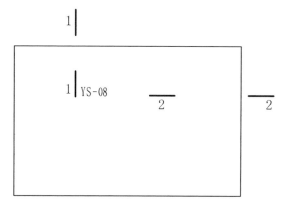

图 2.7.3 断面的剖切符号

3. 剖面图或断面图，如与被剖切图样不在同一张图内，应在剖切位置线的另一侧注明其所在图纸的编号（如 YS–08），也可在图上加以文字说明。

2.7.2 索引符号与详图符号

索引符号与详图符号应符合下列规定：

1. 图样中的某一局部或构件，如需另见详图，应以索引符号索引［见图 2.7.4（a）］。索引符号是由直径为 10~12mm 的圆和水平直径组成的，圆及水平直径应以细实线绘制。索引符号应按下列规定编写：

（1）索引出的详图，如与被索引的图样同在一张图纸内，应在索引符号的上半圆中用阿拉伯数字注明该详图的编号，并在下半圆中间画一段水平细实线［见图 2.7.4（b）］。

（2）索引出的详图，如与被索引的图样不在同一张图纸内，应在索引符号的上半圆中用阿拉伯数字注明该详图的编号，在索引符号的下半圆中用阿拉伯数字注明该详图的编号［见图2.7.4（c）］。数字较多时，可加文字标注。

（3）索引出的详图，如采用标准图，应在索引符号水平直径的延长线上加注该标准图册的编号［见图2.7.4（d）］。需要标注比例时，文字在索引符号右侧或延长线下方，与符号下对齐。

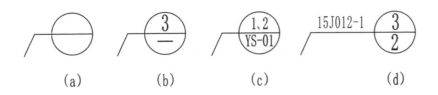

图 2.7.4 索引符号

2. 索引符号如用于索引剖视详图，应在被剖切的部位绘制剖切位置线，并以引出线引出索引符号，引出线所在的一侧应为剖视方向。索引符号的编写同2.7.2第1条的规定。

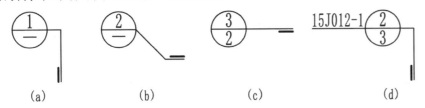

图 2.7.5 用于索引剖面详图的索引符号

3. 零件、钢筋、杆件、设备等的编号，宜以直径5~6mm 的细实线圆表示，同一设计图样应保持一致，其编号应用阿拉伯数字按顺序编写（见图2.7.6）。消火栓、配电箱、管井等的索引符号，直径应以4~6mm 为宜。

图 2.7.6 零件、钢筋等的编号

4. 详图的位置和编号，应以详图符号表示。详图符号的圆的直径为14mm,用粗实线绘制。详图应按下列规定编号：

（1）详图与被索引的图样同在一张图纸内时，应在详图符号内用阿拉伯数字注明详图的编号（见图2.7.7）。

图 2.7.7 与被索引图样同在一张图纸内的详图符号

（2）详图与被索引的图样不在同一张图纸内时，应用细实线在详图符号内画一水平直径，在上半圆中注明详图的编号，在下半圆中注明被索引的图纸的编号（见图2.7.8）。

图 2.7.8 与被索引图样不在同一张图纸内的详图符号

2.7.3 引出线

引出线应符合下列规定：

1. 引出线应以细实线绘制，宜采用水平方向的直线与水平方向成30°、45°、60°、90°的直线，或经上述角度再折为水平线。文字说明宜注写在水平线的上方［见图2.7.9（a）］，也可注写在水平线的端部［见图2.7.9（b）］。索引详图的引出线，应与水平直径线相连接［见图2.7.9（c）］。

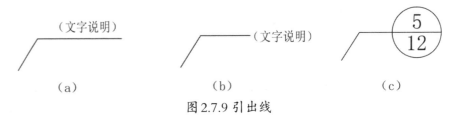

图 2.7.9 引出线

2. 同时引出的几个相同部分的引出线，宜互相平行［见图2.7.10（a）］，也可画成集中于一点的放射线［见图2.7.10（b）］。

图 2.7.10 共同引出线

3. 多层构造共用引出线，应通过被引出的各层，并用圆点示意对应各层次。文字说明宜注写在水平线的上方，或注写在水平线的端部。说明的顺序应由上至下，并应与被说明的层次对应一致；如层次为竖向排序，则由上至下的说明顺序应与由左至右的层次对应一致［见图2.7.11（d）］。注：图2.7.11（c）主要用于地下管道的标注。

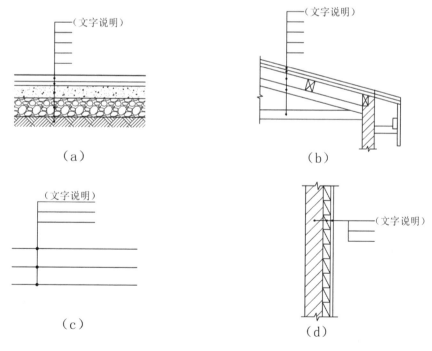

图 2.7.11 多层共用引出线

2.7.4 其它符号

其它符号应符合下列规定：

1. 对称符号——由对称线和两端的两对平行线组成。对称线用细单点长画线绘制；平行线用细实线绘制，其长度宜为 6~10mm，每对的间距宜为 2~3mm；对称线垂直平分于两对平行线，两端超出平行线宜为 2~3mm（见图2.7.12）。

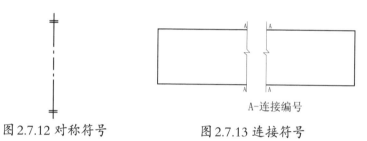

图 2.7.12 对称符号　　　　图 2.7.13 连接符号

2. 连接符号——应以折断线表示需连接的部位。两部位相距过远时，折断线两端靠图样一侧应标注大写拉丁字母表示连接编号。两个被连接的图样应用相同的字母编号（见图2.7.13）。

3. 指北针——形状应符合图2.7.14 的规定，其圆的直径宜为 24 mm，用细实线绘制；指针尾部的宽度宜为 3 mm，指针头部应注"北"或"N"字。需用较大直径绘制指北针时，指针尾部的宽度宜为直径的 1/8（见图2.7.14）。

4. 变更云线——对图纸中局部变更部分宜采用云线，并宜注明修改版次（见图2.7.15)。

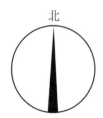
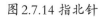

图 2.7.14 指北针　　　　图 2.7.15 变更云线（注:3为修改次数）

2.8 图例

庭院景观设计常用图例包括地形等高线图例、山石图例、水体图例、建筑材料图例、景观小品图例、植物图例、水电设备图例等。

2.8.1 地形等高线图例

地形等高线包括原有地形等高线和设计地形等高线，见表2.8.1。

表2.8.1 地形等高线图例

序号	名 称	图 形	说 明
01	原有地形等高线		用细实线表达
			用细虚线表达
02	设计地形等高线	0.300 0.200 0.100	等高距值与图纸比例应符合如下的规定：图纸比例1：500，等高距值0.50m；图纸比例1：200，等高距值0.20m；图纸比例1：50，等高距值0.05m。等高线上的标注应顺着等高线的方向，字的方向指向上坡方向。标高以米为单位，精确到小数点后第3位。

2.8.2 山石水体图例

山石水体包括假山、景石、水体、瀑布、溪涧等，见表2.8.2。

表2.8.2 山石水体图例

序号	名 称	图 形	说 明
01	山石假山		根据设计绘制具体形状，人工塑山需要标注文字
02	土石假山		包括土包石、石包土及土假山，依据设计绘制具体形状
03	独立景石		依据设计绘制具体形状
04	自然水体		依据设计绘制具体形状，用于总图

05	规则水体		依据设计绘制具体形状，用于总图
06	跌水、瀑布		依据设计绘制具体形状，用于总图
07	旱涧		包括旱溪，依据设计绘制具体形状，用于总图
08	溪涧		依据设计绘制具体形状，用于总图

2.8.3 景观小品图例

景观小品包括花架、坐凳、花台、雕塑等，见表2.8.3。

表2.8.3 景观水品图例

序号	名 称	图 形	说 明
01	花架		依据设计绘制具体形状，用于总图
02	坐凳		用于表示坐凳的安放位置，单独设计可根据设计形状绘制，加文字说明
03	花台、花池		依据设计绘制具体形状，用于总图
04	雕塑	雕塑 雕塑	
05	饮水台		仅表示位置，不表示具体形状，可根据实际绘制效果确定大小，也可以设计形态表示
06	标识牌		
07	垃圾桶		

2.8.4 建筑材料图例

本标准只规定常用建筑材料的图例画法，对其尺度比例不作具体规定。使用时应根据图样大小而定，并应注意下列事项：

1. 图例线应间隔均匀，疏密适度，做到图例正确，表示清楚。

2. 不同品种的同类材料使用同一图例时，应在图上附加必要的文字说明。

3. 两个相同的图例相接时，图例线宜错开或使倾斜方向相反。

4. 当需用本标准中未有的建筑材料时，可自编图例，但不得与本标准所列的图例重复。绘制时应在适当位置画出该材料图例，并加以文字说明（见表2.8.4）。

表 2.8.4 建筑材料图例

序号	名　称	图　例	备　注
01	自然土壤		包括各种自然土壤
02	夯实土壤		
03	砂、灰土		
04	砂砾石、碎砖三合土		
05	石　材		
06	毛　石		
07	普通砖		包括实心砖、多孔砖、砌块等砌体。断面较窄不易绘出图例线时，可涂红，并在图纸备注中加注说明
08	耐火砖		包括耐酸砖等砌体
09	空心砖		指非承重砖砌体
10	饰面砖		包括铺地砖、马赛克、陶瓷锦砖、人造大理石等
11	焦渣、矿渣		包括与水泥、石灰等混合而成的材料
12	混凝土		1. 本图例指能承重的混凝土 2. 包括各种强度等级、骨料、添加剂的混凝土 3. 在剖面图上画出钢筋时，不画图例线 4. 断面图形小，不易画出图例线时，可涂黑
13	钢筋混凝土		
14	多孔材料		包括水泥珍珠岩、沥青珍珠棉、泡沫混凝土、非承重加气混凝土、软木、蛭石制品等
15	纤维材料		包括矿棉、岩棉、玻璃棉、麻丝、木丝板、纤维板等
16	泡沫塑料等材料		包括聚苯乙烯、聚乙烯、聚氨酯等多孔聚合物类材料
17	木　材		1. 上左图为垫木，上中图为横断面，上右图为木砖或木龙骨 2. 下图为纵断面
18	胶合板		应注明为 × 层胶合板

19	石膏板	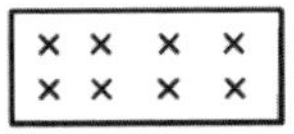	包括圆孔、方孔石膏板、防水石膏板硅钙板、防火板等
20	金属	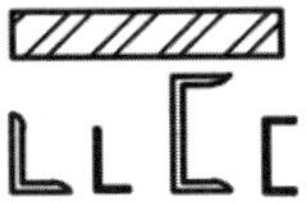	1. 包括各种金属 2. 圆形小时，可涂黑
21	网状材料		1. 包括金属、塑料网状材料 2. 应注明具体材料名称
22	液体	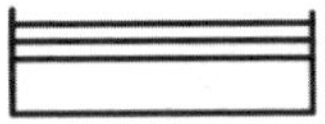	应注明具体液体名称
23	玻璃		包括平板玻璃、磨砂玻璃、夹丝玻璃、钢化玻璃、中空玻璃、夹层玻璃、镀膜玻璃等
24	塑料		包括各种软、硬塑料及有机玻璃等

注：序号1、2、5、7、8、13、14、18、20、24图例中的斜线、短斜线、交叉斜线等均为45°。

2.8.5 植物图例

方案设计中的种植设计图应区分乔木（常绿、落叶）、灌木（常绿、落叶）、地被植物（花卉、草坪）。有较复杂植物种植层次或地形变化丰富的区域，应用立面图或剖面图清楚地表达该区域植物的形态特点。

1. 初步设计和施工图设计中，种植设计图的植物图例宜简洁清晰，同时应标出种植点，并应通过标注植物名称或编号区分不同种类的植物。种植设计图中乔木与灌木重叠较多时，可分别绘制乔木种植设计图、灌木种植设计图及地被种植设计图。初步设计和施工图设计图纸的植物图例应符合表2.8.5的规定。

表 2.8.5 初步设计和施工图设计的植物图例

序号	名称	图形			图形大小
		单株		群植	
		设计	现状		
01	常绿针叶乔木			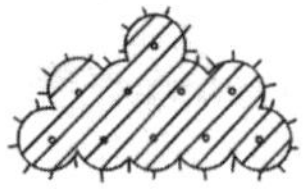	乔木单株冠幅宜按实际冠幅为3~6m绘制；灌木单株冠幅宜按实际冠幅为1.5~3m绘制，可根据植物合理冠幅选择大小
02	常绿阔叶乔木				
03	落叶阔叶乔木	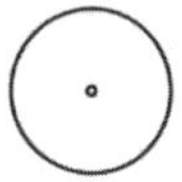			
04	常绿针叶灌木			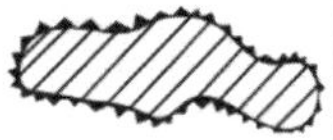	
05	常绿阔叶灌木			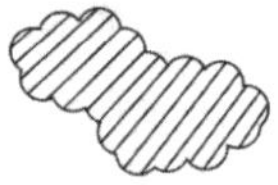	
06	落叶阔叶灌木				
07	竹类				单株为示意；群植范围按实际分布情况绘制，在其中示意单株图例
08	地被				按照实际范围绘制
09	绿篱				

2. 初步设计和施工图设计中种植设计图的植物标注方式应符合下列规定：

（1）单株种植的应表示出种植点，从种植点作引出线，文字应由序号、植物名称、数量组成（见图2.8.6）；初步设计图可只标序号和树种。

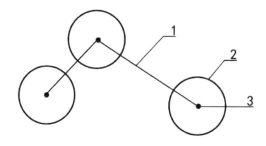

图2.8.6初步设计和施工图设计图纸中单株种植植物标注
1－种植点连线；2－种植图例；3－序号、树种和数量

（2）群植的可标种植点亦可不标种植点（见图2.8.7），从树冠线作引出线，文字应由序号、树种、数量、株行距或每平方米株数组成，序号和苗木表中序号相对应。

图2.8.7初步设计和施工图设计图纸中群植植物标注
1－序号、树种、数量、株行距

（3）乔木株行距单位宜为米（m），可保留小数点后1位；灌木、花卉的株行距单位宜为厘米（cm）。

2.8.6 水电设备图例

水电设备包括配电箱、插座、阀门、电缆线等，见表2.8.6。

表2.8.6 水电设备图例

序号	名 称	图 形	说 明
01	配电箱	⊠	场外供电设施
02	插座	⊖	用于潜水泵、草坪灯
03	闸阀	▷◁	
04	阀门	⊗	用于供水管、排空管
05	潜水泵		用于景观水池水循环
06	草坪灯	⊗	用于场地照明
07	控制器		
08	电缆线	——	用于潜水泵、草坪灯
09	塑料软管	━━	用于供水管、连接潜水泵
10	PVC管	▬▬	用于溢水管、排空管
11	止回阀		

2.9 定位轴线

1. 定位轴线应用细单点长画线绘制。

2. 定位轴线的编号应注写在轴线端部的圆内。圆用细实线绘制，直径为8~10mm，圆心应在定位轴线的延长线或延长线的折线上。

3. 一般平面上定位轴线的编号，宜标注在图样的下方或左侧。横向编号应用阿拉伯数字，从左至右顺序编写；竖向编号应用大写拉丁字母，从下至上顺序编写（见图2.9.1）。

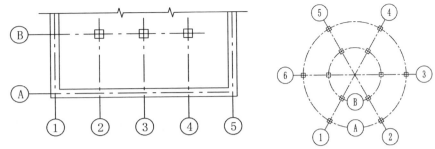

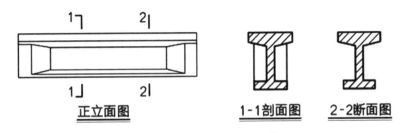

图 2.9.1 定位轴线的编号顺序　　图 2.9.2 圆形平面定位轴线的编号

4. 圆形平面图中的定位轴线，其径向轴线应以角度进行定位，其编号宜用阿拉伯数字表示，按逆时针顺序编写；其环向轴线宜用大写拉丁字母表示，从外向内顺序编写（见图2.9.2）。

2.10 图样画法

庭院景观设计图主要包括平面图、立面图、剖面图或断面图、施工详图等。

2.10.1 图名标注

图名宜标注在视图的下方或一侧，并在图名下绘两条横线（上粗下细），其长度应以图名文字和比例所占长度为准；使用详图符号作图名时，符号下不再画线（详见P011，见图2.5.1）。

2.10.2 剖面图与断面图

剖面图除应画出剖切面切到部分的图形外，还应画出沿投射方向看到的部分。被剖切面切到部分的轮廓线用粗实线绘制，剖切面没有切到但沿投射方向可以看到的部分，用中实线绘制。断面图则只需（用粗实线）画出剖切面切到部分的图形（见图2.10.1）。

图 2.10.1 剖面图与断面图的区别

2.10.3 简化画法

构配件的视图有一条对称线，可只画该视图的一半；视图有两条对称线，可只画该视图的 1/4，并画出对称符号（见图2.10.2）。对称的形体需画剖视图或断面图时，可以对称符号为界，一半画视图（外形图），一半画剖面图或断面图（见图2.10.3）。

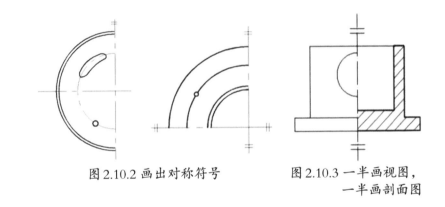

图 2.10.2 画出对称符号　　图 2.10.3 一半画视图，
　　　　　　　　　　　　　　　一半画剖面图

3 各类竞赛施工图的细节问题与修正建议

本教材主编近几年参与中国造园技能大赛国际邀请赛和多个省（区、市）国赛"园林景观设计与施工"项目选拔赛的裁判工作，发现学生画的施工图里存在一定的细节问题。为了今后的学生在画图时避免出现类似的问题，本教材提出了一些修正建议，可供参考。

3.1 图框标题栏的细节问题与修正建议

细节问题：出现了两个施工单位，图号欠妥。
修正建议：把上方的施工单位改为工程名称；把下方的施工单位改为设计单位；把图号改为ZS-01。

细节问题：图名、图号、比例、日期等注写方式欠妥。
修正建议：左侧栏写上图名、图号、比例、日期等，右侧栏注写相应的内容；增加设计、制图、校对、审核、审定。

细节问题：图名、图号的行距太大，缺少比例。
修正建议：图名、图号的行距缩小，增加一行比例。

图名	总平面图	图号	01	比例	1:30
项目名称	小花园景观设计	日期	2019.01.05		

细节问题：图号的写法欠妥。
修正建议：在01前面加上ZS，改成ZS-01。

图纸	尺寸标注图	工程编号		阶段	施工图
名称				日期	19.08.20
		图号	ZT-01	比例	1: 30

细节问题：图号、日期、比例的写法欠妥。
修正建议：图号改为ZS-01，日期改为2019.08，比例中间的空格去掉。

总平面及索引图			图号
			ZS-01
工号	A2	图幅	A3	日期
阶段	施工	比例	1: 30	2019.10.26

细节问题：标题栏的线宽欠妥。
修正建议：标题栏外框线的宽度改为0.5b，内部分格线的宽度改为0.25b。

图纸	总平面图	版别	第一版	阶段	扩初阶段
名称				日期	2019.04
		图号	ZT-01	比例	1: 30

细节问题：标题栏的线宽欠妥。
修正建议：标题栏外框线的宽度改为0.5b，内部分格线的宽度改为0.25b。

项目名称	旋园
图名	景墙、草坪灯、花池、木桥详图
图号	ZT-10

细节问题：图名内容太多，图号表示欠妥，缺少比例和日期。
修正建议：图名内容减少，文字上下居中；图号改为ZS—10，增加比例和日期。

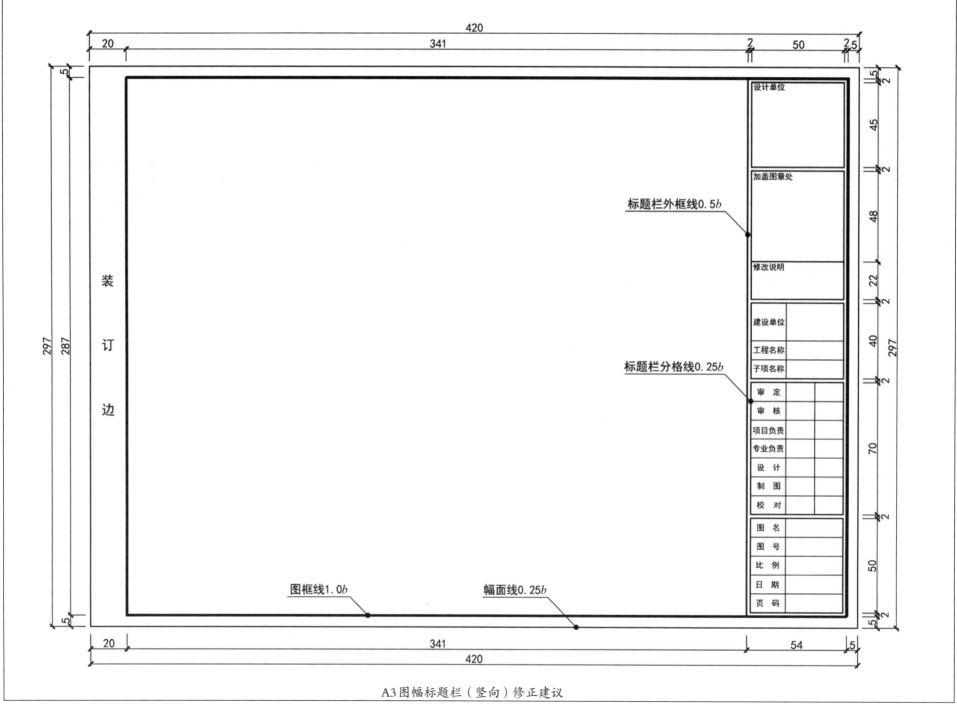

A3图幅标题栏（竖向）修正建议

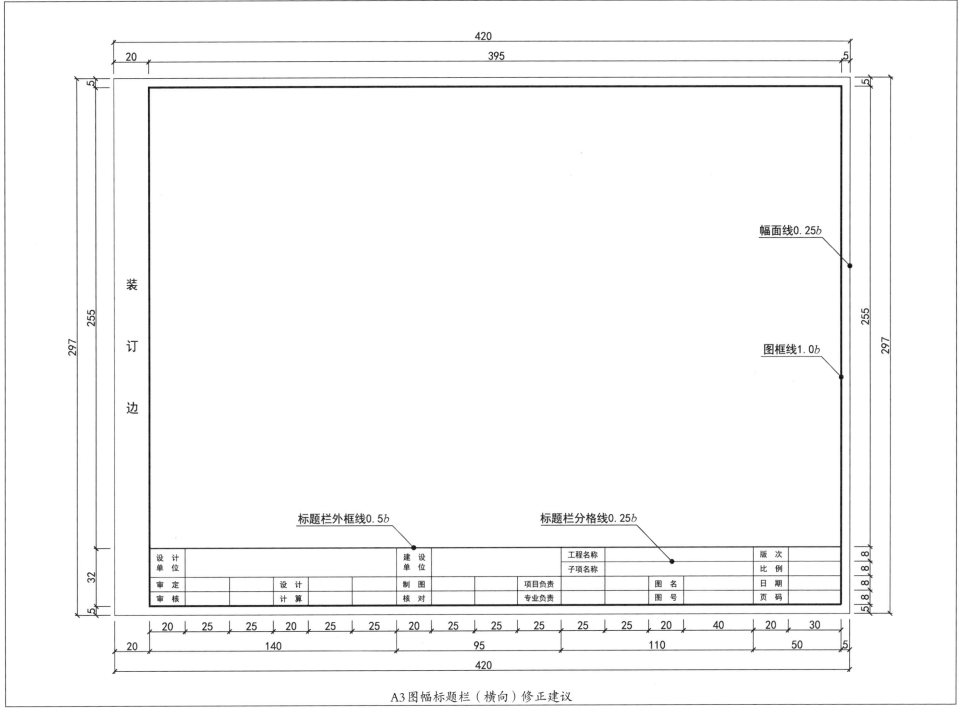

A3图幅标题栏（横向）修正建议

3.2 目录的细节问题与修正建议

序号	图纸名称	图纸编号	图号	规格	附注
1	封面				
2	目录				
3	设计说明	01		A3	
4	总平面索引图	02	ZT-01	A3	
5	尺寸定位图	03	ZT-02	A3	
6	竖向设计图	04	ZT-03	A3	
7	网格放线图	05	ZT-04	A3	
8	铺装布置图	06	ZT-05	A3	
9	水电布置平面图	07	SD-01	A3	
10	乔灌木施工图	08	LS-01	A3	
11	地被施工图	09	LS-02	A3	
12	入口花池施工详图	10	YJ-01	A3	
13	黄木纹板岩石墙施工详图	11	YJ-02	A3	
14	木平台施工详图	12	YJ-03	A3	
15	防腐木坐凳施工详图	13	YJ-04	A3	
16	水池、青石花池施工详图	14	YJ-05	A3	
17	黄木纹板岩石凳、铺装施工详图	15	YJ-06	A3	

细节问题：封面、目录不属于目录的内容，多了一列图纸编号。

修正建议：去掉封面和目录两行以及图纸编号一列，并把图号左移到第2列。

序号	图纸编号	图纸名称	图幅	备注
1		图纸目录	A3	
2		设计说明	A3	
3	ZP-1	总平面图	A3	
4	ZP-2	铺装材质图	A3	
5	ZP-3	竖向设计图	A3	
6	ZP-4	坐标放线图	A3	
7	ZP-5	尺寸定位图	A3	
8	ZP-6	总平面索引图	A3	
9	LD-1	大样图一	A3	
10	LD-2	大样图二	A3	
11	LD-3	大样图三	A3	
12	LD-4	大样图四	A3	
13	LD-5	大样图五	A3	
14	ZS-1	种植设计图	A3	
15	ZS-2	苗木配置表	A3	
16	SD-1	水电布置图	A3	

细节问题：图纸目录不属于目录的内容，图纸的排序欠妥。

修正建议：去掉图纸目录这一行，图纸名称重新排序。

序号	图号	名称	幅面
01		封面	A3
02		设计说明	
03		图纸目录	A3
04	ZP-01	平面布置图	A3
05	ZP-02	铺装材质图	A3
06	ZP-03	竖向设计图	A3
07	ZP-04	尺寸定位图	A3
08	ZP-05	总平索引图	A3
09	ZP-06	种植设计图	A3
10	ZP-07	水电布置图	A3
11	JX-01	节点详图	A3
12	JX-02	节点详图	A3
13	JX-03	节点详图	A3
14	JX-04	节点详图	A3

细节问题：封面、图纸目录不属于目录的内容，图号欠妥，名称的列距太宽。

修正建议：去掉封面和图纸目录两行；把总图改为ZS，详图改为YS；名称的列距缩小，增加一列张数和一列备注（比例）。

	序号 Order NO	类别 Drawing Type	图号 Drawing NO	名称 Drawing Title	幅面 Size
图	01		HS-01	图纸目录	A3
	02		HS-02	总平面索引图	A3
	03		HS-03	总平面标注图	A3
	04		HS-04	总平面标高图	A3
纸	05	环施	HS-05	总平面物料图	A3
	06		HS-06	节点详图一	A3
	07		HS-07	节点详图二	A3
	08		HS-08	园路及地形放样图	A3
目	09		LS-01	苗木表	A3
	10		LS-02	植物总平面放样图	A3
	11				
	12	绿施			
录	13				
	14				

共 1 张

细节问题：图纸目录不属于目录的内容；下方的空格太多。

修正建议：去掉HS-01图纸目录这一行以及绿施下方4行空白行，修改图号的写法，把HS改为ZS。

序号	图纸名称	图号	纸张	图幅
01	施工图设计说明	LN-01	1	A3
02	总平面图与索引图	LP-01	1	A3
03	尺寸定位图	LP-02	1	A3
04	竖向标高图	LP-03	1	A3
05	植物配置图	LP-04	1	A3
06	水电布置图	LP-05	1	A3
07	网格放线图	LP-06	1	A3
08	地面铺装图	LD-01	2	A3
09	木平台 木凳施工详图	LD-03	1	A3
10	水池 花架施工详图	LD-04	1	A3
11	花坛 汀步施工详图	LD-05	1	A3
12	景墙施工详图	LD-06	1	A3

细节问题：图号的位置和表达欠妥，"纸张"表达错误。

修正建议：图号应排在第2列，修改图号的字母，把"纸张"改为张数。

序号	图号		图名	图幅	备注
1	LN-00		封面	A3	
2	LN-01	图表部分	目录	A3	
3	LN-02		施工图设计说明	A3	
4	LP-01		总平面图	A3	
5	LP-02		索引总平面图	A3	
6	LP-03		竖向标高总平面图	A3	
7	LP-04	总图部分	尺寸定位总平面图	A3	
8	LP-05		网格放线总平面图	A3	
9	LP-06		地被植物平面布置图	A3	
10	LP-07		乔灌木植物平面布置图	A3	
11	LD-01		景墙节点详图一	A3	
12	LD-02		景墙节点详图二	A3	

细节问题：封面、目录不属于目录的内容，图号表达欠妥。

修正建议：去掉封面和目录两行，把总图改为ZS，详图改为YS。

图纸目录（修正建议）

页码	图号	图 名	图幅	张数	备 注
01	ZS-SM	设计与施工说明	A3	1	
02	ZS-01	总平面图	A3	1	比例 1:30
03	ZS-02	网格定位图	A3	1	比例 1:30
04	ZS-03	尺寸标注图	A3	1	比例 1:30
05	ZS-04	竖向设计图	A3	1	比例 1:30
06	ZS-05	物料标注图	A3	1	比例 1:30
07	ZS-06	索引平面图	A3	1	比例 1:30
08	YS-01	景墙详图	A3	1	比例 1:15
09	YS-02	花坛详图	A3	1	比例 1:15
10	YS-03	园路铺装详图	A3	1	比例 1:20
11	YS-04	汀步详图	A3	1	比例 1:10
12	YS-05	木平台详图	A3	1	比例 1:15
13	YS-06	木坐凳详图	A3	1	比例 1:10
14	YS-07	木构架详图	A3	1	比例 1:15
15	YS-08	木栅栏详图	A3	1	比例 1:15
16	YS-09	水池详图	A3	1	比例 1:20
17	YS-10	泵坑详图	A3	1	比例 1:10
18	SS-01	景观给水布置图	A3	1	比例 1:30
19	SS-02	景观排水布置图	A3	1	比例 1:30
20	DS-01	照明灯具布置图	A3	1	比例 1:30
21	DS-02	灯具安装详图	A3	1	比例 1:10
22	LS-01	苗木表	A4	1	
23	LS-02	植物配置总图	A3	1	比例 1:30
24	LS-03	植物（上木）配置图	A3	1	比例 1:30
25	LS-04	植物（下木）配置图	A3	1	比例 1:30

3.3 设计说明的细节问题与修正建议

五、铺地：
1.面层
面层材料详见具体施工图纸。
2.下部结构：
a.基土：基土应均匀密实，凡是遇到填土或土层结构变化的基土，应该分层压实。
b.垫层：垫层应选配良好，强度均匀的中砂，碾压或夯实不少于3遍。
注：在实际施工过程中，下部结构中除基土和中砂垫层以外均不予施工。
六、种植设计：
1.乔木应按规定的位置种植，保证土层不会影响乔木的正常生长、保持直立、不得倾斜；形态优美、丰满、生长旺盛、全冠种植。
2.灌木应按规定间距种植，种植地无杂草无枯黄，成活后进行修剪成型。地被应该密植、标准。
七、给排水系统：
给排水系统应该满足水池最大用水量。
八、其他：
本图纸指北针方向假定方向

细节问题：施工说明不详，有些标点符号欠妥。

修正建议：增加施工说明内容，更正标点符号。

2.设计依据：
（1）根据主办方提供的景观规划设计方案文件
（2）国家及地方颁布的有关工程建设的各类规范、规定与标准

3.园路说明：
（1）施工时按图纸施工，如有改变，需征得现场裁判同意。
（2）本图所标注的所有面层铺装材料施工时。
（3）园路需放方格网放线，以保证曲线流畅，结合自然。

4.给排水说明：
（1）预埋管线及喷头均应防腐防锈处理，地下管线在道路、广场垫层施工及绿化施工前铺设完毕，以免造成不必要的二次施工浪费。
（2）若遇给水管道与排水管道交叉则按给水在上排水在下布置。
（3）给水管道埋深度为冰冻线以下，排水管道埋深度在给水管下0.15米。

细节问题：说明太简单，字体大小不统一，第2~3行缺少句号。

修正建议：增加一些施工方面的内容，调整字体大小，第2~3行补上句号。

四、水池开完成挖后，应先进行夯实，再用细沙找平后方可铺防水膜，最后均匀洒铺雨花石进行镇压。
五、植物种植应按照"定位 —→ 挖种植穴 —→ 解除包装物（根、茎、叶、形修饰和摘除标签） —→ 种植回填 —→ 浇水"这个基本流程进行；草坪铺设前，应对作业面进行一次夯实，避免不均匀沉降，保证坪床平整。有条件的应该均匀洒铺一层细沙后再铺设草坪卷。铺设完成后，还要进行洒水和夯实。
六、本说明未尽之处，由技术专家组最终解释。

细节问题：语句不通顺，用词不当。

修正建议：把"水池开完成挖后"改为水池开挖完成后，把"四"里的镇压改为填压，把"五"里的夯实改为压实。

一、设计依据

1.1 环境景观-室外环境设计标准（15J012-1）

1.2 砌体结构施工及验收规范

1.3 园林景观施工及验收规范

二、设计说明及要求

2.1 本工程平面图与分区图均采用相对标高值，平整后地面为±0.00

2.2 本工程除特别说明尺寸均以毫米为单位

2.3 本工程中i代表坡度、th代表高度、1h代表底高度、D代表管径

2.4 本工程所有设计均应满足设计施工安全要求

三、硬质铺装

3.1 本工程除特别说明砂浆均采用1:3水泥砂浆

3.2 所有木龙骨，模版均用5cm自攻螺丝固定

四、软质铺装

4.1 所有植物均采用株型美观、健康无病的植物

4.2 根据现场情况，对植物进行修剪，降低蒸腾

4.3 所有乔木均有树穴，以植物的周长为树穴的半径

细节问题：用词不当，标点符号不规范。

修正建议：更正一些不当的用词，修改标点符号。

一、设计依据
（一）按照教育部高
规程等规定的知识和技
（二）国家标准：
（GB 50500-2008）、《砂
（三）行业标准：
现场环境与卫生标准》
（四）2019年中国进
二、标高说明
1 本设计竖向标高
2 本竖向标高仅为
3 剖面图中标注了
三、材料说明
本设计中所涉及
四、种植设计说明
（1）植物选择要求的为准。
（2）植物栽植要求
五、其他说明
（1）本设计中，由
（2）植物栽植应以
（3）图中各元素的
（4）图中未标注的

细节问题：二级编号不统一。

修正建议：把二级编号统一改为1.2.3.

3.4 图名的细节问题与修正建议

总平面图 1:30

细节问题：图名下划线的间距偏大。

修正建议：把下方的细实线向上靠拢，两线的间距为1~1.5mm。

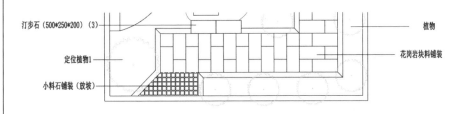

总平面图 1:30

细节问题：下划线和比例的位置欠妥。

修正建议：下划线改为双线（上粗下细），并向右加长至比例的下方，比例上移与图名下方平齐。

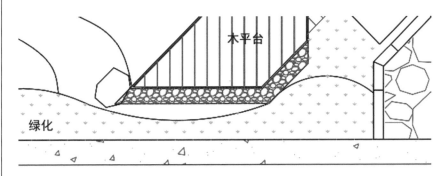

平面布置图 1:30

细节问题：图名的说法和下划线欠妥。

修正建议：把图名改为总平面图，下划线改为上粗下细，并向右延长至比例的下方。

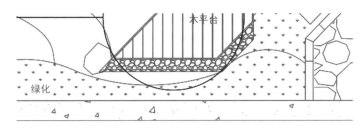

立面索引图 1:30

细节问题：图名的说法和下划线欠妥。

修正建议：图名改为索引平面图，下划线改为上粗下细，并向右加长至比例。

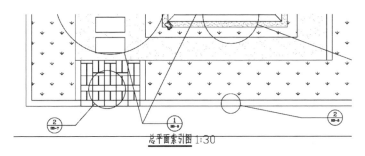

总平面索引图 1:30

细节问题：图名的说法和下划线欠妥，图名压线。

修正建议：图名改为索引平面图，不要压线；下划线改为双线（上粗下细），并向右加长至比例的下方。

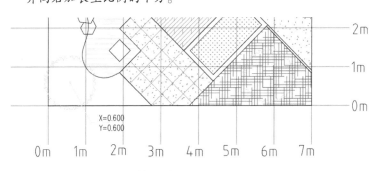

网格定位平面图 1:40

细节问题：图名下划线欠妥。

修正建议：把图名下划线改为双线（上粗下细），并延长至比例的下方。

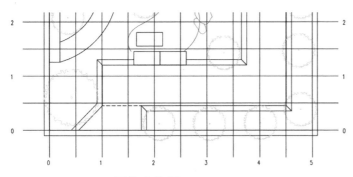

网格定位图(单位：m) 1:30

细节问题：图名下划线与比例位置欠妥，单位m的位置欠妥。

修正建议：把图名下划线改为双线（上粗下细），比例位置上移，与图名下方平齐；单位m标注至网格数据的右边。

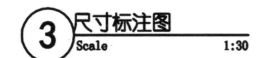

③ **尺寸标注图** Scale 1:30

细节问题：图名布局的美观度欠佳。

修正建议：图名与圆圈之间空2mm，比例往左移动10mm。

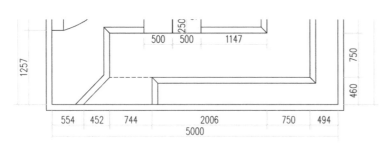

平面尺寸图 1:30

细节问题：图名的下划线和比例的位置欠妥。

修正建议：把图名下划线改为双线（上粗下细），并向右延长至比例的下方；比例位置上移，与图名下方平齐。

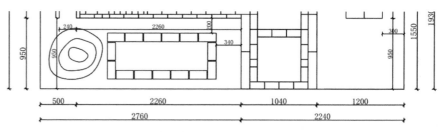

尺寸定位图 1:30

细节问题：图名的说法、下划线、比例的字号欠妥。

修正建议：把图名改为平面尺寸标注图，下划线改为上粗下细并适当靠拢，比例的字号缩小一点。

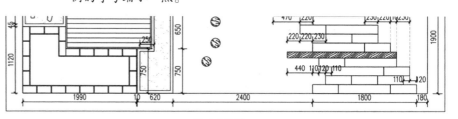

尺寸定位图 1:30

细节问题：图名的说法和字号欠妥。

修正建议：把图名改为平面尺寸标注图，字号加大一些。

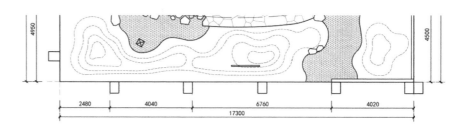

尺寸标注平面图 1:80

细节问题：图名的说法和字号欠妥。

修正建议：把图名改为平面尺寸标注图，字号加大一些。

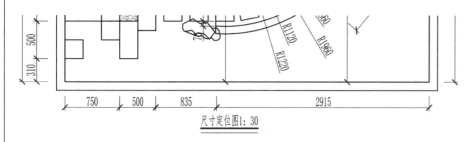

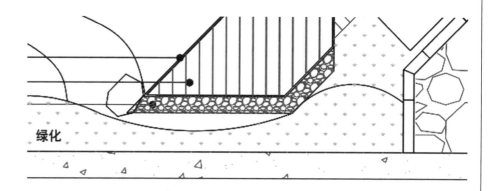

细节问题： 图名的说法和字号欠妥。

修正建议： 把图名改为平面尺寸标注图，字号加大一些。

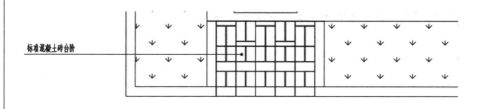

总平面物料图1:30

材质铺装图1:30

细节问题： 图名的位置、说法和下划线欠妥。

修正建议： 图名的位置上移，把图名改为物料标注图，下划线改为上粗下细，并向右加长至比例。

细节问题： 图名的说法、下划线、比例的字号欠妥。

修正意见： 把图名改为物料标注图，下划线改为双线（上粗下细），并向右加长至比例下方；比例的字号缩小。

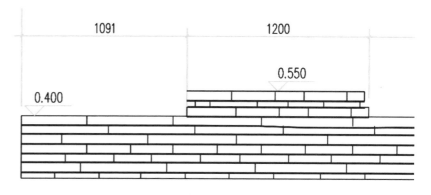

材料指示平面图 1:40

干垒乱石景墙立面示意图

1:20

细节问题： 图名的说法和下划线欠妥。

修正意见： 把图名改为物料标注图（或材料标注图），下划线改为双线（上粗下细），并向右加长至比例的下方。

细节问题： 图名的位置、图名的说法、下划线、比例位置、比例的字号欠妥。

修正建议： 图名的位置上移，图名改为干垒乱石景墙立面图，下划线改为上粗下细，比例位置上移，与图名下方平齐，比例的字号缩小一些。

3.5 总图的细节问题与修正建议

施工图总图包括总平面图、网格定位图、尺寸标注图、标高设计图、物料标注图、索引平面图等,相对而言学生画这些图的细节问题不是很多,但也要引起注意,在画图时尽量避免出现类似的问题。

3.5.1 总平面图的细节问题与修正建议

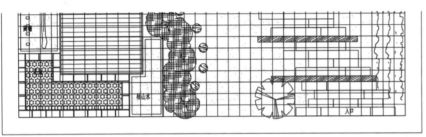

总平面图 1:30

细节问题:总平面图不需要网格线。

修正建议:把网格线去掉。

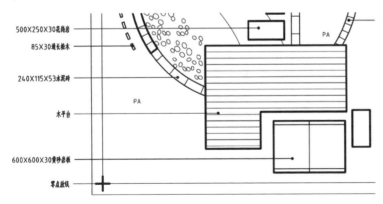

500X250X30花岗岩
85X30道木
240X115X53水泥砖
600X600X30黄砂岩板

总平面图 1:30

细节问题:总平面图里一般不标注材料。

修正建议:去掉总平面图里的材料标注。

3.5.2 网格定位图的细节问题与修正建议

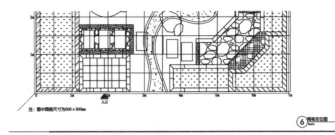

注:图中网格尺寸为500×500mm

⑥ 网格定位图

细节问题:图名的位置和尺寸单位欠妥。

修正建议:图名位置居中,美观度调整,尺寸单位改为mm。

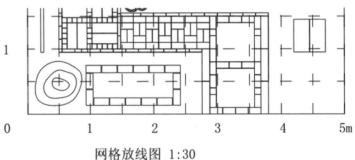

网格放线图 1:30

细节问题:图名下划线、尺寸单位、网格线的线型欠妥,虚线间距太大。

修正建议:把图名下划线改为上粗下细,尺寸单位改为mm,1000大网格线用细实线,其余用细虚线;网格线加密,尺寸为250×250mm。

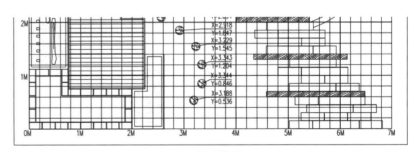

坐标放线图 1:30

细节问题:网格线的线型欠妥。

修正建议:保留一米整数线细实线,其他的线型全部改为细虚线。

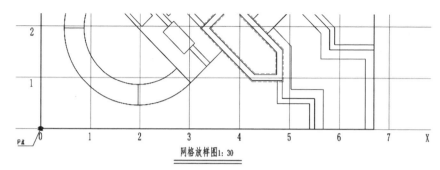

网格放样图 1：30

细节问题：缺少尺寸单位，网格太稀疏，图名字号偏小。

修正建议：尺寸单位改为mm，加密网格线，一般要求250×250mm。

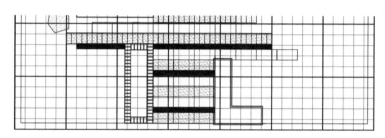

① 网格放线图 1：30

细节问题：缺少网格定位尺寸标注，网格线太密，总图的图号①多余。

修正建议：加上每一个1000mm的标注值，网格线改为250×250mm。

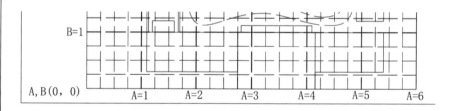

网格定位图 1：30

细节问题：实线与虚线表达欠妥，尺寸缺少单位，比例字号偏小。

修正建议：一米线改为细实线，其余的为细虚线；加上尺寸单位（m）。

3.5.3 尺寸标注图的细节问题与修正建议

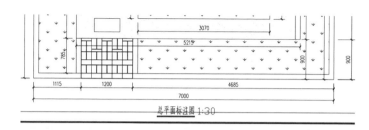

总平面标注图 1：30

细节问题：图名的说法和下划线欠妥，图名压线，图名字号偏小。

修正建议：把图名改为平面尺寸标注图，下划线改为双线（上粗下细），图名不要压线，图名字号调大。

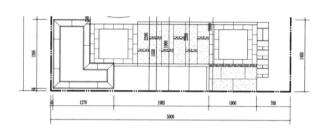

平面尺寸图 1：30

细节问题：尺寸标注的起止符号欠妥。

修正建议：尺寸起止符号加粗（比尺寸界线粗一号）。

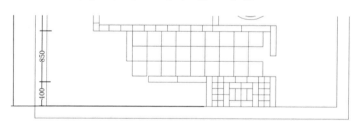

尺寸定位图 1：30   0.5   1（m）

细节问题：图名的说法欠妥，下方缺少尺寸标注，施工图不用线段比例尺。

修正建议：把图名改为平面尺寸标注图，下方增加尺寸标注，去掉线段比例尺。

3.5.4 竖向设计图的细节问题与修正建议

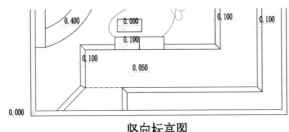

竖向标高图 1:30

细节问题：图名下划线和比例位置欠妥，标高图例不对，比例字号偏小。

修正建议：把图名下划线改为双线（上粗下细）并延长至比例下方，比例位置上移，标高图例改为实心三角形。

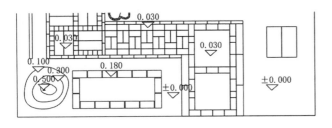

竖向标高图 1:30

细节问题：图名下划线欠妥，比例字号偏大，标高图例不对。

修正建议：把图名下划线改为上粗下细，标高图例改为实心三角形。

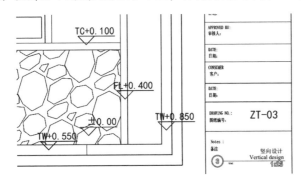

细节问题：标高图例不对。

修正建议：把标高图例改为实心三角形。

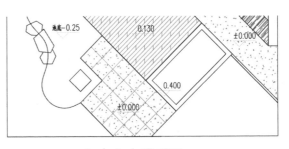

标高竖向平面图 1:40

细节问题：图名和下划线欠妥，标高图例不对。

修正建议：把图名改为竖向标高设计图，下划线改为双线（上粗下细），并延长至比例下方，标高图例改为实心三角形。

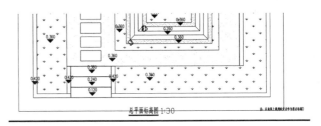

总平面标高图1:30

细节问题：图名说法欠妥，图名压线，图名字号偏小。

修正建议：把图名改为竖向标高设计图，图名不要压线，字号加大。

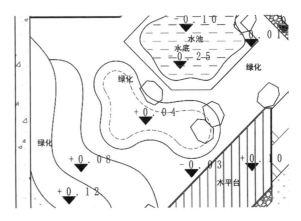

细节问题：标高值字距偏大，正数不用+号。

修正建议：标高值字距缩小，去掉正数的+号，建议保留三位小数。

3.5.5 物料标注图的细节问题与修正建议

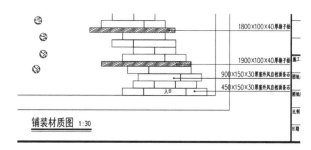

细节问题：图名的说法欠妥，材料标注压线。

修正意见：把图名改为铺装材料标注图，材料标注不要压线。

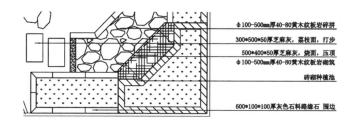

细节问题：材料长、宽、厚的中间用"米"字星号欠妥，引出线黑点位置欠妥。

修正建议：材料长、宽、厚的中间改用数学"×"号，引出线端头的小黑点改在引出线的最前端。

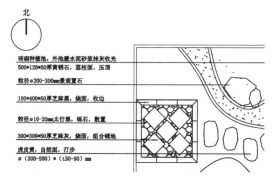

细节问题：指北针的位置欠妥，材料长、宽、厚的中间用"米"字星号欠妥，引出线端头用箭头欠妥。

修正建议：把指北针的位置移到图纸的右上角，长、宽、厚的中间改用数学"×"号，引出线端头改为小黑点。

3.5.6 索引平面图的细节问题与修正建议

细节问题：索引符号的表达欠妥，引出线太长。

修正建议：图号应该是写在下方，引出线缩短一些。

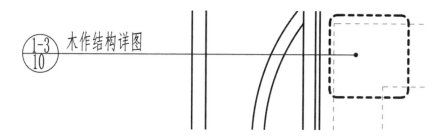

细节问题：图号注写欠妥。

修正建议：圆圈下方的图号改为ZS-10。

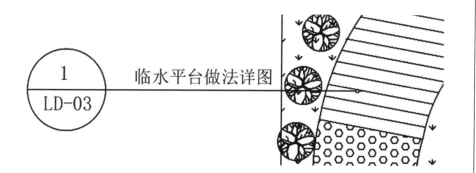

细节问题：圆圈太大，图号、文字注写欠妥。

修正建议：圆圈缩小，一般要求圆圈直径为10mm；图号改为ZS-03，注写文字左移靠近圆圈。

3.6 详图的细节问题与修正建议

施工图详图包括景墙详图、水池详图、花坛详图、铺装详图、木平台详图、木坐凳详图、木构架详图等。由于学生缺乏实际工程的工作经验，所以画这些详图时出现的细节问题较多，尤其是地下结构问题，所以要特别引起重视。国赛"园林景观设计与施工"项目和中国造园技能大赛（园艺项目）国际邀请赛的施工，由于竞赛场地条件限制，地下结构层不施工；但是施工图设计本着与实际接轨的原则，还是应该画出地下结构层，可对不施工的地下结构层进行备注（竞赛施工省略）。

3.6.1 景墙详图的细节问题与修正建议

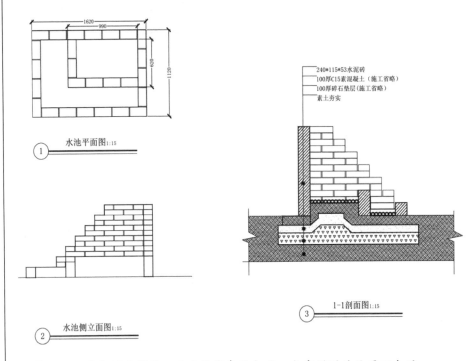

① 水池平面图1:15

② 水池侧立面图1:15

1-1剖面图1:15 ③

细节问题：缺少剖面符号，尺寸界线表示欠妥，文字说明的位置不合适。

修正建议：在①图竖向位置增加剖面符号，尺寸界线应离开图样轮廓线2mm，并且尺寸线的间距要均匀；③图上方的文字说明应与横线居中，或在横线的上方。

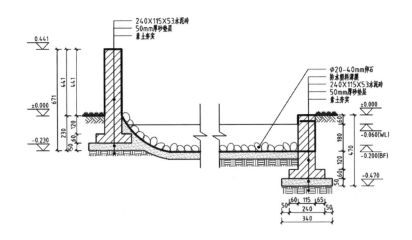

③ 特色景墙断面图 1:15

细节问题：缺少地下结构层。

修正建议：在素土夯实之上，增加碎石垫层、混凝土层、水泥砂浆结合层。

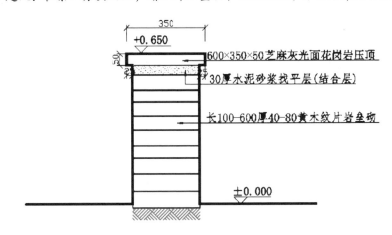

③ 黄木纹板岩石墙1-1断面图 1:10

细节问题：缺少地下基础层，断面图缺少斜线，花岗岩图例不对。

修正建议：地下结构增加碎石垫层、混凝土层、水泥砂浆结合层，石墙断面打上斜线，更换花岗岩图例，去掉标高+0.650的＋号。

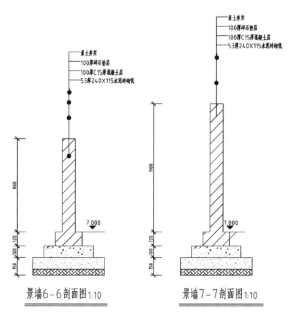

景墙6-6剖面图1:10   景墙7-7剖面图1:10

细节问题：多层共用引出线的点位不对，缺少标高，标高图例错误。
修正建议：多层引出线加长，点位下移；增加标高值，替换标高图例。

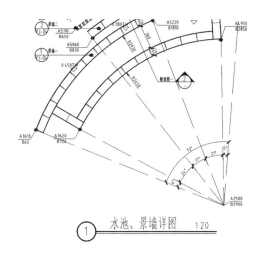

① 水池、景墙详图 1:20

细节问题：图名下划线和角度符号欠妥。
修正建议：图名下划线缩短一些，把所有的角度符号改为双向箭头。

3.6.2 景观水池详图的细节问题与修正建议

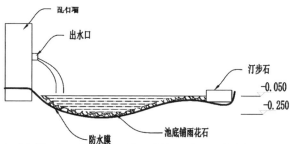

注：防水膜施工时，一端应压入乱石墙内，一端应压入汀步石下，其余岸线部位埋入U形沟槽中，用土壤镇压。但选手铺设时应充分考虑到土壤沉降对防水膜施工的影响，留有余地。

防水垫安装示意图 1:10

细节问题：比例位置图名下划线、引出线欠妥，缺少地下结构层和部分标高值。
修正建议：比例字号缩小，并上移与图名下方平齐；图名下划线加长至比例下方；引出线改为直线或直角折线或45° 折线；地下结构增加碎石垫层、混凝土层；增加出水口和乱石墙的标高。

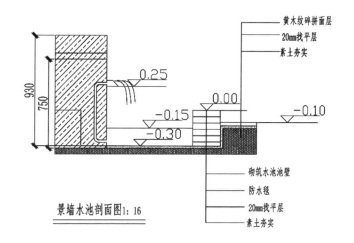

景墙水池剖面图1:16

细节问题：缺少地下结构层，标高字号偏大，比例欠妥。
修正建议：地下结构增加碎石垫层、混凝土层；标高字号缩小，需要保留3位小数；比例改为1:15。

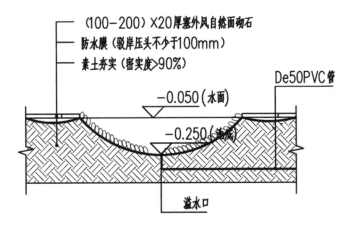

2-2剖面图 1:20

细节问题：缺少地下结构层，上方缺少进水管和溢水管，下方排水管缺阀门。

修正建议：地下结构增加碎石垫层、混凝土层；上方增加进水管和溢水管；下方排水管增加阀门，溢水口改为排水口。

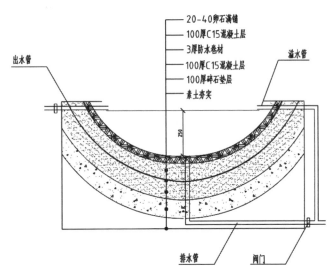

细节问题：素土夯实缺少图例，缺少标高值，出水管表述欠妥。

修正建议：增加素土夯实图例填充，增加标高值，把出水管改为进水管。

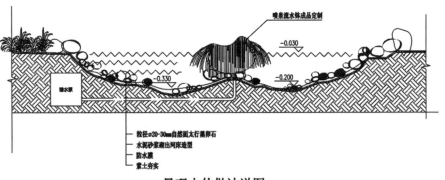

景观水体做法详图 1:20

细节问题：缺少地下结构层，潜水泵位置不对，水面线表现欠妥。

修正建议：地下结构增加碎石垫层、混凝土层；潜水泵移到有水区域；水面线只要最上方一条细直线或细波线即可。

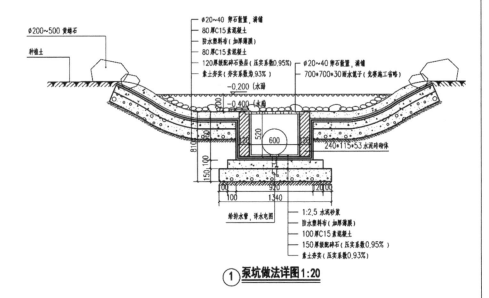

① **泵坑做法详图** 1:20

细节问题：地下结构层断档。

修正建议：左中右地下结构层应该连接起来。

3.6.3 花坛详图的细节问题与修正建议

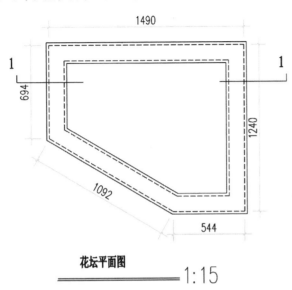

花坛平面图 1:15

细节问题：图名字号、下划线、比例字号和位置欠妥，缺少材料标注和压顶板铺贴样式。

修正建议：图名字号加大，图名下划线改为上粗下细，比例字号缩小并上移与图名下方平齐，增加材料标注和压顶板的铺贴样式表示。

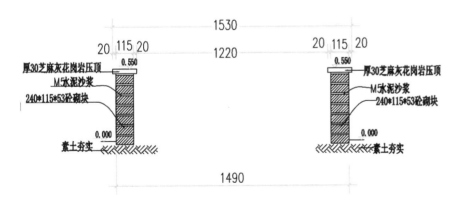

细节问题：缺少地下结构层，引出线表示欠妥，缺少种植土图例。

修正建议：增加碎石垫层、混凝土层、水泥砂浆结合层；引出线改为直线或直角折线或45°折线；增加种植土线，并用自然土壤图例表示。

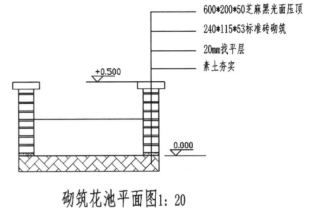

600*200*50芝麻黑光面压顶
240*115*53标准砖砌筑
20mm找平层
素土夯实

砌筑花池平面图 1:20

细节问题：图名错误，下划线欠妥，缺少地下结构层，断面图砖砌表现欠妥，种植土线偏低。

修正建议：图名改为花坛断面图，下划线改为上粗下细，增加碎石垫层、混凝土层、水泥砂浆结合层，两边砖砌改为斜线，种植土线抬高并用自然土壤图例表示。

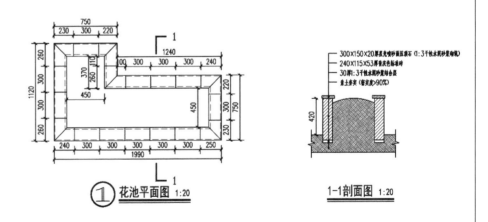

① 花池平面图 1:20

1-1剖面图 1:20

300X150X20厚麻光喷砂面压素石（1:3干性水泥复砌筑）
240X115X53厚青灰色标准砖
30厚1:3干性水泥砂浆结合层
素土夯实（密实度>90%）

细节问题：图名欠妥，缺少地下结构层，种植土表示欠妥，缺少标高值。

修正建议：平面图里的剖面符号改为断面符号；1-1剖面图改为1-1断面图；增加碎石垫层、混凝土层、水泥砂浆结合层；种植土线改用自然土壤图例表示；增加标高值。

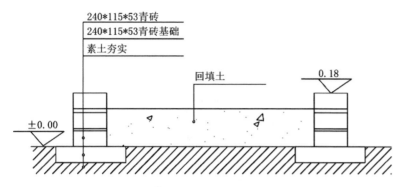

① 花坛做法详图 1:10

细节问题：图名、下划线欠妥，缺少地下结构层，断面图砖砌表现欠妥，种植土和素土夯实图例错误，标高图例偏大。

修正建议：图名改为花坛断面图，下划线改为上粗下细；增加碎石垫层、混凝土层、水泥砂浆结合层，两边砖砌改为斜线；种植土线改用自然土壤图例表示，标高图例缩小一点。

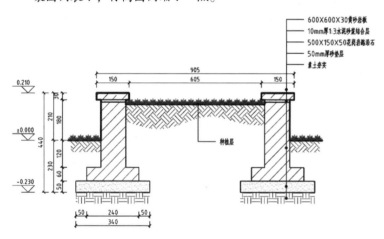

③ 花池断面图 1:10

细节问题：缺少地下结构层，素土夯实、种植土的图例错误。

修正建议：增加碎石垫层、混凝土层、水泥砂浆结合层，种植土线改用自然土壤图例，素土夯实的图例换一个。

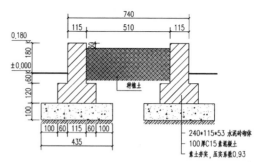

③ 花池1-1断图 1:10

细节问题：种植土表示欠妥。

修正建议：种植土线改用自然土壤图例表示。

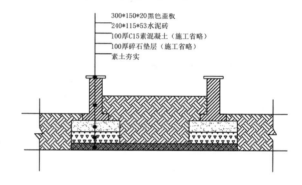

细节问题：种植土表示欠妥，种植土线偏低。

修正建议：种植土线改用自然土壤图例，种植土线提高一些。

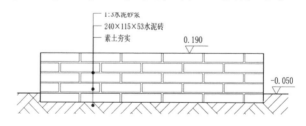

③ 花池立面图 1:10

细节问题：立面图表示欠妥。

修正建议：立面图只表示地上部分，去掉地平线以下的砖块。

3.6.4 园路铺装详图的细节问题与修正建议

③ 铺装做法结构图 1:10

细节问题：图名欠妥，缺少地下结构层。

修正建议：图名改为园路铺装详图；在素土夯实之上，增加碎石垫层、混凝土层、水泥砂浆结合层，然后才是面层。

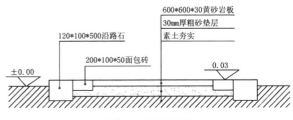

① 步云路做法详图 1:10

细节问题：图名下划线欠妥，标高图例偏大，素土夯实图例不对，缺少地下结构层。

修正建议：图名下划线改为上粗下细，标高图例缩小，更换素土夯实图例；在素土夯实之上，增加碎石垫层、混凝土层、水泥砂浆结合层，然后才是面层。

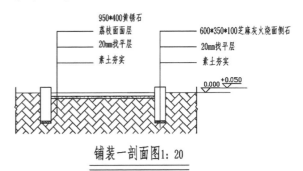

铺装一剖面图1:20

细节问题：图名和下划线欠妥，素土夯实、侧石图例不对，缺少地下结构层。

修正建议：图名改为铺装一断面图，图名下划线改为上粗下细；更换素土夯实图例，在素土夯实之上，增加碎石垫层、混凝土层、水泥砂浆结合层，然后才是面层；侧石图例换成石材图例。

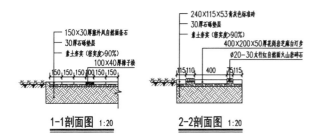

1-1剖面图 1:20　　2-2剖面图 1:20

细节问题：图名欠妥，缺少部分地下结构层，缺少标高。

修正建议：图名改为1-1断面图、2-2断面图；在素土夯实、砾石垫层之上，增加混凝土层、水泥砂浆结合层，然后才是面层；增加标高值。

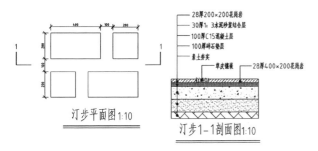

汀步平面图1:10　　汀步1-1剖面图1:10

细节问题：剖面符号欠妥，位置不对，剖面图图名欠妥，缺少标高。

修正建议：把剖面符号改为断面符号，位置下移至花岗岩的中部；图名改为汀步1-1断面图；增加标高值。

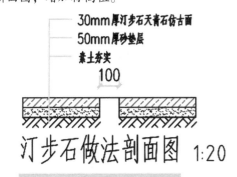

汀步石做法剖面图 1:20

细节问题：图名、字号、下划线欠妥，缺少地下结构层，缺少标高。

修正建议：把图名改为汀步断面图，图名字号缩小；把下划线改为双线（上粗下细）并向右加长至比例；在素土夯实之上，增加碎石垫层、混凝土层、水泥砂浆结合层，然后才是面层；增加标高值。

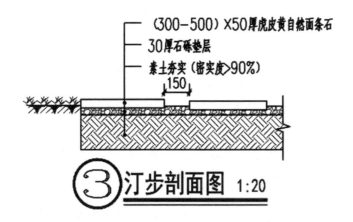

③ 汀步剖面图 1:20

细节问题：图名欠妥，缺少部分地下结构层，缺少标高。

修正建议：图名改为汀步断面图；在素土夯实、砾石垫层之上，增加混凝土层、水泥砂浆结合层，然后才是面层；增加路面标高值。

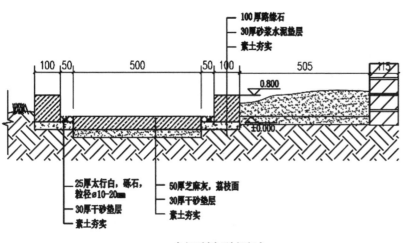

3-3剖面做详图法 1:10

细节问题：图名欠妥，缺少部分地下结构层，缺少部分标高。

修正建议：图名改为3-3断面图；在素土夯实、砾石垫层之上，增加混凝土层、水泥砂浆结合层，然后才是面层；增加部分标高值。

3.6.5 木平台详图的细节问题与修正建议

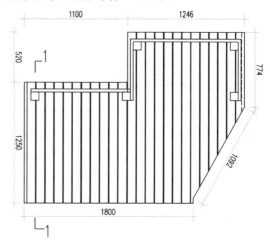

木平台平面尺寸图 1:20

细节问题：图名下划线和比例位置欠妥，3根护栏未断开，3排自攻螺丝钉未表现，缺少材料标注，尺寸起止符号太细。

修正建议：图名下划线改为上粗下细，比例字号缩小并上移与图名下方平齐；4根护栏要断开表示，3排自攻螺丝钉要表现出来；增加材料标注。

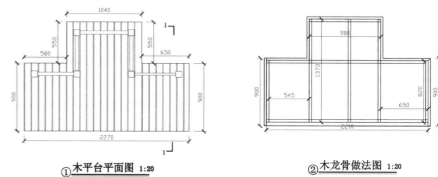

① 木平台平面图 1:20   ② 木龙骨做法图 1:20

细节问题：平面图缺少四周封板和自攻螺丝钉的表示；龙骨图的木龙骨太稀少以及上下位置不明确，缺少6根立柱的表示。

修正建议：平面图增加四周封板和3排自攻螺丝钉的表示；龙骨图的木龙骨加密，竖向在下，横向在上；增加6根立柱位置的表示。

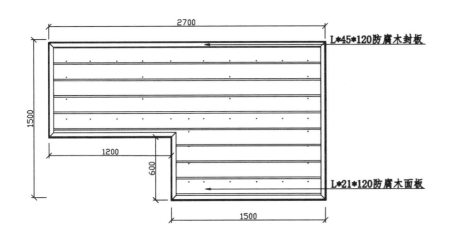

① **木平台平面图** 1:20

细节问题：图名下划线右端太长，2条引出线左端太长，自攻螺丝钉位置不对。
修正建议：图名下划线右端缩短，2条引出线左端缩短，自攻螺丝钉位置要对
应于面板下方木龙骨的位置。

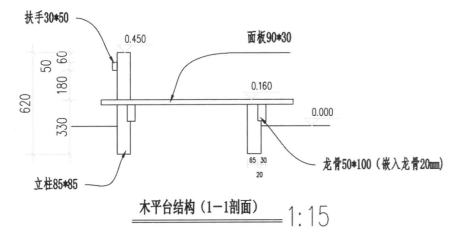

木平台结构（1—1剖面） 1:15

细节问题：图名下划线和比例位置欠妥，引出线画法不对，缺少地下结构层。
修正建议：图名下划线改为上粗下细，比例字号缩小并上移与图名下方平齐；
引出线改为直线或直角折线或45°折线；增加地下结构层。

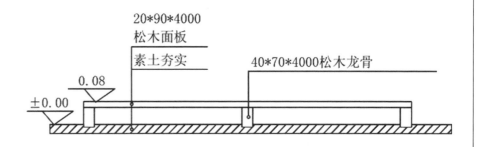

② **木平台做法详图** 1:10

细节问题：图号②的位置和图名下划线欠妥，标高图例偏大，缺少地下结构层。
修正建议：图号②放大，位置下移，图名下划线改为上粗下细；标高图例缩小，
标高值保留三位小数；增加地下结构层。

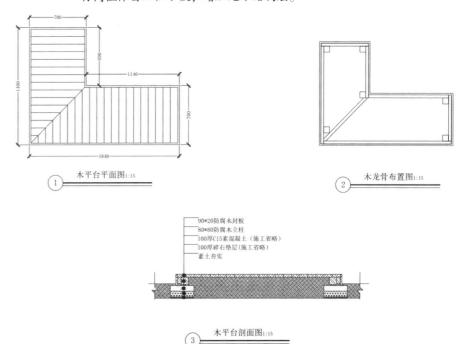

细节问题：平面图缺少材料标注，木龙骨图缺少尺寸标注，剖面图缺少标高。
修正建议：增加平面图材料标注和木龙骨图的尺寸标注，增加剖面图的标高。

3.6.6 木坐凳详图的细节问题与修正建议

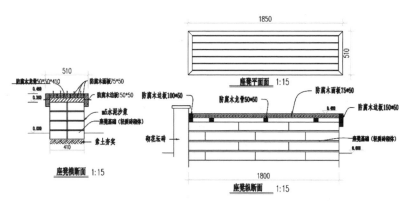

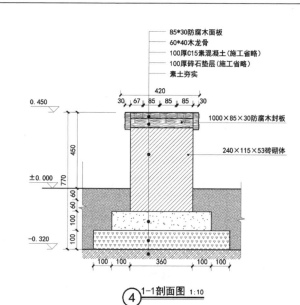

细节问题：缺少地下结构层，基座砌砖不可上下通缝，断面图缺少斜线。

修正建议：增加地下结构层，基座砌砖上下错位，断面图打上斜线，引出线改为直线或直角折线或45°折线。

细节问题：面板与木龙骨缺少长度标注，自然土壤图例欠妥。

修正建议：上方面板和木龙骨加上长度尺寸，自然土壤图例更换。

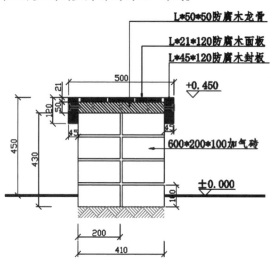

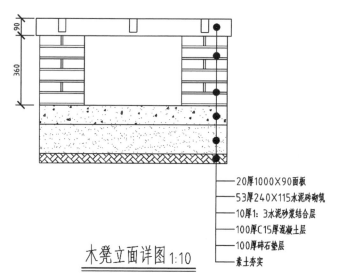

细节问题：缺少地下结构层，砌砖不可上下通缝，断面图缺少斜线。

修正建议：增加地下结构层，基座砌砖应上下错位，断面打上斜线。

细节问题：图名欠妥，砖基座缺少斜线，引出线黑点太大。

修正建议：图名改为木凳剖面图，砖砌基座打上斜线，引出线黑点缩小。

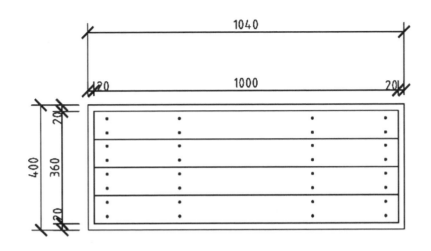

木凳平面图 1:10

细节问题：尺寸起止符号太长，四周封板未断开，面板缝隙未标注。

修正建议：尺寸起止符号缩短一些，四周封板要断开，且要45°拼角；
增加面板缝隙的标注（一般要求5~10mm）

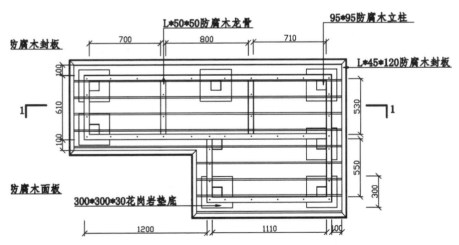

细节问题：缺少剖面图，木龙骨结构和地下基础不明确。

修正建议：增加一张剖面图，表示出木龙骨结构和地下基础情况。

3.7 水电布置图的细节问题与修正建议

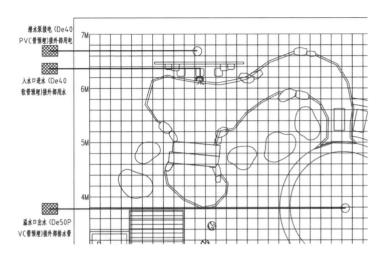

细节问题：网格线多余，溢水口位置不对。

修正建议：去掉网格线，溢水口位置标注在水池边。

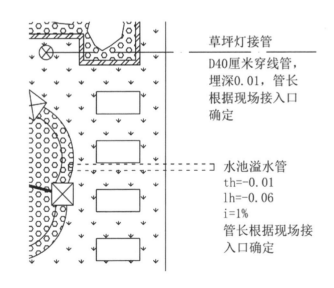

细节问题：标高数据不对，穿线管的单位错误。

修正建议：草坪灯接管埋深 −0.200m，水池溢水管埋深 −0.050m ；穿线管
的单位改为mm，即D40mm。

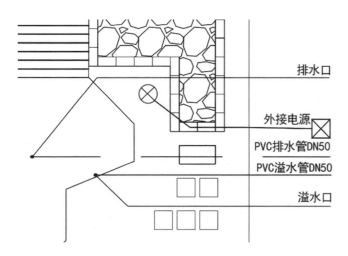

排水口

外接电源

PVC排水管DN50

PVC溢水管DN50

溢水口

细节问题：草坪灯穿线管和排水管位置欠妥，排水管断裂，缺少进水管。

修正意见：草坪灯穿线管下移至铺装之外，排水管连成一条直线且位置下移至汀步间空地，增加一条进水管。

序号	图例	名称	型号
1		潜水泵	
2	- - -	潜水泵出水管	DN25
3	├	三通接头	
4	———	电缆线	
5	⊥	开关	
6	⊠	电箱	
7	◎	跌水盆	

细节问题：型号标注不全，缺少数量，潜水泵图例不对。

修正建议：把每个型号补充完整，增加数量一列，潜水泵图例更换。

3.8 植物配置图的细节问题与修正建议

植物配置表

		中文名称	单位	规格	数量
1		落新妇	株	株高60-80CM	10
2		北美海棠	株	株高1.5-2M	1
3		小兔子狼尾草	株	株高0.5-0.7M	4
4		甜心玉簪	株	株高20-30CM	5
5		美国薄荷	株	株高30-40CM	5
6		宿根鼠尾草蓝色	株	株高30-40CM	5
7		金鸡菊朝阳	株	株高40-50CM	3
8		红叶石楠	株	高0.8-1米	2
9		金叶女贞	株	高1.5米	2
10		白皮松	株	高1-1.5米	1
11		欧石竹	株	株高50-60CM	3

细节问题：植物排序欠妥，单位的位置不对且列距太宽，规格的单位欠妥。

修正建议：表头加上序号、图例；植物排序按照规格大小（从大到小）排列；单位移到数量的右边，规格的单位统一采用cm；单位的列距缩小一些，名称和规格的列距加大一些。

植物清单

序号	品种	规格（高*冠）	数量	备注
1	银叶金合欢	2.0*1.5	1	单杆，定位植物2
2	琴叶榕	1.6*1.5	1	单杆，定位植物1
3	柳叶榕	1.8*1.5	2	单杆
4	黄金香柳球	0.8*0.6	2	
5	变叶木	0.4*0.3	20	
6	金脉爵床	0.4*0.6	5株	
7	黄金榕球	0.4*0.6	3株	
8	狗牙花	1.0*0.8	5株	
9	时令草花	0.25*0.25	100盆	矮牵牛、新几内亚凤仙，各50盆
10	草皮		15m²	果岭草
11	藤本植物	长度>0.6米	20株	使君子

细节问题：缺少图例，规格缺少单位，部分数量缺单位。

修正建议：增加图例，补上规格单位（m），前5种植物补上数量单位（株）。

植物配置表

序号	图例	名称	规格（mm）	数量
1		北美海棠	高度(1500-2000)	1株
2		白皮松	高度(1000-1500)	1株
3		金叶水腊	高度(800)	1株
4		黄杨球	高度(1000)	1株
5		细叶芒	高度(200-400)	9株
6		小兔子狼尾草	高度(200-400)	9株
7		常绿芒	高度(200-400)	9株
8		花叶玉簪	平米	2平
9		金鸡菊	平米	2平
10		天人菊	平米	1平
11		薄荷	平米	2平
12		金边玉簪	盆	10盆
13		草皮		32平方米

细节问题：规格上半部分的单位欠妥，规格下半部分表达错误。

修正建议：规格单位改为cm，草本植物规格改为高度和冠幅；文字上下居中。

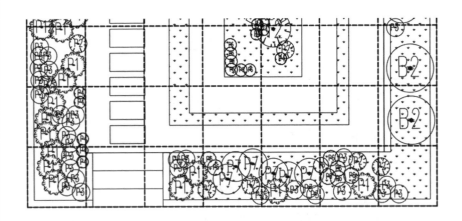

植物总平面放线图 1:30

细节问题：图名的说法和下划线欠妥，网格线太稀疏。

修正建议：图名改为植物放样平面图，下划线改为双线（上粗下细）并向右加
长至比例的下方；网格线加密，一般要求250mm×250mm。

苗木表

序号	名称	规格			单位	数量
		胸径（cm）	高度（cm）	蓬径（cm）		
1	独杆石楠	3	100-150		株	1
2	白皮松		100-150		株	1
3	花石榴		50	30-50	株	3
4	红叶石楠		50-60	60-80	株	5
5	南天竹		30-50	30-40	株	10
6	小叶女贞		40-60		株	15
7	草花			20	盆	80
8	变叶木				盆	10
9	草皮				㎡	15

细节问题：缺少图例，规格单位的位置欠妥，变叶木缺少规格。

修正建议：增加一列图例，规格的单位统一写在上方规格的右边。

苗木统计表

序号	图例	名称	规格	数量	单位
1		独杆石楠	高度1.2-1.5m地径5cm以上	1	株
2		白皮松	高度1.5-1.8胸径4-6	1	株
3		花石榴	高度0.8-1.0m冠径0.5-0.6	3	株
4		红叶石楠	高度0.5-0.6m冠径0.5-0.6	5	株
5		小叶女贞	高度0.5-0.6	15	株
6		南天竹	高度0.3-0.5m冠径0.3-0.4cm	10	株
7		变叶木	高度0.3m冠径0.3cm	10	盆
8		草花	蓬径0.2cm	80	盆
9		草坪	——	15	平方米

细节问题：图例偏大，名称的列距不够宽，规格的单位不统一，
有的规格单位错误。

修正建议：图例缩小，名称的列距加宽，规格的单位统一改为cm。
把树高1.5m改为150cm、冠径0.3cm改为30cm。

4 小庭院景观设计施工图案例

　　本教材收录了六套设计较为规范的施工图，其中三套为园林国赛赛前训练用图，二套为中国造园技能大赛国际邀请赛竞赛用图，一套为真实别墅庭院景观工程的施工图。这六套施工图的地下结构皆与实际工程接轨，可供读者参考学习。

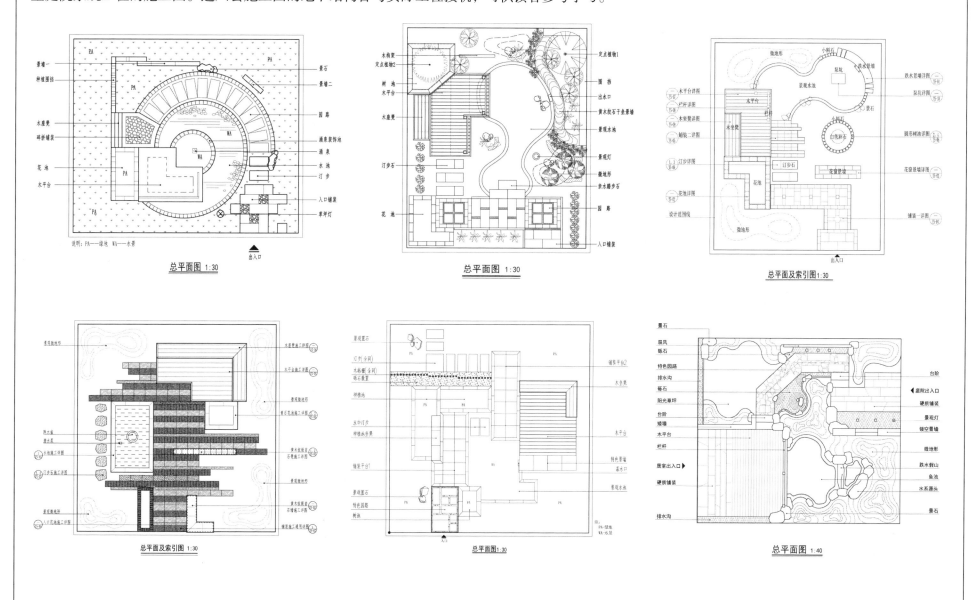

4.1 园林国赛（30 m²）赛前训练设计图 -1

① 出入口 ② 铺装 ③ 园路 ④ 景墙 ⑤ 水池
⑥ 木平台 ⑦ 碎拼 ⑧ 座凳 ⑨ 花坛 ⑩ 涌泉

N

0 1 2m

方寸之间

效果图制作：查晓霞
指导老师：胡秀萍

本设计方案名为"方寸之间"，旨在于小中见大，以微见宏。用抽象提炼的山形景墙寓意连绵的山脉，将曲池比拟为山涧溪流，用木平台比作林间石座。将山水花草融情于一个30平方米的方寸之地。听泉水叮咚，闻枫林鸟语，发现生活中细微的美好，让自己心中的方寸之地花繁叶茂。

Small Garden Design

总平图

构筑物

铺装

草坪

水体

总效果

分析图

南立面图

鸟瞰图

彩色效果图详见P185

2019年全国职业院校技能大赛"园林景观设计与施工"赛项

"方寸之间"小庭院景观工程设计

——施工图

设计单位：丽水职业技术学院

提交日期：2019年5月

图 纸 目 录

工程名称	"方寸之间"小庭院景观工程		工程号	
子 项	施工图设计		专 业	园林

第 __1__ 页 ，共 __1__ 页

施工图设计说明

一、工程概况：

本工程为"方寸之间"小庭院景观施工图设计，占地面积30平方米。

二、设计依据：

1. 甲方提供的原始数据及设计要求。

2. 国家建设部及地方颁发的有关规定、设计规范。

3. 2019年全国高职院校技能大赛"园林景观设计与施工"竞赛规程。

三、设计内容：

设计范围内道路、铺装、景观构筑物、水体、木作等内容。

四、材料要求：

1. 材料选择详见各部分详图做法。

2. 本施工图册内的材料小样需经设计单位确认后方可用于施工。

3. 道路铺装密缝严格按照图纸施工，要求缝隙对齐，保证铺装面平整。

4. 所有砖砌体均为MU7.5水泥预制砖，M5砂浆砌筑。

5. 所有木材均进行防腐、防水、防虫处理，木材含水率不大于18%。

五、施工要求：

1. 所有砌筑项目，基础部分须进行开挖、夯实。景墙、花池、木座凳基础用水泥砖砌筑。浆砌体砂浆填缝须饱满，砌筑用砂浆须现场拌和。

2. 铺装基础部分需素土夯实、花岗岩铺装须密缝，卵石（粒径为20-40mm）嵌缝铺装。

3. 水池开挖完成后，应先进行夯实，再用细沙找平后方可铺设防水膜，最后均匀撒铺卵石进行填压。

4. 植物种植应按照"定位→挖种植穴→解除包装物（枝叶修剪和摘除标签）→种植土回填→浇水"这一基本流程进行。草皮铺设前，应对作业面进行一次压实，避免不均匀沉降，草皮铺设完后，还要进行洒水和压实。

六、其他：

1. 本施工图册所注标高均为相对标高，标高以"米"为单位，其余尺寸以"毫米"为单位。

2. 所有项目施工详图基本按照实际工程结构绘制，部分详图省略。但由于竞赛提供的材料和场地约束，施工时根据实际情况调整，部分结构层施工省略。

3. 本施工图册仅为2019年全国职业院校技能竞赛"园林景观设计与施工"赛项使用。本说明未尽之处，由设计组最终解释。

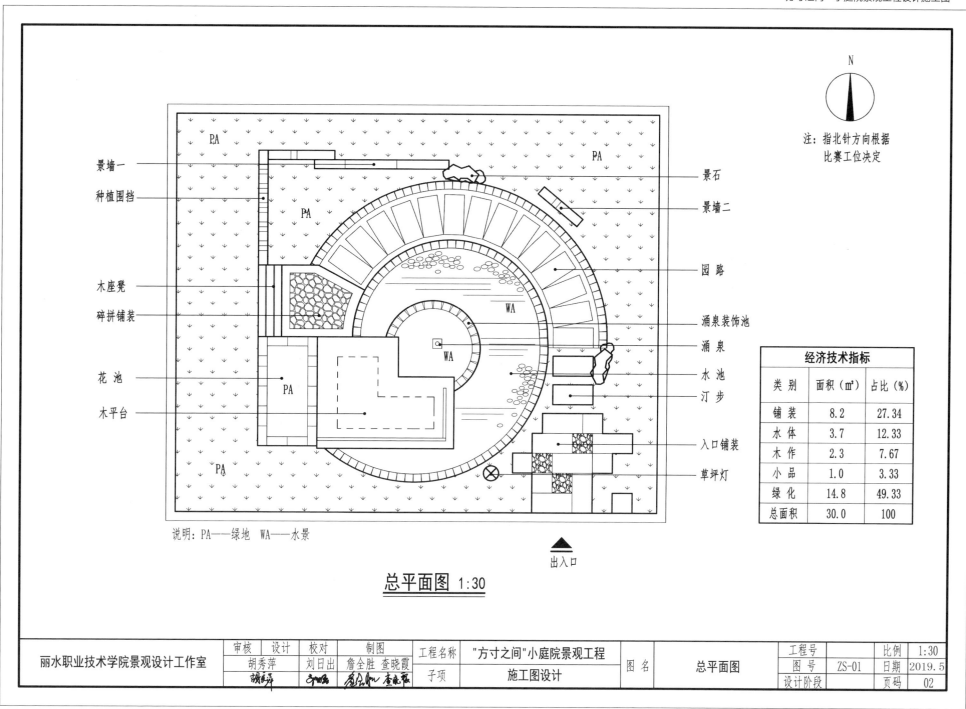

总平面图 1:30

景墙一
种植围挡
木座凳
碎拼铺装
花池
木平台

景石
景墙二
园路
涌泉装饰池
涌泉
水池
汀步
入口铺装
草坪灯

N

注：指北针方向根据
比赛工位决定

PA
PA
PA
WA
WA
WA
PA
PA
PA

说明：PA——绿地 WA——水景

出入口

经济技术指标

类别	面积（m²）	占比（%）
铺装	8.2	27.34
水体	3.7	12.33
木作	2.3	7.67
小品	1.0	3.33
绿化	14.8	49.33
总面积	30.0	100

丽水职业技术学院景观设计工作室	审核	设计	校对	制图	工程名称	"方寸之间"小庭院景观工程	图名	总平面图	工程号		比例	1:30
	胡秀萍	刘日出	詹全胜 查晓霞		子项	施工图设计			图号	ZS-01	日期	2019.5
									设计阶段		页码	02

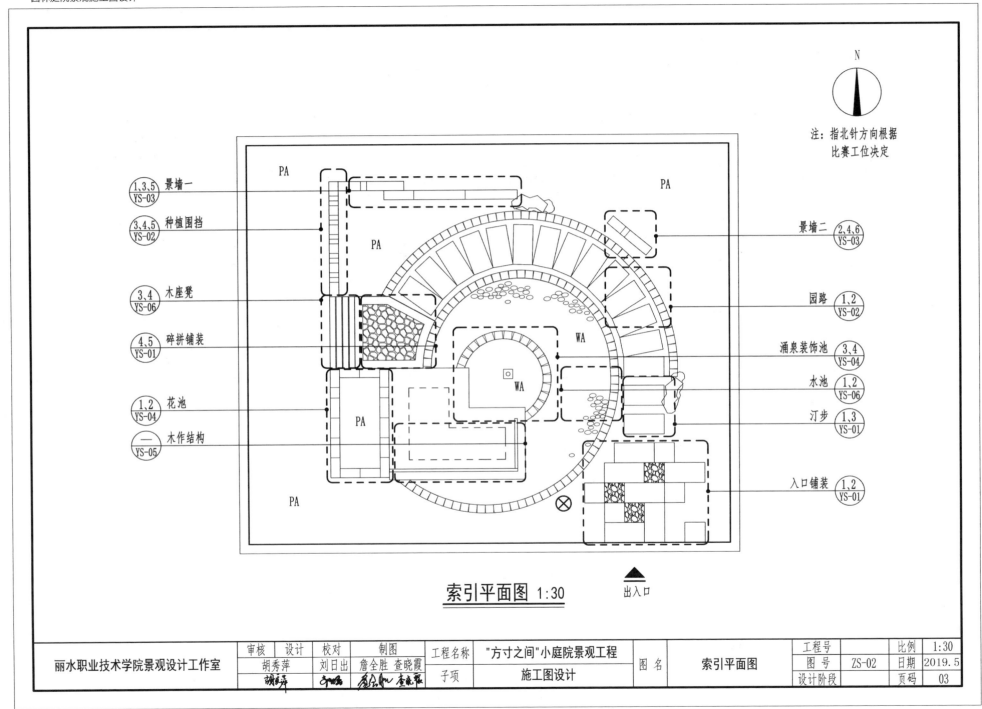

N

注:指北针方向根据
比赛工位决定

景墙一 $\frac{1,3,5}{YS-03}$

种植围挡 $\frac{3,4,5}{YS-02}$

木座凳 $\frac{3,4}{YS-06}$

碎拼铺装 $\frac{4,5}{YS-01}$

花池 $\frac{1,2}{YS-04}$

木作结构 $\frac{一}{YS-05}$

PA

WA

景墙二 $\frac{2,4,6}{YS-03}$

园路 $\frac{1,2}{YS-02}$

涌泉装饰池 $\frac{3,4}{YS-04}$

水池 $\frac{1,2}{YS-06}$

汀步 $\frac{1,3}{YS-01}$

入口铺装 $\frac{1,2}{YS-01}$

索引平面图 1:30

出入口

丽水职业技术学院景观设计工作室	审核 胡秀萍	设计 刘日出	校对 詹全胜 查晓霞	制图	工程名称	"方寸之间"小庭院景观工程	图名	索引平面图	工程号		比例 1:30
					子项	施工图设计			图号 ZS-02		日期 2019.5
									设计阶段		页码 03

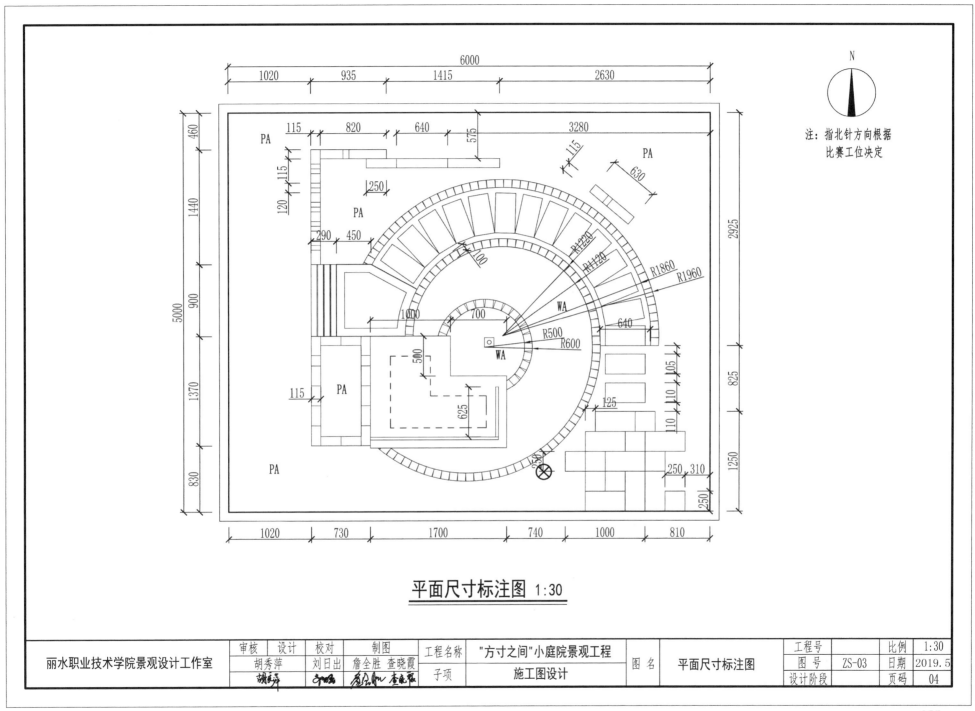

平面尺寸标注图 1:30

审核	设计	校对	制图	工程名称	"方寸之间"小庭院景观工程	图名	平面尺寸标注图	工程号		比例	1:30
胡秀萍	刘日出	詹全胜 查晓霞		子项	施工图设计			图号	ZS-03	日期	2019.5

丽水职业技术学院景观设计工作室

设计阶段 / 页码 04

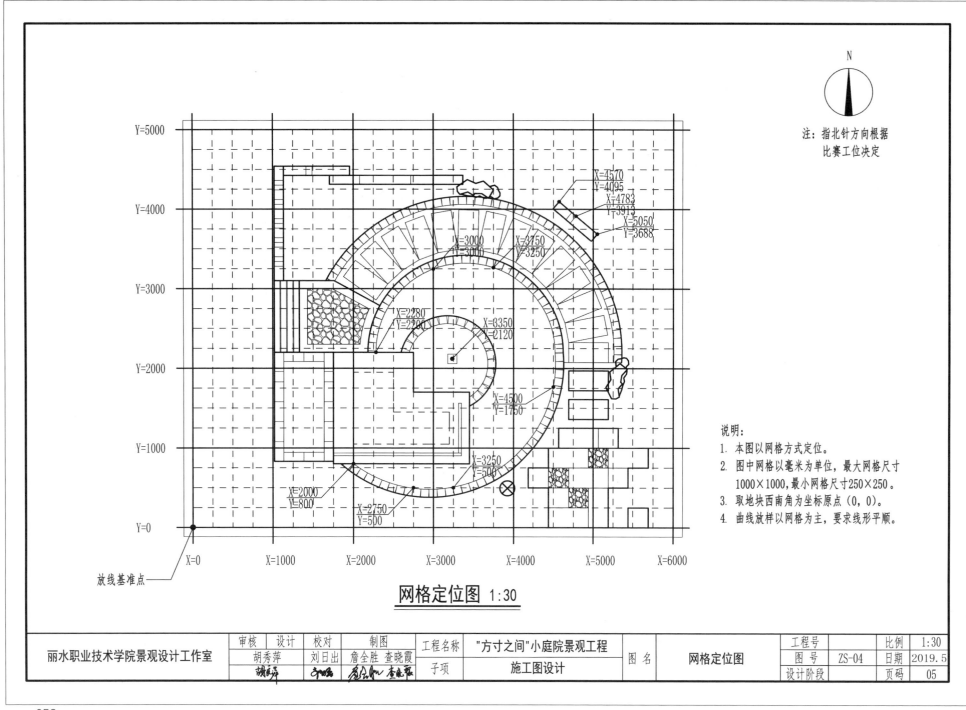

N

注：指北针方向根据
比赛工位决定

X=4570
Y=4095

X=4783
Y=3913

X=5050
Y=3688

X=3000
Y=3000

X=3750
Y=3250

X=2280
Y=2280

X=3350
Y=2120

X=4500
Y=1750

X=3250
Y=500

X=2000
Y=800

X=2750
Y=500

Y=5000
Y=4000
Y=3000
Y=2000
Y=1000
Y=0

X=0   X=1000   X=2000   X=3000   X=4000   X=5000   X=6000

放线基准点

说明：
1. 本图以网格方式定位。
2. 图中网格以毫米为单位，最大网格尺寸
   1000×1000，最小网格尺寸250×250。
3. 取地块西南角为坐标原点（0，0）。
4. 曲线放样以网格为主，要求线形平顺。

网格定位图 1:30

丽水职业技术学院景观设计工作室	审核	设计	校对	制图	工程名称	"方寸之间"小庭院景观工程	图名	网格定位图	工程号		比例	1:30
	胡秀萍	刘日出	詹全胜 查晓霞		子项	施工图设计			图号	ZS-04	日期	2019.5
									设计阶段		页码	05

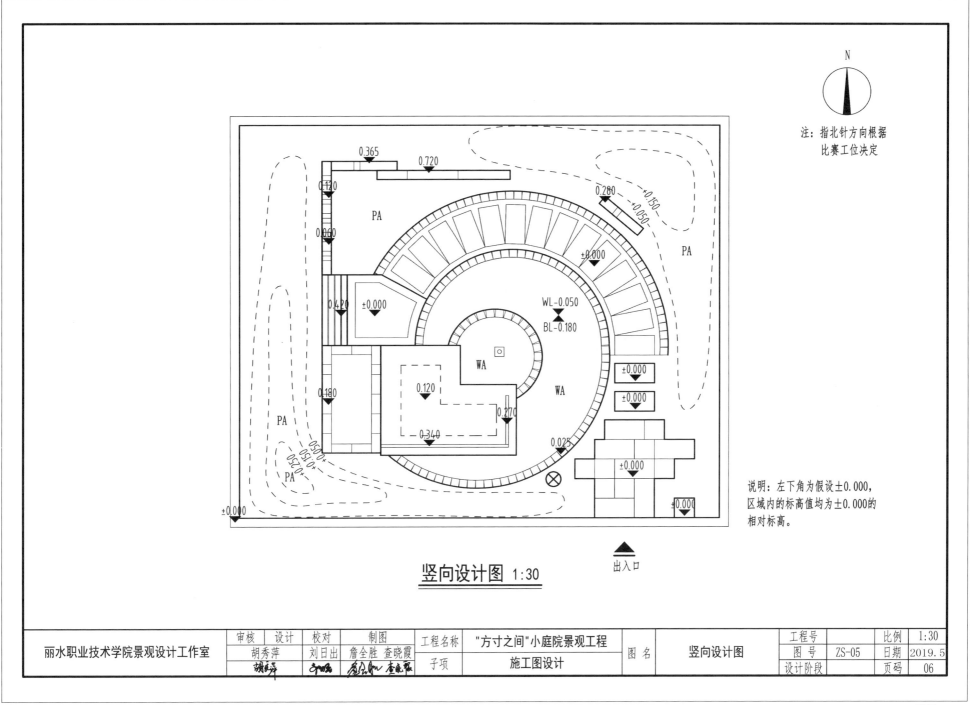

N

注：指北针方向根据
比赛工位决定

说明：左下角为假设±0.000，
区域内的标高值均为±0.000的
相对标高。

竖向设计图 1:30

出入口

丽水职业技术学院景观设计工作室	审核	设计	校对	制图	工程名称	"方寸之间"小庭院景观工程	图名	竖向设计图	工程号		比例	1:30
	胡秀萍	刘日出	詹全胜 查晓霞		子项	施工图设计			图号	ZS-05	日期	2019.5
	胡秀萍	刘日出	詹全胜 查晓霞						设计阶段		页码	06

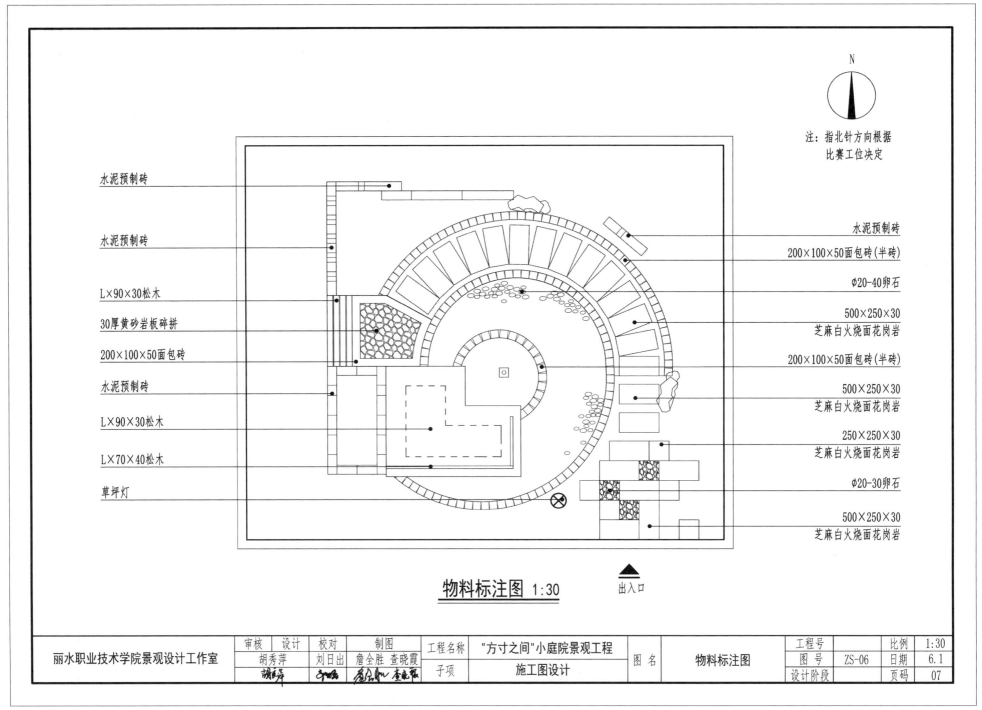

N

注：指北针方向根据
比赛工位决定

水泥预制砖

水泥预制砖

L×90×30松木

30厚黄砂岩板碎拼

200×100×50面包砖

水泥预制砖

L×90×30松木

L×70×40松木

草坪灯

水泥预制砖

200×100×50面包砖(半砖)

Φ20-40卵石

500×250×30
芝麻白火烧面花岗岩

200×100×50面包砖(半砖)

500×250×30
芝麻白火烧面花岗岩

250×250×30
芝麻白火烧面花岗岩

Φ20-30卵石

500×250×30
芝麻白火烧面花岗岩

物料标注图 1:30

出入口

丽水职业技术学院景观设计工作室	审核	设计	校对	制图	工程名称	"方寸之间"小庭院景观工程	图 名	物料标注图	工程号		比例	1:30
	胡秀萍	刘日出	詹全胜 查晓霞		子项	施工图设计			图 号	ZS-06	日期	6.1
									设计阶段		页码	07

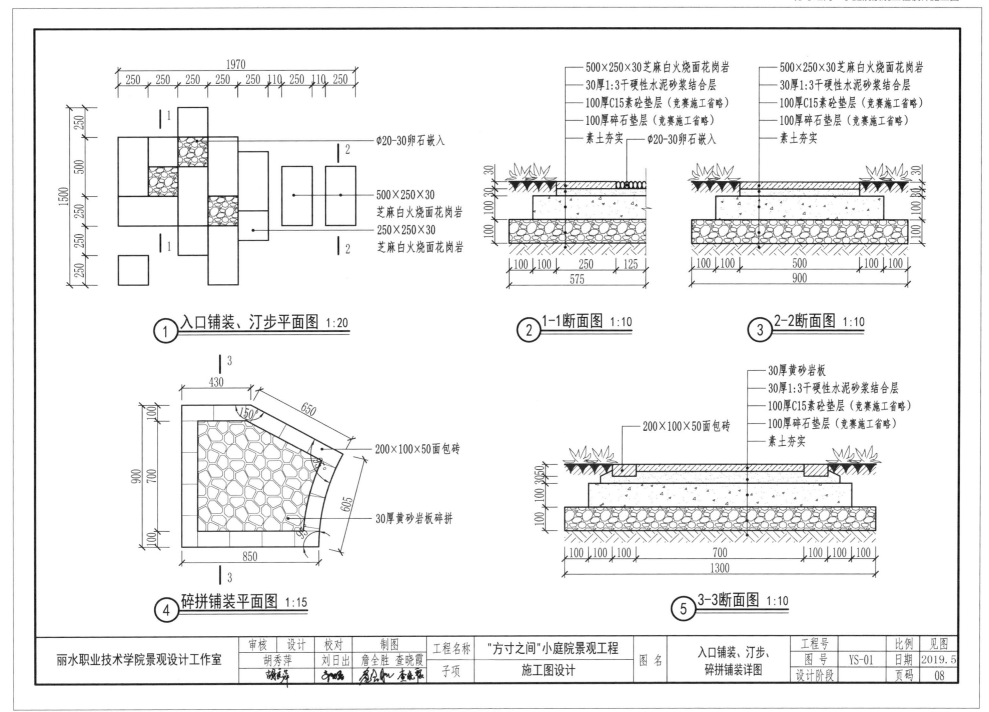

① 入口铺装、汀步平面图 1:20

② 1-1断面图 1:10

③ 2-2断面图 1:10

④ 碎拼铺装平面图 1:15

⑤ 3-3断面图 1:10

φ20-30卵石嵌入

500×250×30
芝麻白火烧面花岗岩

250×250×30
芝麻白火烧面花岗岩

500×250×30芝麻白火烧面花岗岩
30厚1:3干硬性水泥砂浆结合层
100厚C15素砼垫层（竞赛施工省略）
100厚碎石垫层（竞赛施工省略）
素土夯实
φ20-30卵石嵌入

500×250×30芝麻白火烧面花岗岩
30厚1:3干硬性水泥砂浆结合层
100厚C15素砼垫层（竞赛施工省略）
100厚碎石垫层（竞赛施工省略）
素土夯实

200×100×50面包砖
30厚黄砂岩板碎拼

30厚黄砂岩板
30厚1:3干硬性水泥砂浆结合层
100厚C15素砼垫层（竞赛施工省略）
100厚碎石垫层（竞赛施工省略）
素土夯实
200×100×50面包砖

丽水职业技术学院景观设计工作室	审核	设计	校对	制图	工程名称	"方寸之间"小庭院景观工程	图 名	入口铺装、汀步、碎拼铺装详图	工程号		比例	见图
		胡秀萍	刘日出	詹全胜 查晓霞					图号	YS-01	日期	2019.5
					子项	施工图设计			设计阶段		页码	08

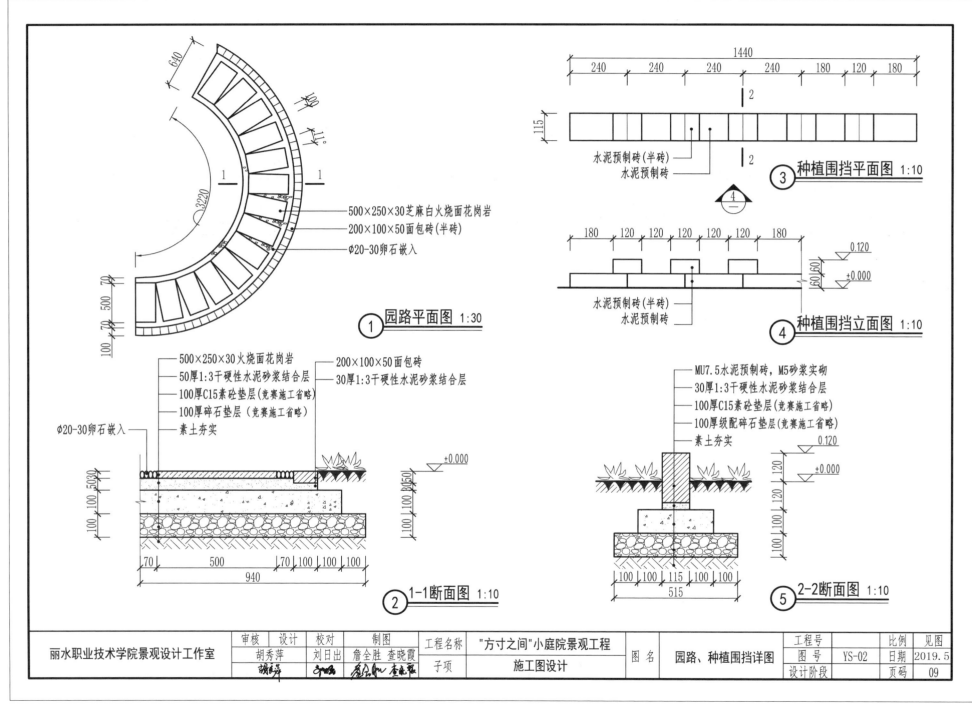

园路平面图 1:30 ①

种植围挡平面图 1:10 ③

种植围挡立面图 1:10 ④

1-1断面图 1:10 ②

2-2断面图 1:10 ⑤

500×250×30芝麻白火烧面花岗岩
200×100×50面包砖(半砖)
Φ20-30卵石嵌入

水泥预制砖(半砖)
水泥预制砖

500×250×30火烧面花岗岩
50厚1:3干硬性水泥砂浆结合层
100厚C15素砼垫层(竞赛施工省略)
100厚碎石垫层(竞赛施工省略)
Φ20-30卵石嵌入
200×100×50面包砖
30厚1:3干硬性水泥砂浆结合层
素土夯实

MU7.5水泥预制砖,M5砂浆实砌
30厚1:3干硬性水泥砂浆结合层
100厚C15素砼垫层(竞赛施工省略)
100厚级配碎石垫层(竞赛施工省略)
素土夯实

	审核	设计	校对	制图	工程名称	"方寸之间"小庭院景观工程	图名	园路、种植围挡详图	工程号		比例	见图
丽水职业技术学院景观设计工作室	胡秀萍	刘日出	詹全胜 查晓霞		子项	施工图设计			图号	YS-02	日期	2019.5
									设计阶段		页码	09

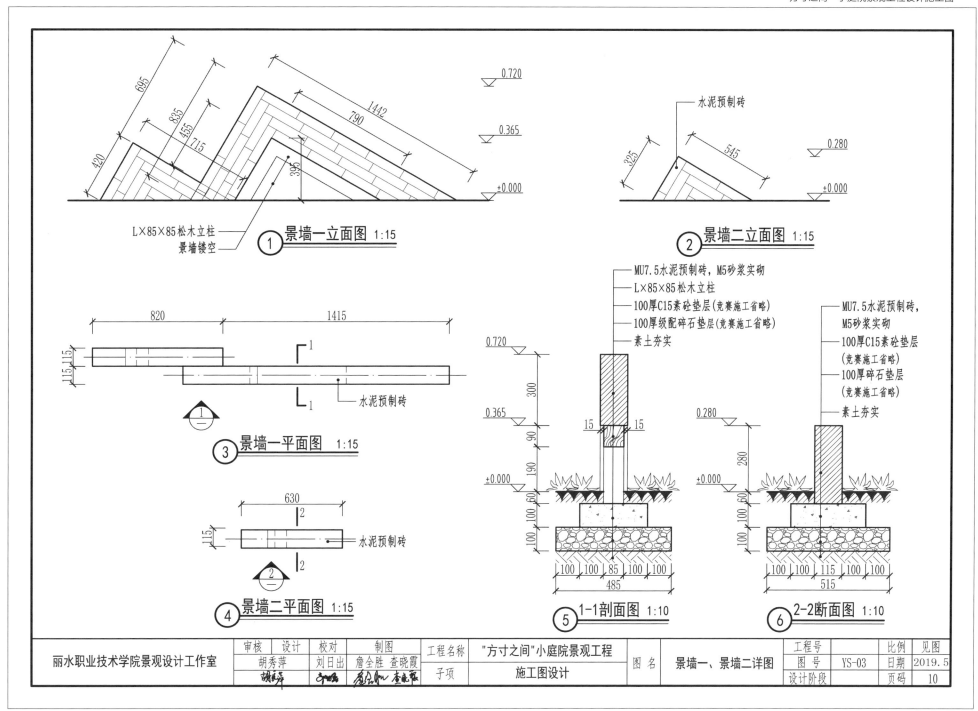

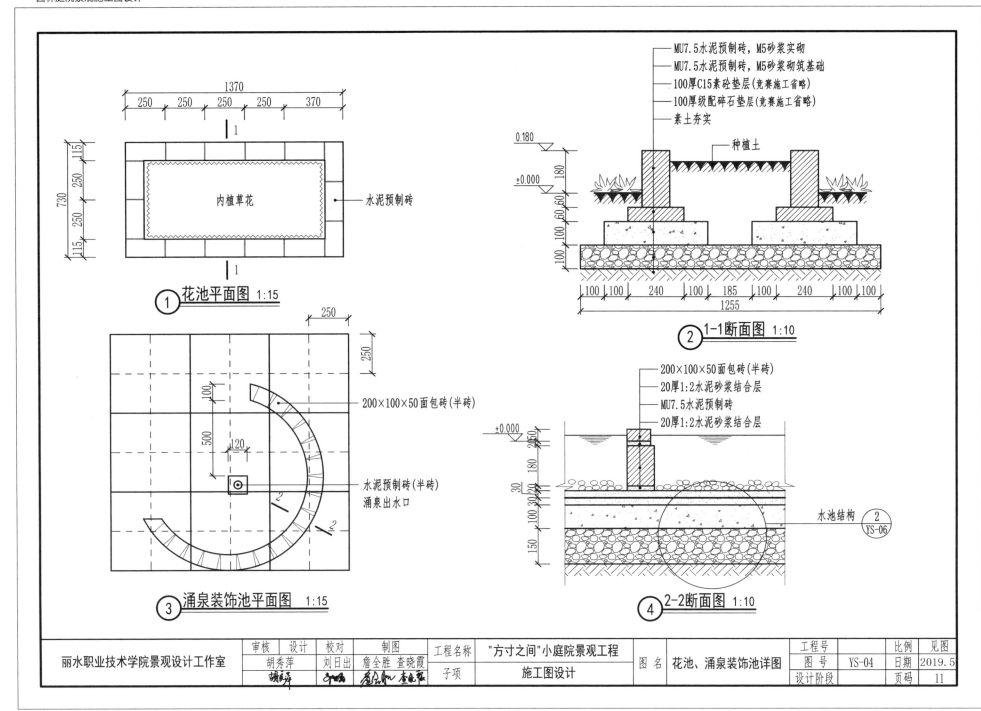

① 花池平面图 1:15

内植草花
水泥预制砖

② 1-1断面图 1:10

MU7.5水泥预制砖，M5砂浆实砌
MU7.5水泥预制砖，M5砂浆砌筑基础
100厚C15素砼垫层(竞赛施工省略)
100厚级配碎石垫层(竞赛施工省略)
素土夯实
种植土

③ 涌泉装饰池平面图 1:15

200×100×50面包砖(半砖)
水泥预制砖(半砖)
涌泉出水口

④ 2-2断面图 1:10

200×100×50面包砖(半砖)
20厚1:2水泥砂浆结合层
MU7.5水泥预制砖
20厚1:2水泥砂浆结合层
水池结构 ②YS-06

丽水职业技术学院景观设计工作室	审核	设计	校对	制图	工程名称	"方寸之间"小庭院景观工程	图名	花池、涌泉装饰池详图	工程号		比例	见图
	胡秀萍	刘日出	詹全胜 查晓霞		子项	施工图设计			图号	YS-04	日期	2019.5
									设计阶段		页码	11

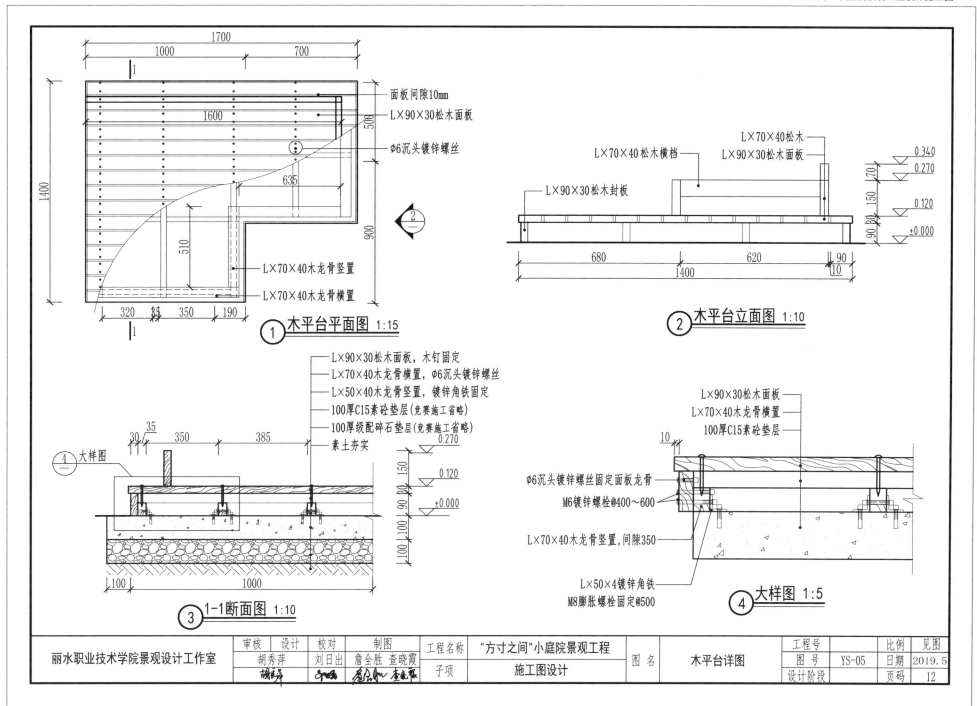

1700
1000
700

面板间隙10mm
L×90×30松木面板
Φ6沉头镀锌螺丝
1600
500
635
900
510
L×70×40木龙骨竖置
L×70×40木龙骨横置
1400
320 350 190

① 木平台平面图 1:15

L×70×40松木横档
L×70×40松木
L×90×30松木面板
L×90×30松木封板
0.340
0.270
0.120
±0.000
680 620 90
1400 10

② 木平台立面图 1:10

L×90×30松木面板,木钉固定
L×70×40木龙骨横置,Φ6沉头镀锌螺丝
L×50×40木龙骨竖置,镀锌角铁固定
100厚C15素砼垫层(竞赛施工省略)
100厚级配碎石垫层(竞赛施工省略)
素土夯实

30 35 350 385
0.270
0.120
±0.000
100 1000

④ 大样图

③ 1-1断面图 1:10

L×90×30松木面板
L×70×40木龙骨横置
100厚C15素砼垫层

10
Φ6沉头镀锌螺丝固定面板龙骨
M6镀锌螺栓@400~600
L×70×40木龙骨竖置,间隙350
L×50×4镀锌角铁
M8膨胀螺栓固定@500

④ 大样图 1:5

丽水职业技术学院景观设计工作室	审核	设计	校对	制图	工程名称	"方寸之间"小庭院景观工程	图名	木平台详图	工程号		比例	见图
		胡秀萍	刘日出	詹全胜 查晓霞	子项	施工图设计			图号	YS-05	日期	2019.5
									设计阶段		页码	12

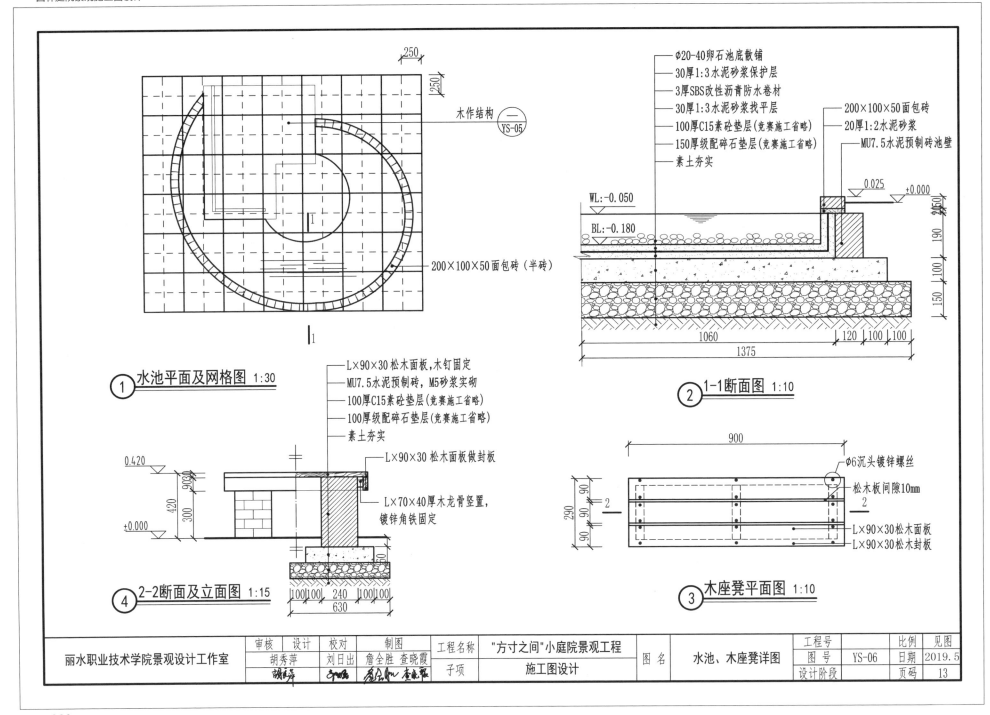

① 水池平面及网格图 1:30

200×100×50面包砖(半砖)

木作结构 ─── YS-05

② 1-1断面图 1:10

φ20-40卵石池底散铺
30厚1:3水泥砂浆保护层
3厚SBS改性沥青防水卷材
30厚1:3水泥砂浆找平层
100厚C15素砼垫层(竞赛施工省略)
150厚级配碎石垫层(竞赛施工省略)
素土夯实

200×100×50面包砖
20厚1:2水泥砂浆
MU7.5水泥预制砖池壁

WL:-0.050
BL:-0.180
0.025
±0.000

④ 2-2断面及立面图 1:15

L×90×30松木面板,木钉固定
MU7.5水泥预制砖,M5砂浆实砌
100厚C15素砼垫层(竞赛施工省略)
100厚级配碎石垫层(竞赛施工省略)
素土夯实
L×90×30松木面板做封板
L×70×40厚木龙骨竖置,镀锌角铁固定

0.420
0.000
420 300

100 100 240 100 100
630

③ 木座凳平面图 1:10

900
φ6沉头镀锌螺丝
松木板间隙10mm
L×90×30松木面板
L×90×30松木封板
290 90 90 90

审核	设计	校对	制图	工程名称	"方寸之间"小庭院景观工程	图名	水池、木座凳详图	工程号		比例	见图
胡秀萍		刘日出	詹全胜 查晓霞					图号	YS-06	日期	2019.5
丽水职业技术学院景观设计工作室				子项	施工图设计			设计阶段		页码	13

注：指北针方向根据
比赛工位决定

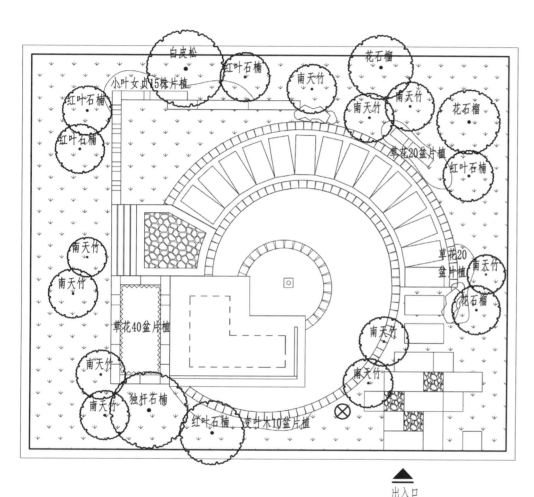

苗 木 表

序号	图例	名称	规格(cm)			数量	单位
			地径	高度	冠幅		
1		独杆石楠	6	150-180	120-150	1	株
2		白皮松	6	120-150	100-120	1	株
3		花石榴		80-100	50-60	3	株
4		红叶石楠		60-70	50-60	5	株
5		南天竹		40-50	30-40	10	株
6		小叶女贞		40-50	30-40	15	株
7		草花			20-25	80	盆
8		变叶木			30-35	10	盆
9		混播草皮				15	m²

出入口

绿化设计平面图 1:30

丽水职业技术学院景观设计工作室 | 审核 胡秀萍 | 设计 刘日出 | 校对 詹全胜 查晓霞 | 制图 | 工程名称 "方寸之间"小庭院景观工程 | 子项 施工图设计 | 图名 绿化设计平面图 | 工程号 | 图号 LS-01 | 比例 1:30 | 日期 2019.5 | 设计阶段 | 页码 14

067

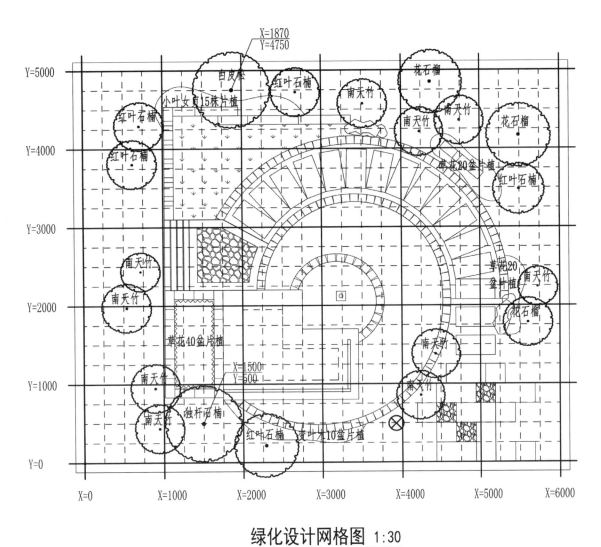

N

注：指北针方向根据
比赛工位决定

X=1870
Y=4750

Y=5000
Y=4000
Y=3000
Y=2000
Y=1000
Y=0

白皮松
红叶石楠
花石榴
小叶女贞15株片植
南天竹
红叶石楠
南天竹
南天竹
花石榴
红叶石楠
草花20盆片植
红叶石楠
南天竹
草花20盆片植
南天竹
南天竹
花石榴
草花40盆片植
南天竹
X=1500
Y=500
南天竹
南天竹
南天竹
独杆石楠
红叶石楠 凌叶木10盆片植
d

X=0   X=1000   X=2000   X=3000   X=4000   X=5000   X=6000

绿化种植说明：
1. 种植施工按网格所标尺寸定点放样，如为不
规则造型，应用方格网法及图中比例尺定点放
样，要求定点放样准确，符合设计要求。
2. 种植施工时，要按绿化施工图施工，如有改
变需征得设计单位同意。
3. 栽植地宜选择肥沃、疏松、透气、排水良
好的栽培土。

绿化设计网格图 1:30

丽水职业技术学院景观设计工作室	审核	设计	校对	制图	工程名称	"方寸之间"小庭院景观工程	图名	绿化设计网格图	工程号		比例	1:30
	胡秀萍	刘日出	詹全胜 查晓霞		子项	施工图设计			图号	LS-02	日期	2019.5
									设计阶段		页码	15

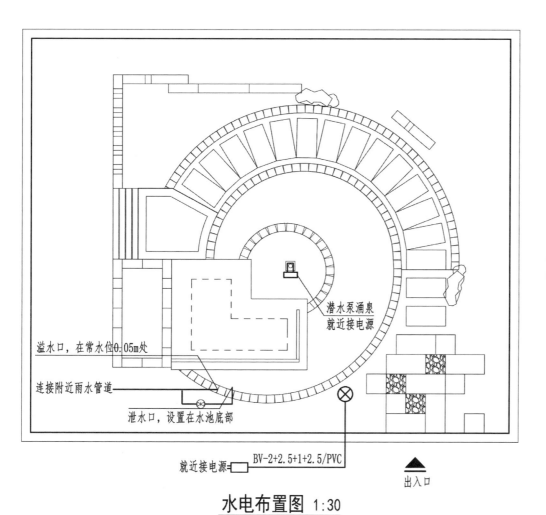

潜水泵涌泉
就近接电源

溢水口,在常水位0.05m处

连接附近雨水管道

泄水口,设置在水池底部

就近接电源 ─[⊗]─ BV-2+2.5+1+2.5/PVC

出入口

水电布置图 1:30

水 电 材 料 表

序号	图例	名 称	数量	单位
1	─▷◁─	闸阀	1	只
2	⊥	潜水泵	1	只
3	───	De25 PPR给水管	20	m
4	───	De50 PVC排水管	10	m
5	⊗	草坪灯	1	盏
6	⊏▭	控制器	1	个

设计说明:
1. 院内设置电源插座一个,以控制草坪灯。
2. 草坪灯电缆采用PVC穿线管保护,埋设深度0.5m以上。
3. 保护零件采用φ10圆钢连接至草坪灯底部。
4. 给水管采用PPR管,埋设深度0.5m以上。
5. 排水管采用PVC管,埋设深度0.7m以上。
6. 道路标高为±0.000m,池底标高-0.180m,常水位-0.050m。

	审核	设计	校对	制图	工程名称	5m×6m小庭院景观工程		图名	水电布置图	工程号		比例	1:30
丽水职业技术学院景观设计工作室	胡秀萍	刘日出	詹全胜 查晓霞		子项	施工图设计				图号	SD-01	日期	2019.5
										设计阶段		页码	16

4.2 园林国赛（30 m²）赛前训练设计图 -2

鸟瞰图

沐水年华
mushuinianhua

设计说明

汇江河山川，聚古木奇石，演化出人间仙境，终于一园。
——《园冶·兴造论》
　　通过庭院的空间布置，打造绿意盎然、生机勃勃的沐水年华。流连山水之间，且让年华停驻。
1.抬升景墙，下沉水体，打造立体空间感受。
2.潺潺流水，鸟叫虫鸣，从听觉感受意境。
3.芬芳植物，让人心旷神怡，沉醉其中。
4.特色小品，融入文化底蕴，增添层次感。

视线分析
道路分析
功能分析
种植分析

设计分析图

设计原则

生态性：融合自然山水　　经济性：打造节约社会
文化性：传播工匠精神　　科普性：具有教育意义

1-1剖面图

N
1m
0
2m

1.入口铺装
2.园路
3.花池
4.汀步
5.木平台
6.木坐凳
7.树池
8.木构架
9.景墙
10.微地形

平面图

彩色效果图详见P186

"沐水年华"庭院景观设计施工图

2019年5月

图 纸 目 录

序号	图号	图纸名称	图幅	张数	备 注
01	ZS-SM	施工说明	A3	1	
02	ZS-01	总平面图	A3	1	比例1:30
03	ZS-02	索引平面图	A3	1	比例1:30
04	ZS-03	网格定位图	A3	1	比例1:30
05	ZS-04	平面尺寸图	A3	1	比例1:30
06	ZS-05	竖向标高图	A3	1	比例1:30
07	SD-01	水电布置图	A3	1	比例1:30
08	LS-01	植物配置图	A3	1	比例1:30
09	YS-01	黄木纹板岩干垒景墙详图	A3	1	比例1:15
10	YS-02	景观水池施工详图	A3	1	比例1:15
11	YS-03	花池施工详图	A3	1	比例1:15
12	YS-04	园路铺装详图	A3	1	比例1:15
13	YS-05	树池、汀步施工详图	A3	1	比例1:15
14	YS-06	木平台施工详图	A3	1	比例见详图
15	YS-07	木坐凳施工详图	A3	1	比例1:10
16	YS-08	木构架施工详图	A3	1	比例见详图

施 工 说 明

一、本施工图仅为2019年全国职业院校学生技能大赛"园林景观设计与施工"赛项使用。

二、所有砌筑项目，基础部分须进行开挖、夯实。花池、树池采用水泥砖浆砌，木座凳基础采用轻质砖浆砌。浆砌体的砂浆填缝须饱满，砌筑用砂浆由选手现场拌和。乱石墙采用黄木纹板岩干垒，垒砌时上下不能通缝，缝隙间不能填土或细沙，应回填块料；安放应牢固、平稳，忌晃动。

三、铺装基础部分须素土夯实，花岗岩铺装须密缝；面包砖铺装需用细砂扫缝；卵石（粒径20-40mm）嵌缝铺装。

四、水池开挖完成后，应先进行夯实，再用细沙找平后方可铺设防水膜，最后均匀洒铺鹅卵石进行填压。

五、植物种植应按照"定位→挖种植穴→解除包装物（枝叶修剪和摘除标签）→种植土回填→浇水"这一基本流程进行。草坪铺设前，应先对作业面进行压实，避免不均匀沉降；草坪铺设完成后，还要进行洒水和压实。

六、所有项目施工详图皆按照实际工程结构画图，但在竞赛施工时会有部分结构层省略。

七、本说明未尽之处，由本设计组最终解释。

图 名	施工说明
图 号	ZS-SM
日 期	2019.05
页 码	01

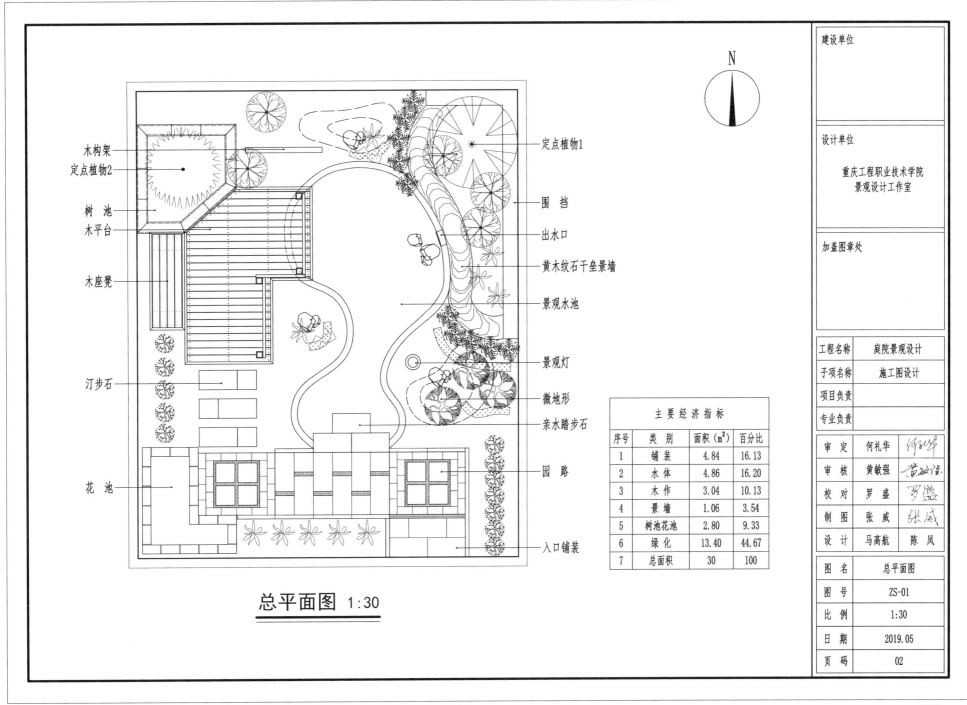

木构架
定点植物2

树 池
木平台

木座凳

汀步石

花 池

定点植物1

围 挡

出水口

黄木纹石干垒景墙

景观水池

景观灯

微地形

亲水路步石

园 路

入口铺装

总平面图 1:30

主 要 经 济 指 标			
序号	类 别	面积 (m²)	百分比
1	铺 装	4.84	16.13
2	水 体	4.86	16.20
3	木 作	3.04	10.13
4	景 墙	1.06	3.54
5	树池花池	2.80	9.33
6	绿 化	13.40	44.67
7	总面积	30	100

建设单位		
设计单位		
重庆工程职业技术学院 景观设计工作室		
加盖图章处		
工程名称	庭院景观设计	
子项名称	施工图设计	
项目负责		
专业负责		
审 定	何礼华	
审 核	黄敏强	
校 对	罗 盛	
制 图	张 威	
设 计	马高航 陈 凤	
图 名	总平面图	
图 号	ZS-01	
比 例	1:30	
日 期	2019.05	
页 码	02	

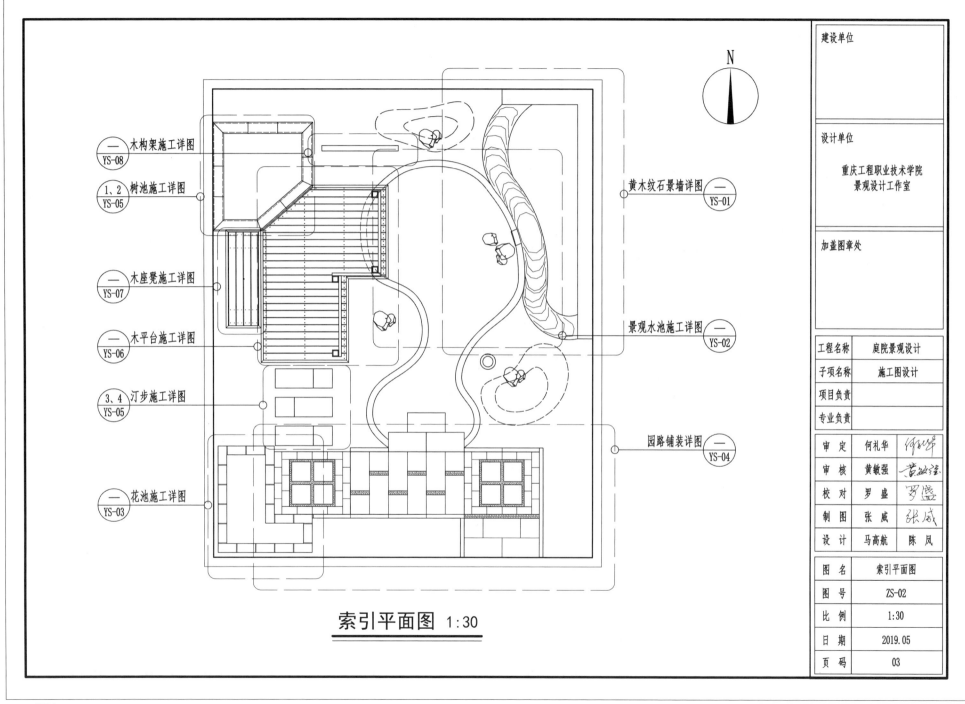

木构架施工详图 $\dfrac{一}{YS-08}$

$\dfrac{1、2}{YS-05}$ 树池施工详图

木座凳施工详图 $\dfrac{一}{YS-07}$

木平台施工详图 $\dfrac{一}{YS-06}$

$\dfrac{3、4}{YS-05}$ 汀步施工详图

$\dfrac{一}{YS-03}$ 花池施工详图

黄木纹石景墙详图 $\dfrac{一}{YS-01}$

景观水池施工详图 $\dfrac{一}{YS-02}$

园路铺装详图 $\dfrac{一}{YS-04}$

索引平面图 1:30

建设单位	
设计单位	
重庆工程职业技术学院 景观设计工作室	
加盖图章处	

工程名称	庭院景观设计
子项名称	施工图设计
项目负责	
专业负责	

审 定	何礼华	
审 核	黄敏强	
校 对	罗 盛	
制 图	张 威	
设 计	马高航	陈 凤

图 名	索引平面图
图 号	ZS-02
比 例	1:30
日 期	2019.05
页 码	03

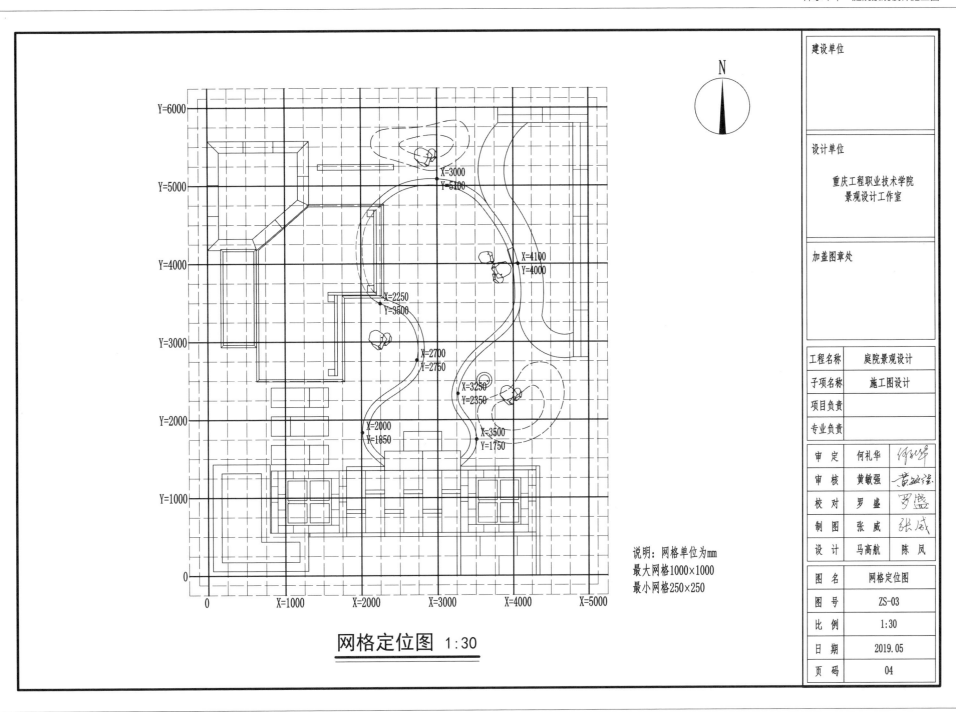

网格定位图 1:30

建设单位	
设计单位	重庆工程职业技术学院 景观设计工作室
加盖图章处	

工程名称	庭院景观设计
子项名称	施工图设计
项目负责	
专业负责	

审 定	何礼华	
审 核	黄敏强	
校 对	罗 盛	
制 图	张 威	
设 计	马高航	陈 凤

图 名	网格定位图
图 号	ZS-03
比 例	1:30
日 期	2019.05
页 码	04

说明: 网格单位为mm
最大网格1000×1000
最小网格250×250

图中标注点:
X=3000 Y=5100
X=4100 Y=4000
X=2250 Y=3500
X=2700 Y=2750
X=3250 Y=2350
X=2000 Y=1850
X=3500 Y=1750

Y轴标注: Y=6000 Y=5000 Y=4000 Y=3000 Y=2000 Y=1000 0
X轴标注: 0 X=1000 X=2000 X=3000 X=4000 X=5000

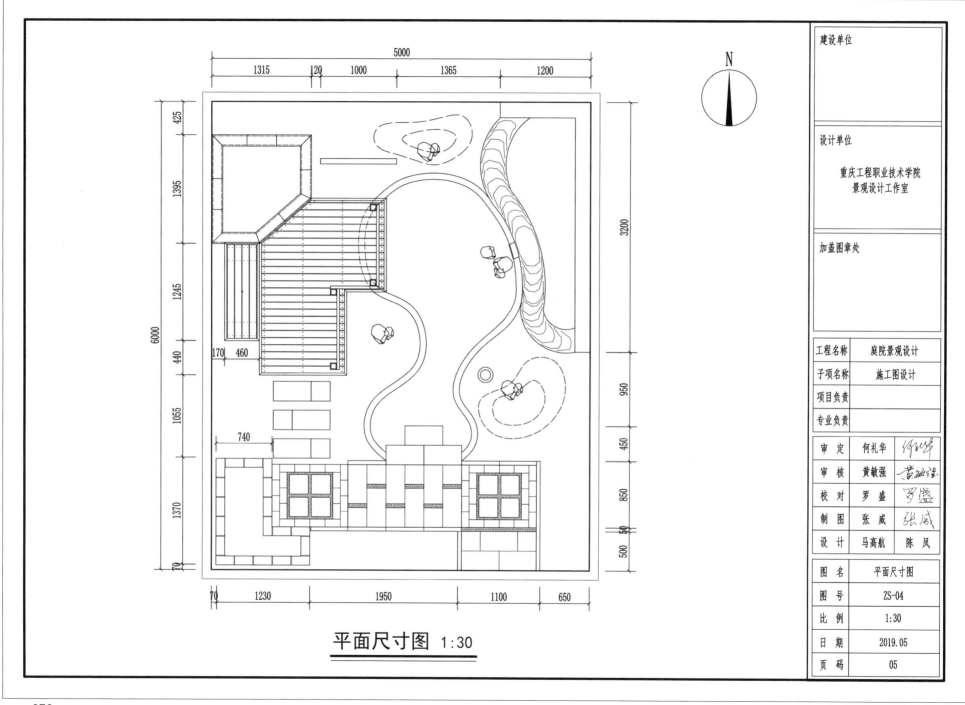

平面尺寸图 1:30

建设单位	
设计单位	
重庆工程职业技术学院 景观设计工作室	
加盖图章处	
工程名称	庭院景观设计
子项名称	施工图设计
项目负责	
专业负责	
审　定	何礼华
审　核	黄敏强
校　对	罗　盛
制　图	张　威
设　计	马高航　陈　凤
图　名	平面尺寸图
图　号	ZS-04
比　例	1:30
日　期	2019.05
页　码	05

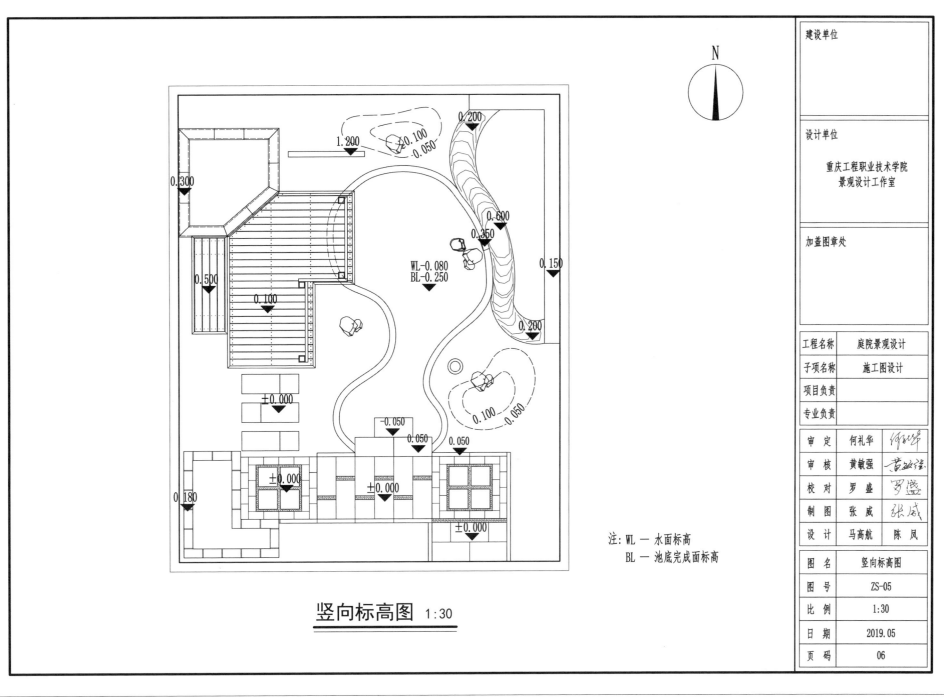

N

建设单位

设计单位

重庆工程职业技术学院
景观设计工作室

加盖图章处

0.200
1.200
+0.100
-0.050
0.300
0.600
0.350
0.500
0.100
WL-0.080
BL-0.250
0.150
0.200
±0.000
0.100
0.050
-0.050
0.050
0.050
0.180
±0.000
±0.000
±0.000

注：WL — 水面标高
BL — 池底完成面标高

竖向标高图 1:30

工程名称	庭院景观设计
子项名称	施工图设计
项目负责	
专业负责	
审 定	何礼华
审 核	黄敏强
校 对	罗 盛
制 图	张 威
设 计	马高航 陈 凤
图 名	竖向标高图
图 号	ZS-05
比 例	1:30
日 期	2019.05
页 码	06

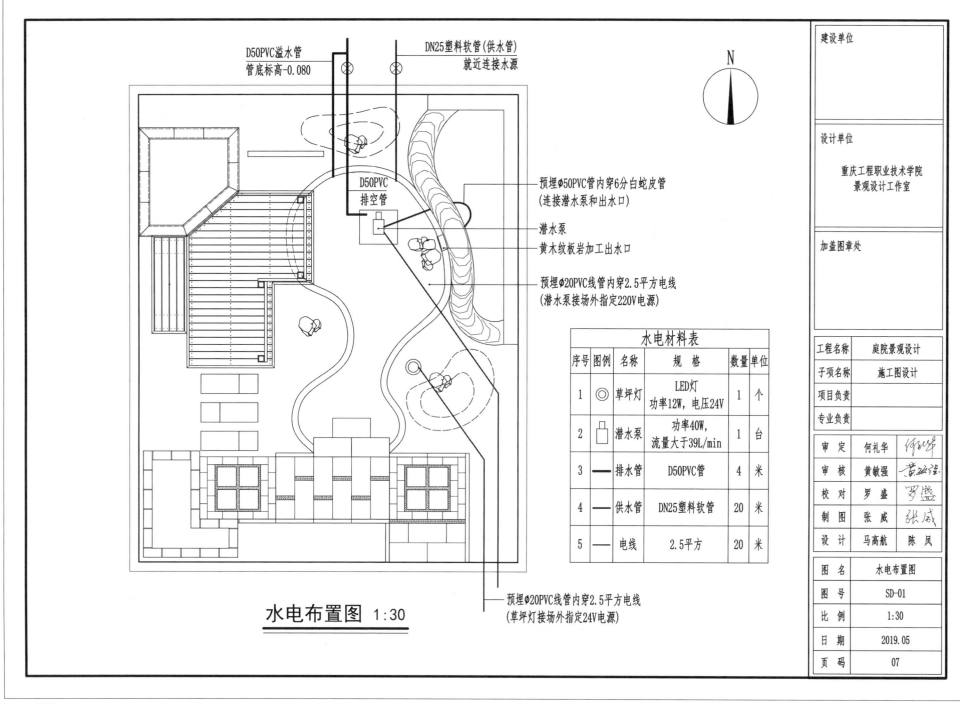

水电布置图 1:30

D50PVC溢水管
管底标高-0.080

DN25塑料软管(供水管)
就近连接水源

D50PVC
排空管

预埋φ50PVC管内穿6分白蛇皮管
(连接潜水泵和出水口)

潜水泵

黄木纹板岩加工出水口

预埋φ20PVC线管内穿2.5平方电线
(潜水泵接场外指定220V电源)

预埋φ20PVC线管内穿2.5平方电线
(草坪灯接场外指定24V电源)

N

建设单位

设计单位

重庆工程职业技术学院
景观设计工作室

加盖图章处

水电材料表

序号	图例	名称	规格	数量	单位
1	◎	草坪灯	LED灯 功率12W，电压24V	1	个
2	🗌	潜水泵	功率40W，流量大于39L/min	1	台
3	—	排水管	D50PVC管	4	米
4	—	供水管	DN25塑料软管	20	米
5	—	电线	2.5平方	20	米

工程名称	庭院景观设计
子项名称	施工图设计
项目负责	
专业负责	
审 定	何礼华
审 核	黄敏强
校 对	罗盛
制 图	张威
设 计	马高航　陈凤

图 名	水电布置图
图 号	SD-01
比 例	1:30
日 期	2019.05
页 码	07

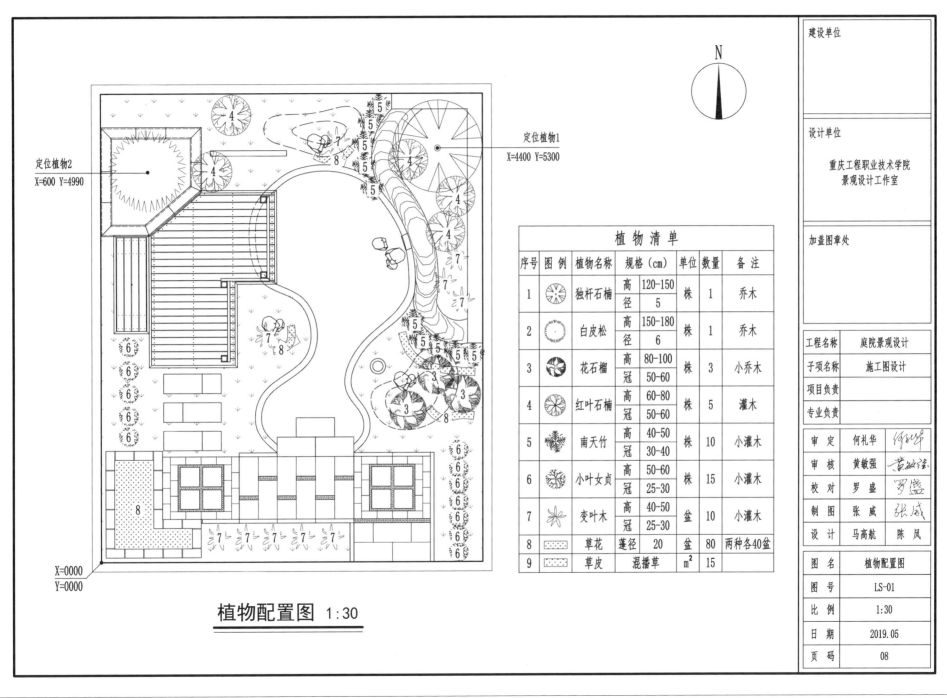

植物配置图 1:30

定位植物2
X=600 Y=4990

定位植物1
X=4400 Y=5300

X=0000
Y=0000

建设单位	

设计单位

重庆工程职业技术学院
景观设计工作室

加盖图章处

植物清单

序号	图例	植物名称	规格（cm）		单位	数量	备注
1		独杆石楠	高	120-150	株	1	乔木
			径	5			
2		白皮松	高	150-180	株	1	乔木
			径	6			
3		花石榴	高	80-100	株	3	小乔木
			冠	50-60			
4		红叶石楠	高	60-80	株	5	灌木
			冠	50-60			
5		南天竹	高	40-50	株	10	小灌木
			冠	30-40			
6		小叶女贞	高	50-60	株	15	小灌木
			冠	25-30			
7		变叶木	高	40-50	盆	10	小灌木
			冠	25-30			
8		草花	蓬径	20	盆	80	两种各40盆
9		草皮	混播草		m²	15	

工程名称	庭院景观设计
子项名称	施工图设计
项目负责	
专业负责	

审定	何礼华	
审核	黄敏强	
校对	罗盛	
制图	张威	
设计	马高航	陈凤

图名	植物配置图
图号	LS-01
比例	1:30
日期	2019.05
页码	08

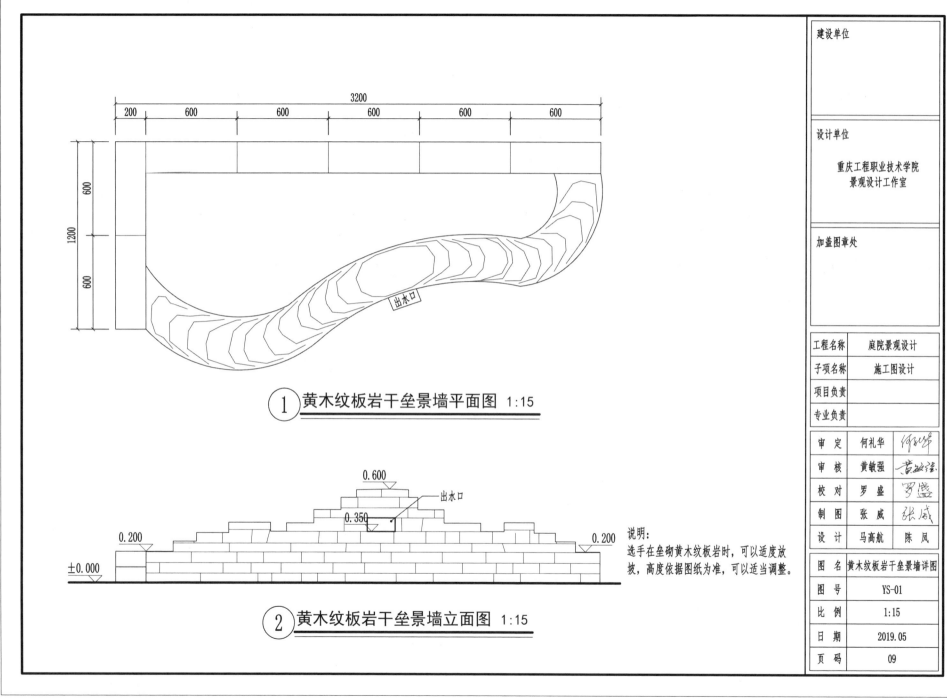

① 黄木纹板岩干垒景墙平面图 1:15

② 黄木纹板岩干垒景墙立面图 1:15

说明：
选手在垒砌黄木纹板岩时，可以适度放坡，高度依据图纸为准，可以适当调整。

建设单位	
设计单位	重庆工程职业技术学院 景观设计工作室
加盖图章处	

工程名称	庭院景观设计
子项名称	施工图设计
项目负责	
专业负责	

审　定	何礼华	
审　核	黄敏强	
校　对	罗　盛	
制　图	张　威	
设　计	马高航	陈　凤

图　名	黄木纹板岩干垒景墙详图
图　号	YS-01
比　例	1:15
日　期	2019.05
页　码	09

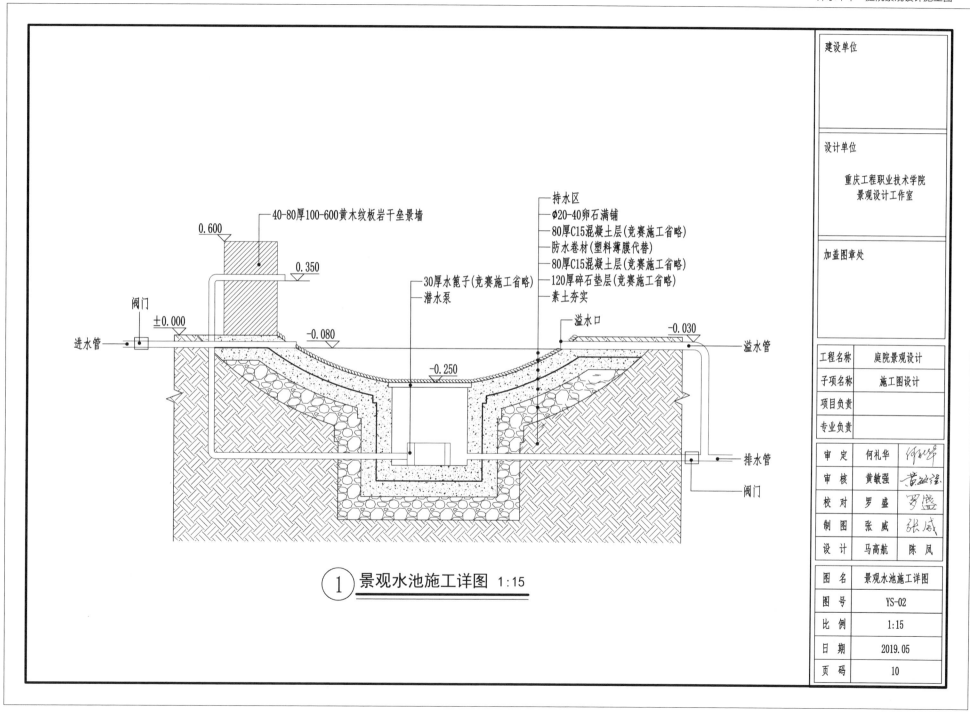

① 景观水池施工详图 1:15

标注说明:

40-80厚100-600黄木纹板岩干垒景墙

0.600
0.350

阀门
±0.000
进水管

30厚水笆子(竞赛施工省略)
潜水泵

持水区
φ20-40卵石满铺
80厚C15混凝土层(竞赛施工省略)
防水卷材(塑料薄膜代替)
80厚C15混凝土层(竞赛施工省略)
120厚碎石垫层(竞赛施工省略)
素土夯实

溢水口
-0.030
-0.080
-0.250

溢水管
排水管
阀门

建设单位		

设计单位

重庆工程职业技术学院
景观设计工作室

加盖图章处

工程名称	庭院景观设计
子项名称	施工图设计
项目负责	
专业负责	

审 定	何礼华	
审 核	黄敏强	
校 对	罗 盛	
制 图	张 威	
设 计	马高航	陈 凤

图 名	景观水池施工详图
图 号	YS-02
比 例	1:15
日 期	2019.05
页 码	10

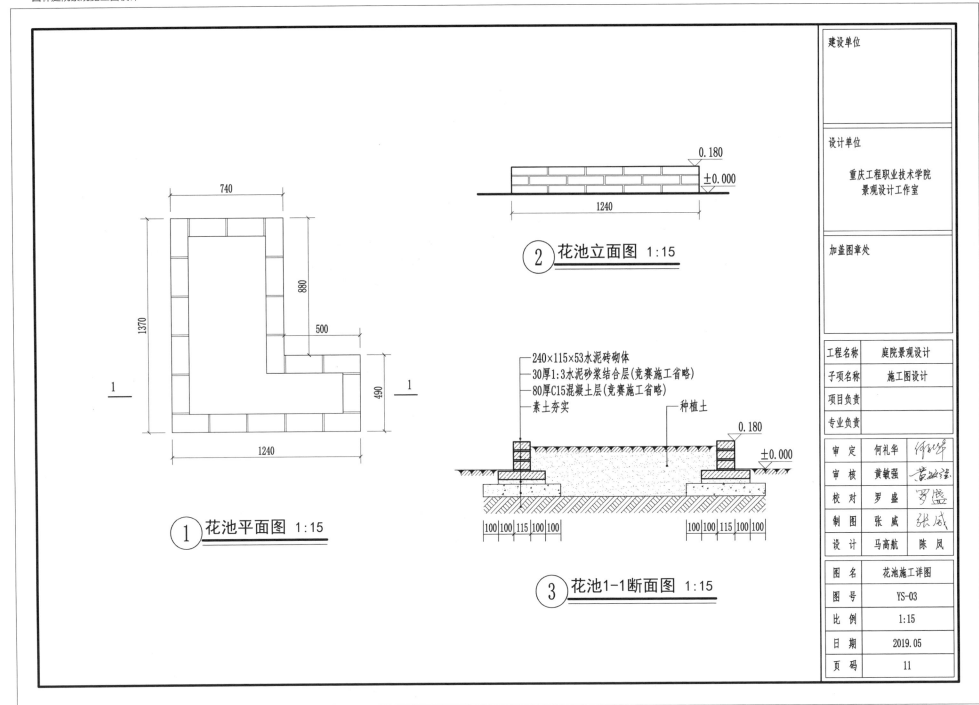

740

880

1370

500

490

1240

① 花池平面图 1:15

0.180
±0.000

1240

② 花池立面图 1:15

240×115×53水泥砖砌体
30厚1:3水泥砂浆结合层(竞赛施工省略)
80厚C15混凝土层(竞赛施工省略)
素土夯实

种植土

0.180
±0.000

100 100 115 100 100   100 100 115 100 100

③ 花池1-1断面图 1:15

建设单位	
设计单位	重庆工程职业技术学院 景观设计工作室
加盖图章处	

工程名称	庭院景观设计
子项名称	施工图设计
项目负责	
专业负责	

审 定	何礼华	
审 核	黄敏强	
校 对	罗 盛	
制 图	张 威	
设 计	马高航	陈 凤

图 名	花池施工详图
图 号	YS-03
比 例	1:15
日 期	2019.05
页 码	11

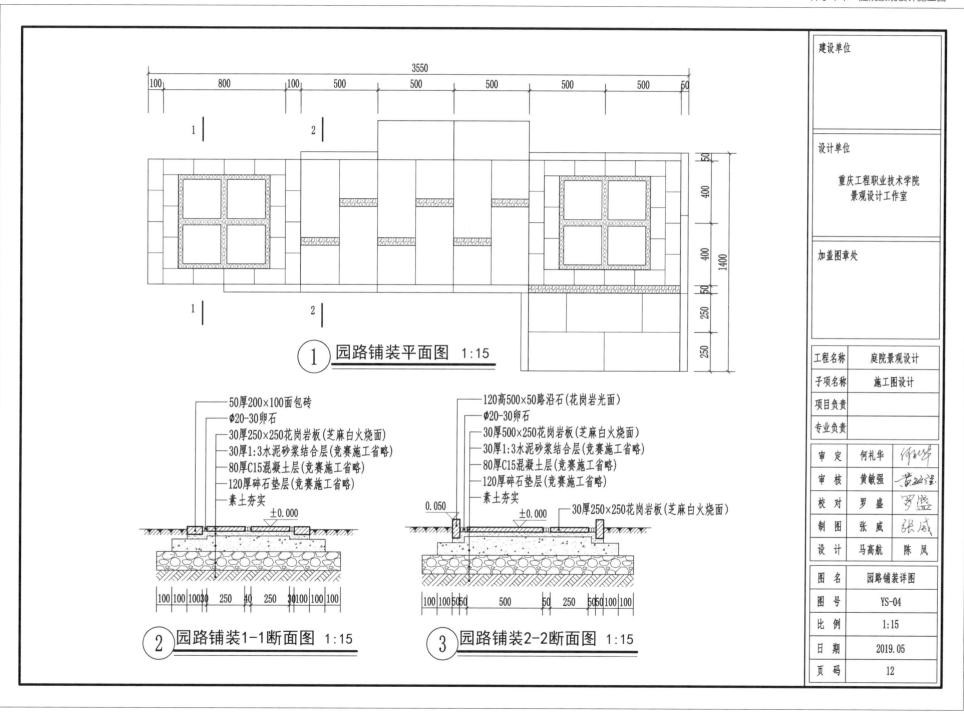

① 园路铺装平面图 1:15

② 园路铺装1-1断面图 1:15

③ 园路铺装2-2断面图 1:15

1-1断面图标注：
- 50厚200×100面包砖
- Φ20-30卵石
- 30厚250×250花岗岩板(芝麻白火烧面)
- 30厚1:3水泥砂浆结合层(竞赛施工省略)
- 80厚C15混凝土层(竞赛施工省略)
- 120厚碎石垫层(竞赛施工省略)
- 素土夯实

2-2断面图标注：
- 120高500×50路沿石(花岗岩光面)
- Φ20-30卵石
- 30厚500×250花岗岩板(芝麻白火烧面)
- 30厚1:3水泥砂浆结合层(竞赛施工省略)
- 80厚C15混凝土层(竞赛施工省略)
- 120厚碎石垫层(竞赛施工省略)
- 素土夯实
- 30厚250×250花岗岩板(芝麻白火烧面)

建设单位	
设计单位	重庆工程职业技术学院 景观设计工作室
加盖图章处	

工程名称	庭院景观设计
子项名称	施工图设计
项目负责	
专业负责	

审　定	何礼华	
审　核	黄敏骢	
校　对	罗　盛	
制　图	张　威	
设　计	马高航	陈　凤

图　名	园路铺装详图
图　号	YS-04
比　例	1:15
日　期	2019.05
页　码	12

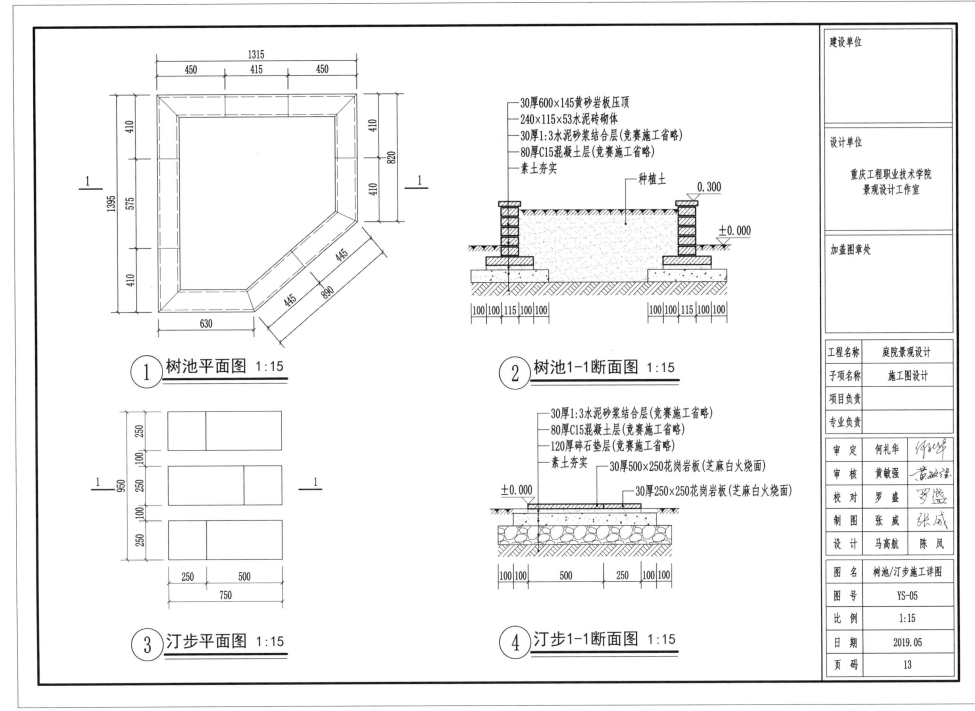

① 树池平面图 1:15

30厚600×145黄砂岩板压顶
240×115×53水泥砖砌体
30厚1:3水泥砂浆结合层(竞赛施工省略)
80厚C15混凝土层(竞赛施工省略)
素土夯实
种植土
0.300
±0.000
100 100 115 100 100   100 100 115 100 100

② 树池1-1断面图 1:15

③ 汀步平面图 1:15

30厚1:3水泥砂浆结合层(竞赛施工省略)
80厚C15混凝土层(竞赛施工省略)
120厚碎石垫层(竞赛施工省略)
素土夯实
30厚500×250花岗岩板(芝麻白火烧面)
30厚250×250花岗岩板(芝麻白火烧面)
±0.000
100 100   500   250   100 100

④ 汀步1-1断面图 1:15

建设单位	
设计单位	
	重庆工程职业技术学院 景观设计工作室
加盖图章处	

工程名称	庭院景观设计
子项名称	施工图设计
项目负责	
专业负责	

审 定	何礼华	
审 核	黄敏强	
校 对	罗盛	
制 图	张威	
设 计	马高航	陈凤

图 名	树池/汀步施工详图
图 号	YS-05
比 例	1:15
日 期	2019.05
页 码	13

084

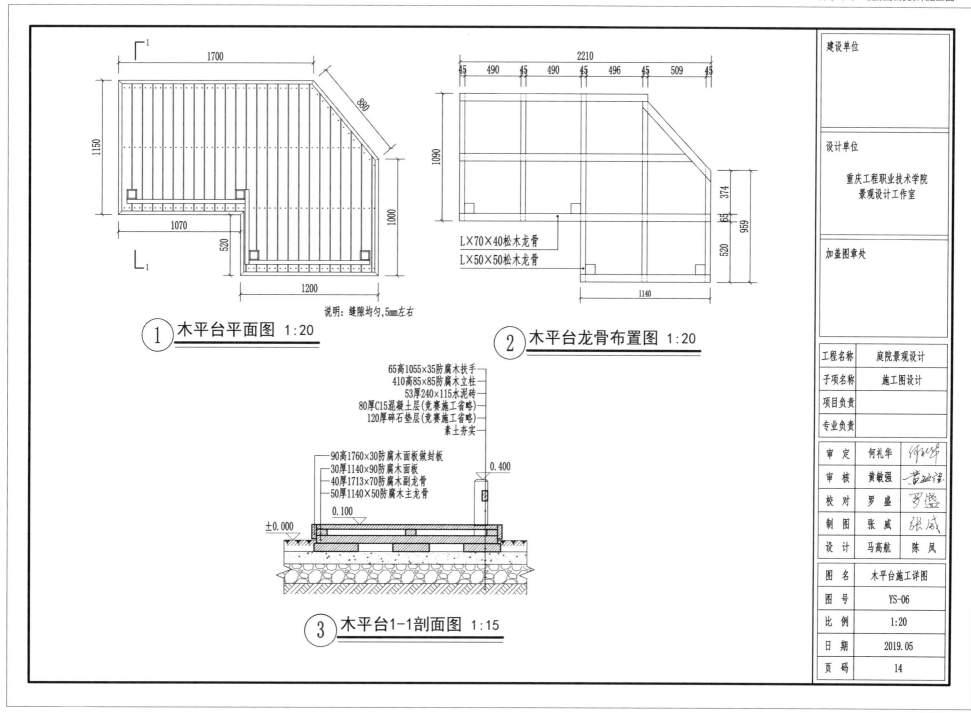

1700
1150
1070
520
1200

说明:缝隙均匀,5mm左右

① 木平台平面图 1:20

2210
45 490 45 490 45 496 45 509 45
1090
374
65
959
520
1140
L×70×40松木龙骨
L×50×50松木龙骨

② 木平台龙骨布置图 1:20

65高1055×35防腐木扶手
410高85×85防腐木立柱
53厚240×115水泥砖
80厚C15混凝土层(竞赛施工省略)
120厚碎石垫层(竞赛施工省略)
素土夯实

0.400

90高1760×30防腐木面板做封板
30厚1140×90防腐木面板
40厚1713×70防腐木副龙骨
50厚1140×50防腐木主龙骨

0.100

±0.000

0.100

③ 木平台1-1剖面图 1:15

建设单位	
设计单位	重庆工程职业技术学院 景观设计工作室
加盖图章处	

工程名称	庭院景观设计
子项名称	施工图设计
项目负责	
专业负责	

审 定	何礼华	
审 核	黄敏强	
校 对	罗 盛	
制 图	张 威	
设 计	马高航	陈 凤

图 名	木平台施工详图
图 号	YS-06
比 例	1:20
日 期	2019.05
页 码	14

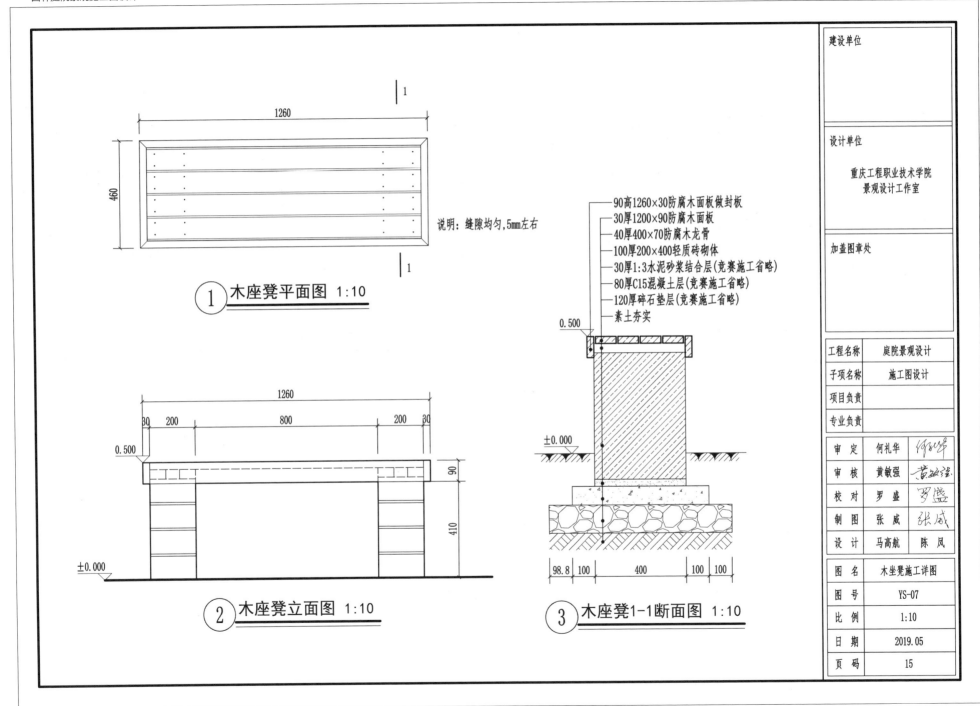

① 木座凳平面图 1:10

说明：缝隙均匀,5mm左右

1260

460

90高1260×30防腐木面板做封板
30厚1200×90防腐木面板
40厚400×70防腐木龙骨
100厚200×400轻质砖砌体
30厚1:3水泥砂浆结合层(竞赛施工省略)
80厚C15混凝土层(竞赛施工省略)
120厚碎石垫层(竞赛施工省略)
素土夯实

0.500

② 木座凳立面图 1:10

1260
30 200 800 200 30
0.500
90
410
±0.000

③ 木座凳1-1断面图 1:10

±0.000
98.8 100 400 100 100

建设单位		

设计单位	
重庆工程职业技术学院 景观设计工作室	
加盖图章处	

工程名称	庭院景观设计
子项名称	施工图设计
项目负责	
专业负责	

审 定	何礼华	
审 核	黄敏强	
校 对	罗 盛	
制 图	张 威	
设 计	马高航	陈 凤

图 名	木坐凳施工详图
图 号	YS-07
比 例	1:10
日 期	2019.05
页 码	15

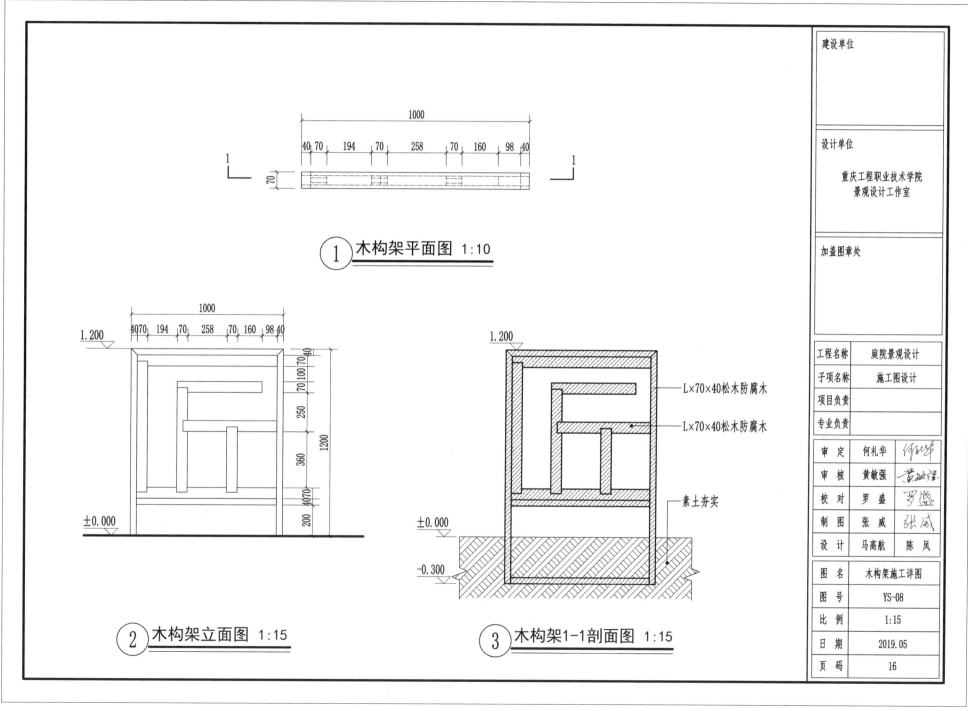

① 木构架平面图 1:10

② 木构架立面图 1:15

③ 木构架1-1剖面图 1:15

L×70×40松木防腐木

L×70×40松木防腐木

素土夯实

建设单位	
设计单位	重庆工程职业技术学院 景观设计工作室
加盖图章处	

工程名称	庭院景观设计
子项名称	施工图设计
项目负责	
专业负责	

审 定	何礼华	
审 核	黄敏强	
校 对	罗盛	
制 图	张威	
设 计	马高航	陈凤

图 名	木构架施工详图
图 号	YS-08
比 例	1:15
日 期	2019.05
页 码	16

4.3 园林国赛（30 m²）赛前训练设计图 –3

设计说明

"知鱼之乐"出自《庄子·秋水》比喻善于体会物情。在城市化快速发展的今天，人们与自然的关系越来越远。本花园精巧构思一处有益于孩子认知世界、享受自然的小花园。

花园里，中式的花窗景墙，传承了江南园林的精湛技艺；休憩平台、木坐凳有机组合，自然而质朴，给人们提供了一个驻足观赏的景观空间；极简主义的跌水景墙和水池相结合，源头活水自成方圆；结合花坛、绿植的搭配，让人们在游赏之时感知"地上花"、"墙上窗"、"水中影"之乐。整个花园，用自然做工，方寸之间，匠心独运，人们在享受景观艺术的同时，让身心再次得到放松，其乐融融。

1、入口铺装
2、景观小道
3、花窗景墙
4、景观花池
5、独杆石楠
6、木坐凳
7、休憩平台
8、白皮松
9、景观水池
10、跌水景墙

总平面图

侧立面图

鸟瞰图

构筑物

铺装

草坪

水景

分析图

彩色效果图详见P187

"知乐园"景观工程设计

——施工图

2019年5月

图 纸 目 录

序 号	图 号	图 名	图 幅	张 数	比 例
01	ZS-SM	设计与施工说明	A3	1	--
总图部分					
02	ZS-01	总平面及索引图	A3	1	1:30
03	ZS-02	网格定位放线图	A3	1	1:30
04	ZS-03	平面尺寸标注图	A3	1	1:30
05	ZS-04	竖向标高设计图	A3	1	1:30
06	ZS-05	物料标注图	A3	1	1:30
07	SD-01	水电布置图	A3	1	1:30
08	LS-01	植物配置图	A3	1	1:30
详图部分					
09	YS-01	跌水景墙详图	A3	1	比例见详图
10	YS-02	花池详图	A3	1	比例见详图
11	YS-03	花窗景墙详图	A3	1	比例见详图
12	YS-04	铺装一详图	A3	1	比例见详图
13	YS-05	铺装二详图	A3	1	1:10
14	YS-06	汀步/圆形树池详图	A3	1	比例见详图
15	YS-07	木平台详图	A3	1	比例见详图
16	YS-08	木平台/栏杆详图	A3	1	比例见详图
17	YS-09	木坐凳详图	A3	1	1:15
18	YS-10	泵坑详图	A3	1	1:15

第 _1_ 页 ，共 _1_ 页

设计与施工说明

一、项目概况

1. 项目名称："知乐园"景观工程设计。
2. 项目占地面积30㎡，长度6m，宽度5m。其中：
   铺装面积4.2㎡，占比14%；水体面积3.6㎡，占比12%；
   木作面积2.7㎡，占比9%；小品面积1.6㎡，占比5%；
   绿化面积17.9㎡，占比60%。

二、设计依据

1. 2019年全国职业院校学生技能大赛"园林景观设计与施工"赛项竞赛规程。
2. 国家及地方颁发的有关园林工程建设的各项规范、规定及标准。

三、相关技术要求

1. 本图纸中标高单位为米（m），其余尺寸的单位均为毫米（mm）。
2. 区域内各景观定位见详图，坐标原点定于场地的左下角，方案内各处的标高为相对标高。
3. 场地基础均为沙地，施工时合理碾压夯实，土方就地平衡。
4. 定位放线以网格定位图为依据，曲线部分需自然通顺。
5. 铺装缝宽除标注外均为密缝铺贴，面包砖铺装需细砂扫缝。
6. 清水砖墙外露部分均以1:1水泥砂浆勾凹缝，缝宽为8-10mm，凹深为3-5mm。
7. 绿地地形根据竖向控制要求合理放坡，植物挖坑、种植、修剪等需符合相关规范。
8. 绿化种植以所标尺寸定点放线，做到高低错落、疏密有致。
9. 草坪满铺，需平整紧实，连接处吻合密实，不得上下重叠。
10. 照明系统主要为景观灯，管线全部采用地下铺设。
11. 给排水应满足水池最大用水量，供水管、排水管、溢水管均采用地下铺设。
12. 本图中水池的进水口、溢水口、排水口、集水井、泵坑等宜设置在池内较隐蔽的地方，要考虑电源、水源、场地排水位置与各坑口的位置关系。

四、其他

1. 所有材料均由承办方采购，统一提供园林植物、石材等施工材料。
2. 受竞赛场地和材料的限制，部分结构层在竞赛时施工省略。
3. 本说明未尽之处，由本设计组最终解释。

图 名	设计与施工说明
图 号	ZS-SM
页 码	01

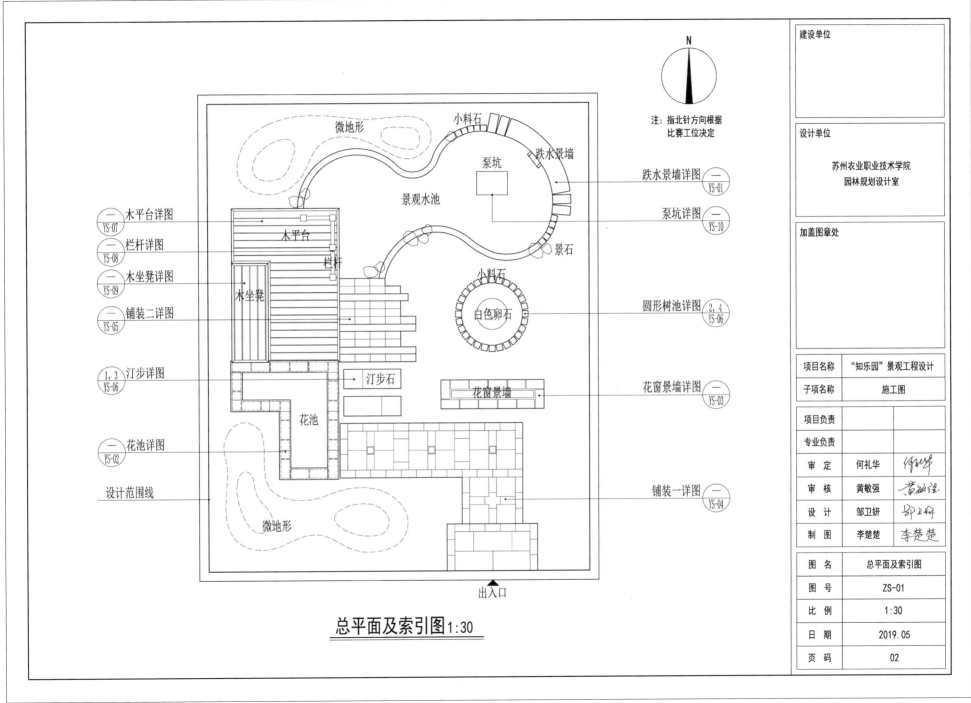

总平面及索引图 1:30

微地形
小料石
跌水景墙
泵坑
跌水景墙详图 一 YS-01
景观水池
跌水景墙详图 一 YS-01
木平台详图 一 YS-07
栏杆详图 一 YS-08
木坐凳详图 一 YS-09
铺装二详图 一 YS-05
泵坑详图 一 YS-10
景石
木平台
栏杆
木坐凳
小料石
白色卵石
圆形树池详图 2、4 YS-06
1、3 YS-06 汀步详图
汀步石
花窗景墙
花窗景墙详图 一 YS-03
花池详图 一 YS-02
花池
设计范围线
微地形
铺装一详图 一 YS-04
出入口

注：指北针方向根据
比赛工位决定

建设单位	

设计单位	苏州农业职业技术学院 园林规划设计室

加盖图章处	

项目名称	"知乐园"景观工程设计
子项名称	施工图

项目负责		
专业负责		
审 定	何礼华	
审 核	黄敏强	
设 计	邹卫妍	
制 图	李楚楚	

图 名	总平面及索引图
图 号	ZS-01
比 例	1:30
日 期	2019.05
页 码	02

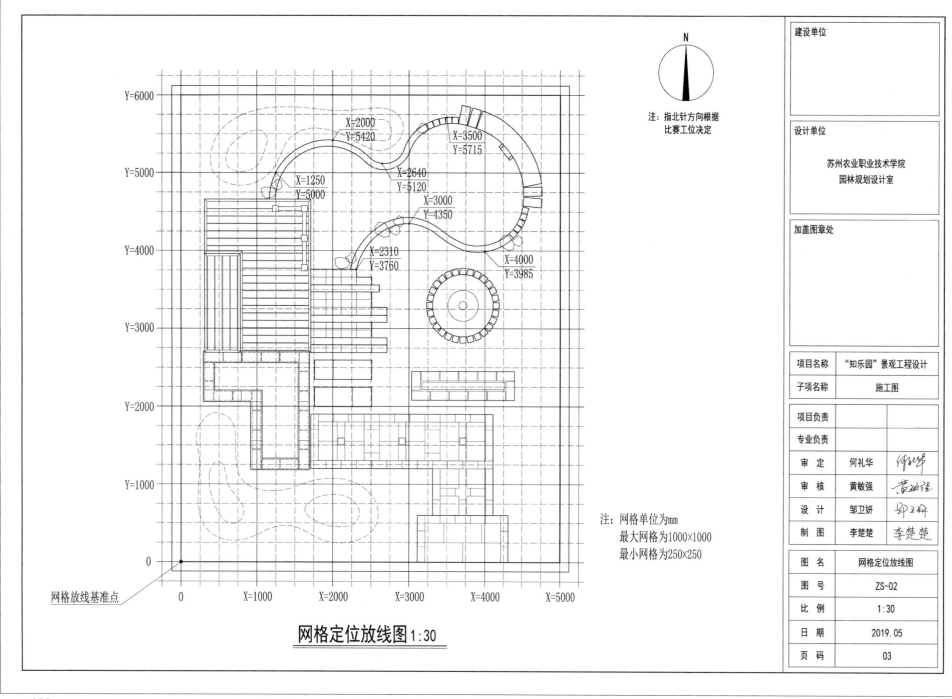

注：指北针方向根据
比赛工位决定

Y=6000

X=2000
Y=5420

X=3500
Y=5715

X=1250
Y=5000

X=2640
Y=5120

Y=5000

X=3000
Y=4350

Y=4000

X=2310
Y=3760

X=4000
Y=3985

Y=3000

Y=2000

Y=1000

0

网格放线基准点

0   X=1000   X=2000   X=3000   X=4000   X=5000

注：网格单位为mm
最大网格为1000×1000
最小网格为250×250

网格定位放线图1:30

建设单位		
设计单位		
	苏州农业职业技术学院 园林规划设计室	
加盖图章处		
项目名称	"知乐园"景观工程设计	
子项名称	施工图	
项目负责		
专业负责		
审 定	何礼华	
审 核	黄敏强	
设 计	邹卫妍	
制 图	李楚楚	
图 名	网格定位放线图	
图 号	ZS-02	
比 例	1:30	
日 期	2019.05	
页 码	03	

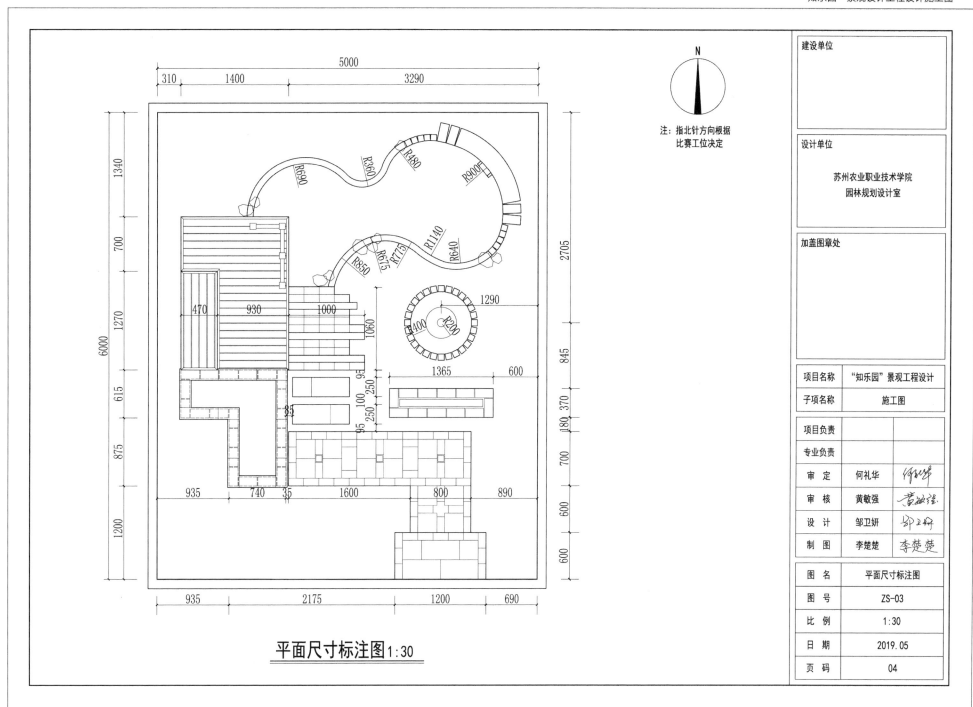

N

注：指北针方向根据
比赛工位决定

R690 R360 R480 R900
R850 R675 R775 R1140 R640

R200 R400

5000
310 1400 3290

1340 700 1270 615 875 1200
6000

2705 845 370 180 700 600 600

470 930 1000
1290
1060
95 250 100 250 250 95
85
1365 600

935 740 35 1600 800 890

935 2175 1200 690

平面尺寸标注图1:30

建设单位	
设计单位	苏州农业职业技术学院 园林规划设计室
加盖图章处	

项目名称	"知乐园"景观工程设计
子项名称	施工图

项目负责	
专业负责	
审 定	何礼华
审 核	黄敏强
设 计	邹卫妍
制 图	李楚楚

图 名	平面尺寸标注图
图 号	ZS-03
比 例	1:30
日 期	2019.05
页 码	04

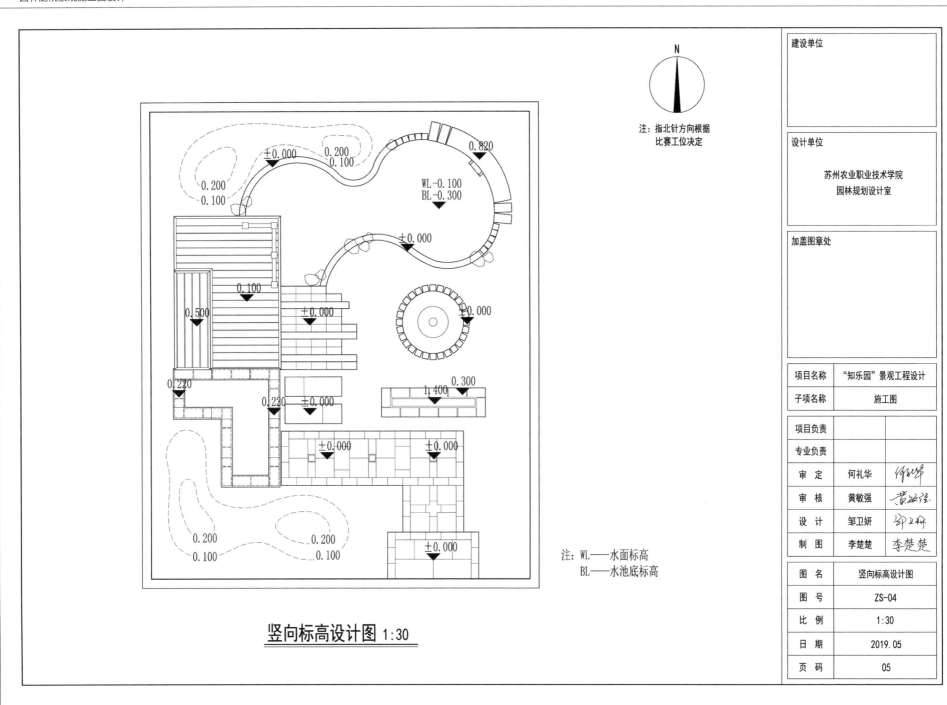

竖向标高设计图 1:30

N

注：指北针方向根据
比赛工位决定

±0.000
0.200
0.100
0.820

0.200
0.100

WL -0.100
BL -0.300

±0.000

0.100

0.500

±0.000

0.000

0.220

0.220   ±0.000

1.400   0.300

±0.000   ±0.000

0.200
0.100

0.200
0.100

±0.000

注：WL——水面标高
　　BL——水池底标高

建设单位		
设计单位		
	苏州农业职业技术学院 园林规划设计室	
加盖图章处		
项目名称	"知乐园"景观工程设计	
子项名称	施工图	
项目负责		
专业负责		
审　定	何礼华	
审　核	黄敏强	
设　计	邹卫妍	
制　图	李楚楚	
图　名	竖向标高设计图	
图　号	ZS-04	
比　例	1:30	
日　期	2019.05	
页　码	05	

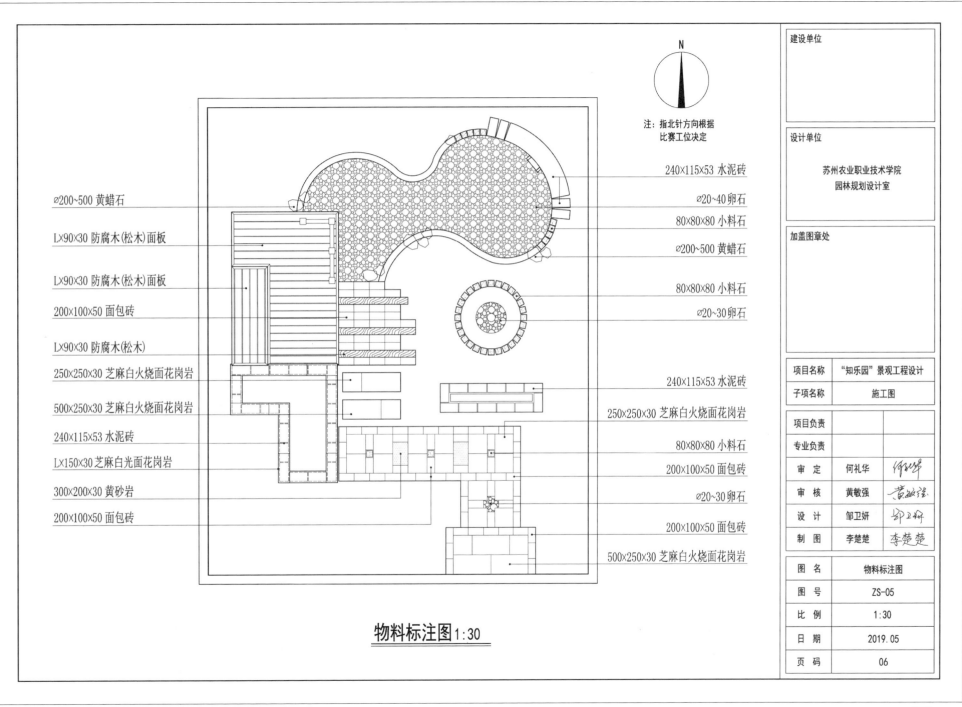

物料标注图1:30

∅200~500 黄蜡石

L×90×30 防腐木(松木)面板

L×90×30 防腐木(松木)面板

200×100×50 面包砖

L×90×30 防腐木(松木)

250×250×30 芝麻白火烧面花岗岩

500×250×30 芝麻白火烧面花岗岩

240×115×53 水泥砖

L×150×30 芝麻白光面花岗岩

300×200×30 黄砂岩

200×100×50 面包砖

240×115×53 水泥砖

∅20~40 卵石

80×80×80 小料石

∅200~500 黄蜡石

80×80×80 小料石

∅20~30 卵石

240×115×53 水泥砖

250×250×30 芝麻白火烧面花岗岩

80×80×80 小料石

200×100×50 面包砖

∅20~30 卵石

200×100×50 面包砖

500×250×30 芝麻白火烧面花岗岩

注:指北针方向根据
比赛工位决定

建设单位	
设计单位	苏州农业职业技术学院 园林规划设计室
加盖图章处	
项目名称	"知乐园"景观工程设计
子项名称	施工图
项目负责	
专业负责	
审 定	何礼华
审 核	黄敏强
设 计	邹卫妍
制 图	李楚楚
图 名	物料标注图
图 号	ZS-05
比 例	1:30
日 期	2019.05
页 码	06

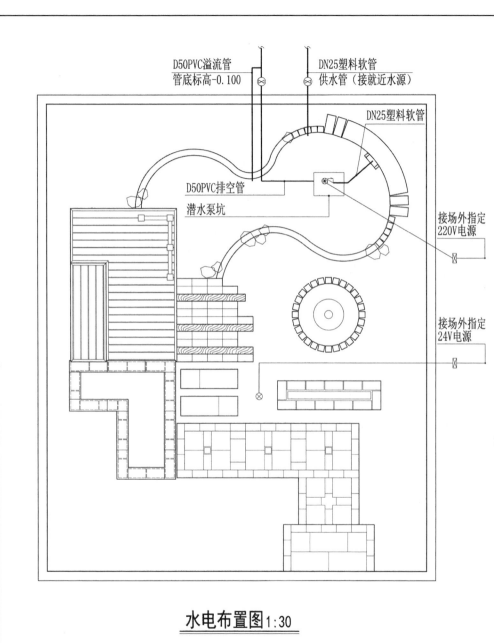

D50PVC溢流管
管底标高-0.100

DN25塑料软管
供水管（接就近水源）

DN25塑料软管

D50PVC排空管

潜水泵坑

接场外指定
220V电源

接场外指定
24V电源

水电布置图1:30

注：指北针方向根据
比赛工位决定

水电材料表

序 号	图 例	名 称	规 格	数 量
1	⊗	草坪灯	36W, LED灯	1盏
2	⊛	潜水泵	功率40W	1台
3	⊠	配电箱		2个
4	—	电缆	PC2.5	25米
5	⊗	阀门		2个
6	◁	止回阀		1个
7	—	塑料软管	DN25	25米
8	—	PVC排水管	D50	5米

注：1. 室外电缆采用YJV-1000（3×2.5）PC2.5-FC，
　　超低压回路采用FSRVV-500（图上另有注明除外），
　　均为穿阻燃PVC管埋地敷设（图上另有注明除外）。
2. 室外管线敷设：室外动力、照明和控制采用穿
　　PVC管埋地敷设，穿越道路和广场硬地处的埋深
　　0.8m，绿化地埋深0.6m，控制电缆在绿化地带
　　埋深可为0.5m。
3. 所有潜水泵均需装可挠曲性橡胶接头。
4. 潜水泵参数注释：QY(流量m³/h)-(扬程m)-(功率Kw)。

建设单位	
设计单位	
	苏州农业职业技术学院 园林规划设计室
加盖图章处	
项目名称	"知乐园"景观工程设计
子项名称	施工图
项目负责	
专业负责	
审 定	何礼华
审 核	黄敏强
设 计	邹卫妍
制 图	李楚楚
图 名	水电布置图
图 号	SD-01
比 例	1:30
日 期	2019.05
页 码	07

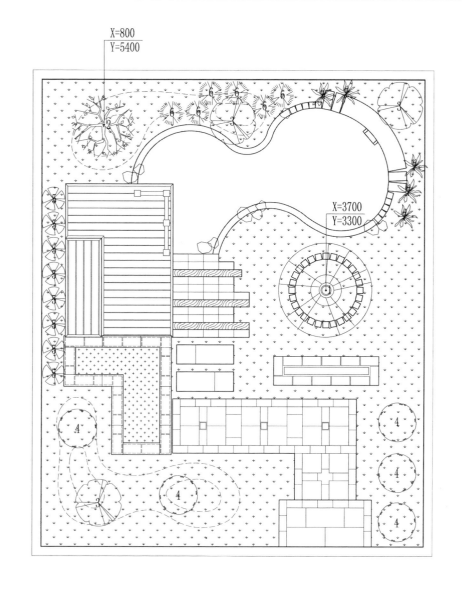

X=800 / Y=5400

X=3700 / Y=3300

注: 指北针方向根据
比赛工位决定

植物配置图 1:30

建设单位	
设计单位	苏州农业职业技术学院 园林规划设计室
加盖图章处	

苗 木 表

序号	图例	名 称	规 格(cm)	数量	单位
1		独杆石楠	高150-180, 地径5以上, 树形圆满整齐	1	株
2		白皮松	高100-150	1	株
3		花石榴	高80-100, 冠径 50-60, 5分枝	3	株
4		红叶石楠	高50-70, 冠径 50-60, 4-5分枝 呈球形	5	株
5		南天竹	高30-50, 冠径 30-40, 5头以上	8	株
6		小叶女贞	高50-60, 3-4分枝	6	株
7		变叶木	高40-50, 冠径 30-40, 3分枝	5	盆
8		草花	蓬径25-30, 4-5分枝	80	盆
9		草皮	混播草	16	m²

项目名称	"知乐园"景观工程设计
子项名称	施工图

项目负责	
专业负责	
审 定	何礼华
审 核	黄敏强
设 计	邹卫妍
制 图	李楚楚

图 名	植物配置图
图 号	LS-01
比 例	1:30
日 期	2019.05
页 码	08

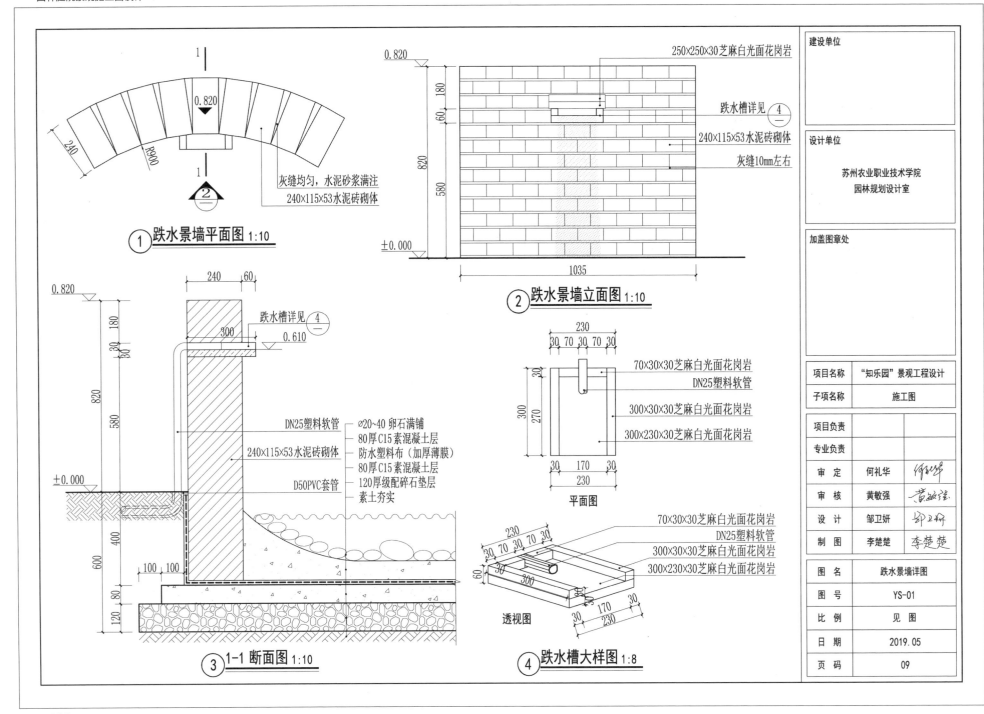

① 跌水景墙平面图 1:10

② 跌水景墙立面图 1:10

③ 1—1 断面图 1:10

④ 跌水槽大样图 1:8

240

R900

0.820 ▽

1 1

灰缝均匀，水泥砂浆满注
240×115×53水泥砖砌体

②

0.820 ▽

180

60

250×250×30芝麻白光面花岗岩

跌水槽详见 ④／—

240×115×53水泥砖砌体

灰缝10mm左右

820

580

±0.000

1035

240 60

0.820 ▽

跌水槽详见 ④／—

0.610 ▽

300

180 30 30

820

580

DN25塑料软管

240×115×53水泥砖砌体

D50PVC套管

±0.000

400

100 100

600

80

120

∅20~40 卵石满铺
80厚C15素混凝土层
防水塑料布（加厚薄膜）
80厚C15素混凝土层
120厚级配碎石垫层
素土夯实

230

30 70 30 70 30

30

300

270

30 170 30

230

70×30×30芝麻白光面花岗岩
DN25塑料软管
300×30×30芝麻白光面花岗岩
300×230×30芝麻白光面花岗岩

平面图

70×30×30芝麻白光面花岗岩
DN25塑料软管
300×30×30芝麻白光面花岗岩
300×230×30芝麻白光面花岗岩

230

30 70 30 70 30

60

30

300

30 170 30

230

透视图

建设单位	
设计单位	苏州农业职业技术学院 园林规划设计室
加盖图章处	

项目名称	"知乐园"景观工程设计
子项名称	施工图

项目负责		
专业负责		
审 定	何礼华	
审 核	黄敏强	
设 计	邹卫妍	
制 图	李楚楚	李楚楚

图 名	跌水景墙详图
图 号	YS-01
比 例	见图
日 期	2019.05
页 码	09

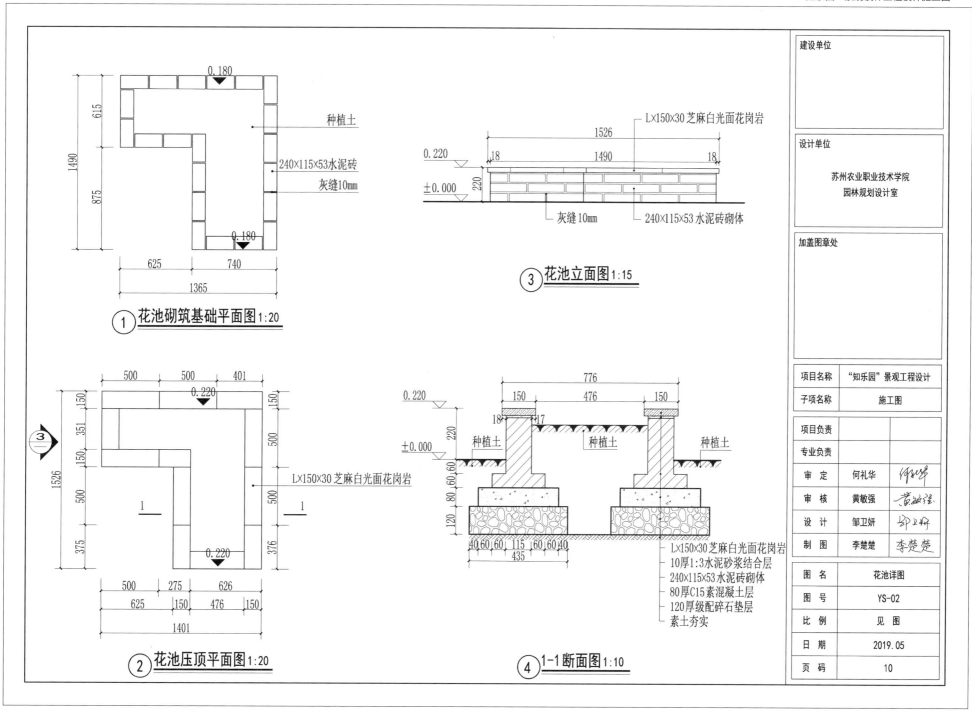

① 花池砌筑基础平面图 1:20

③ 花池立面图 1:15

② 花池压顶平面图 1:20

④ 1-1断面图 1:10

种植土
240×115×53水泥砖
灰缝10mm

L×150×30芝麻白光面花岗岩
灰缝10mm
240×115×53水泥砖砌体

L×150×30芝麻白光面花岗岩

种植土
L×150×30芝麻白光面花岗岩
10厚1:3水泥砂浆结合层
240×115×53水泥砖砌体
80厚C15素混凝土层
120厚级配碎石垫层
素土夯实

建设单位	
设计单位	苏州农业职业技术学院 园林规划设计室
加盖图章处	

项目名称	"知乐园"景观工程设计
子项名称	施工图

项目负责	
专业负责	
审 定	何礼华
审 核	黄敏强
设 计	邹卫妍
制 图	李楚楚

图 名	花池详图
图 号	YS-02
比 例	见 图
日 期	2019.05
页 码	10

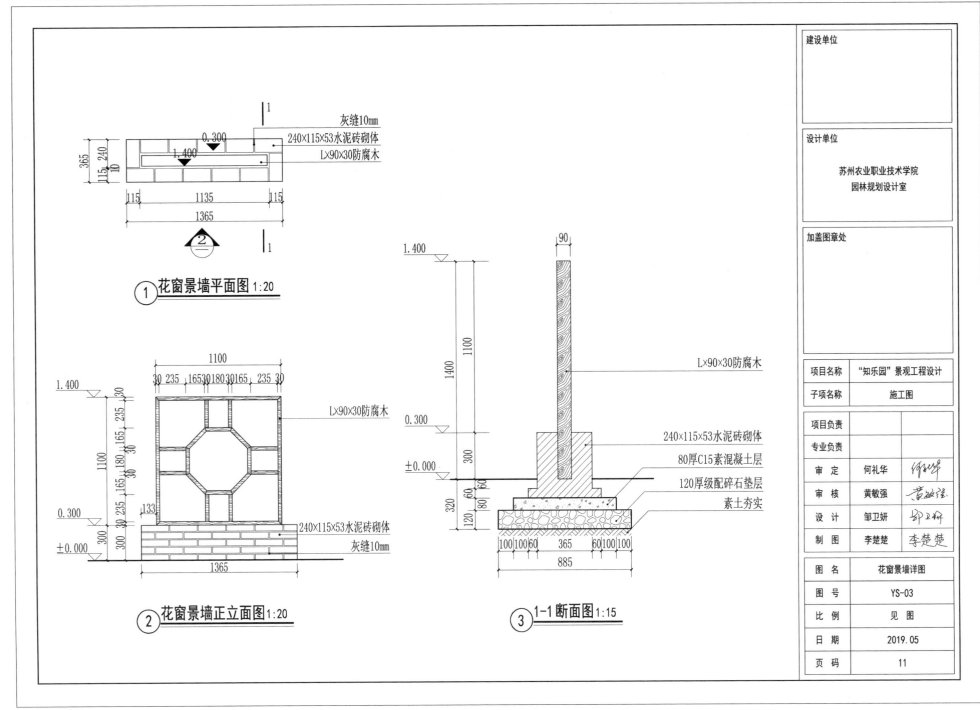

① 花窗景墙平面图 1:20

② 花窗景墙正立面图 1:20

③ 1-1断面图 1:15

平面图标注：
灰缝10mm
240×115×53水泥砖砌体
L×90×30防腐木

立面图标注：
L×90×30防腐木
240×115×53水泥砖砌体
灰缝10mm

断面图标注：
L×90×30防腐木
240×115×53水泥砖砌体
80厚C15素混凝土层
120厚级配碎石垫层
素土夯实

建设单位	
设计单位	苏州农业职业技术学院 园林规划设计室
加盖图章处	
项目名称	"知乐园"景观工程设计
子项名称	施工图
项目负责	
专业负责	
审 定	何礼华
审 核	黄敏强
设 计	邹卫妍
制 图	李楚楚
图 名	花窗景墙详图
图 号	YS-03
比 例	见 图
日 期	2019.05
页 码	11

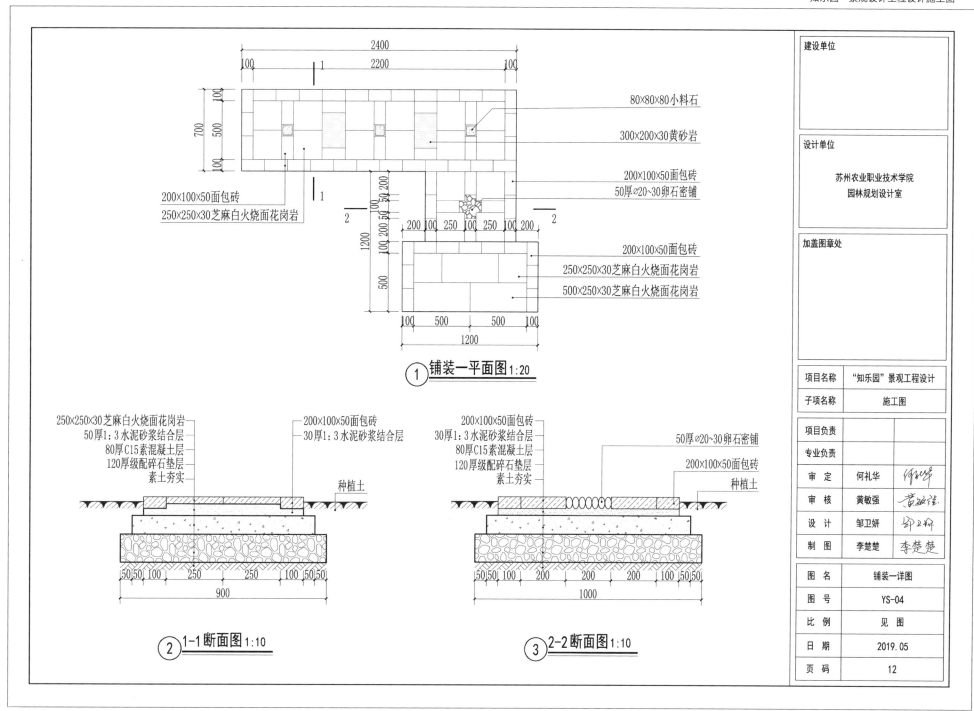

① 铺装一平面图1:20

② 1-1断面图1:10

③ 2-2断面图1:10

80×80×80小料石

300×200×30黄砂岩

200×100×50面包砖
50厚∅20~30卵石密铺

200×100×50面包砖

200×100×50面包砖
250×250×30芝麻白火烧面花岗岩
500×250×30芝麻白火烧面花岗岩

200×100×50面包砖
250×250×30芝麻白火烧面花岗岩

250×250×30芝麻白火烧面花岗岩
50厚1:3水泥砂浆结合层
80厚C15素混凝土层
120厚级配碎石垫层
素土夯实

200×100×50面包砖
30厚1:3水泥砂浆结合层

种植土

200×100×50面包砖
30厚1:3水泥砂浆结合层
80厚C15素混凝土层
120厚级配碎石垫层
素土夯实

50厚∅20~30卵石密铺

200×100×50面包砖

种植土

建设单位	

设计单位	
苏州农业职业技术学院 园林规划设计室	

加盖图章处	

项目名称	“知乐园”景观工程设计
子项名称	施工图

项目负责		
专业负责		
审 定	何礼华	
审 核	黄敏强	
设 计	邹卫妍	
制 图	李楚楚	李楚楚

图 名	铺装一详图
图 号	YS-04
比 例	见 图
日 期	2019.05
页 码	12

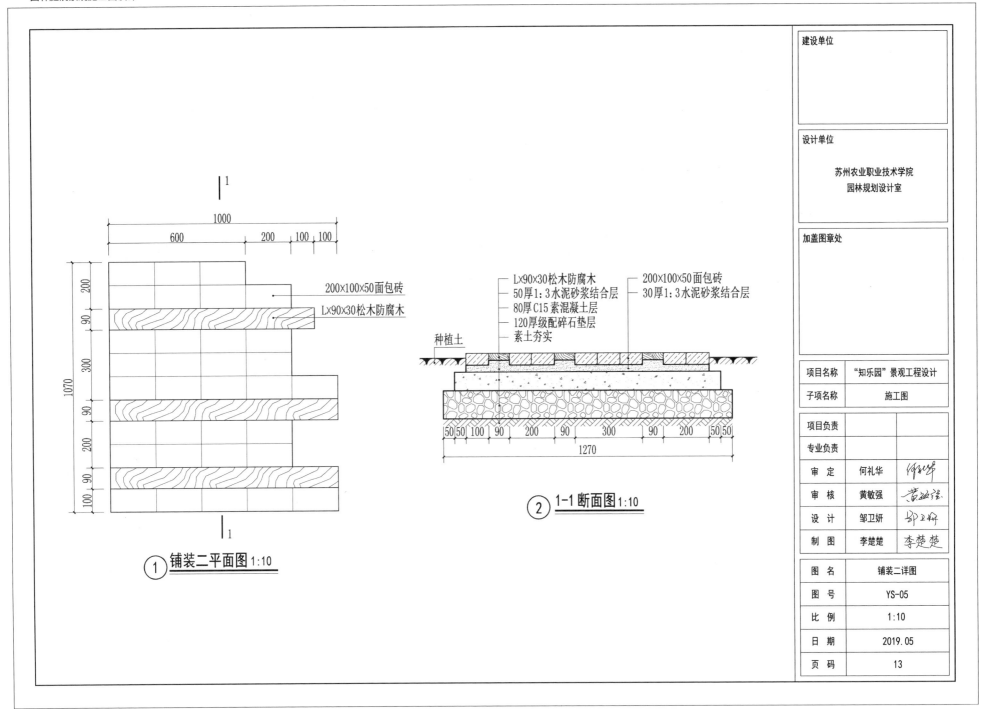

① 铺装二平面图 1:10

② 1-1断面图 1:10

200×100×50面包砖
L×90×30松木防腐木

L×90×30松木防腐木
50厚1:3水泥砂浆结合层
80厚C15素混凝土层
120厚级配碎石垫层
素土夯实

200×100×50面包砖
30厚1:3水泥砂浆结合层

种植土

建设单位	
设计单位	苏州农业职业技术学院 园林规划设计室
加盖图章处	

项目名称	"知乐园"景观工程设计
子项名称	施工图

项目负责		
专业负责		
审　定	何礼华	
审　核	黄敏强	
设　计	邹卫妍	
制　图	李楚楚	李楚楚

图　名	铺装二详图
图　号	YS-05
比　例	1:10
日　期	2019.05
页　码	13

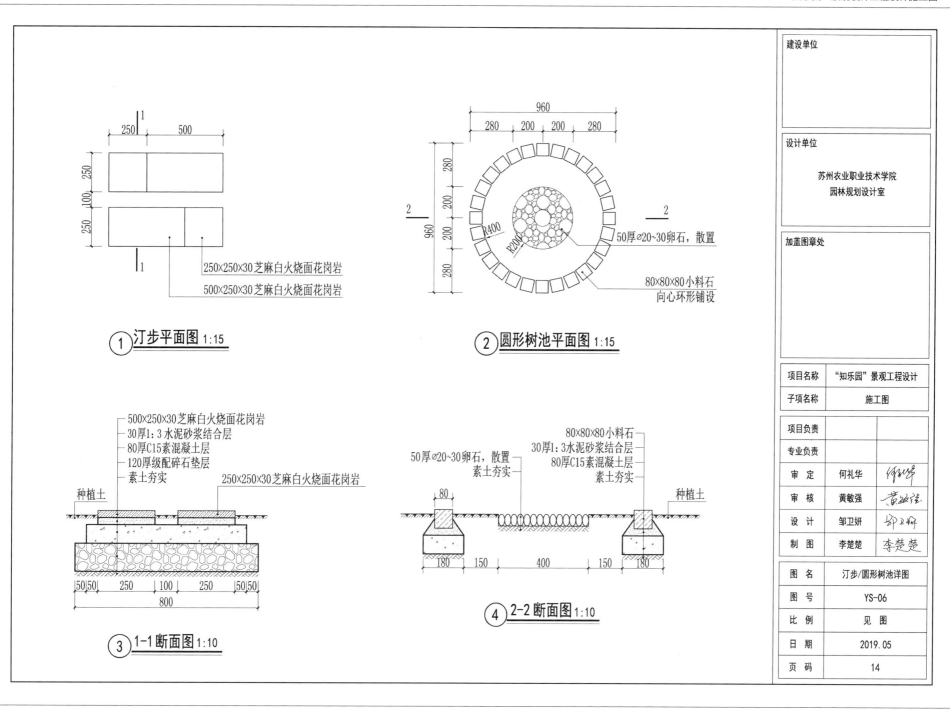

① 汀步平面图 1:15

250×250×30芝麻白火烧面花岗岩
500×250×30芝麻白火烧面花岗岩

② 圆形树池平面图 1:15

960
280 200 200 280
R400
R200
50厚∅20~30卵石，散置
80×80×80小料石
向心环形铺设

500×250×30芝麻白火烧面花岗岩
30厚1:3水泥砂浆结合层
80厚C15素混凝土层
120厚级配碎石垫层
素土夯实
250×250×30芝麻白火烧面花岗岩
种植土

50 50 250 100 250 50 50
800

③ 1-1断面图 1:10

80×80×80小料石
30厚1:3水泥砂浆结合层
80厚C15素混凝土层
素土夯实
50厚∅20~30卵石，散置
素土夯实
种植土

80
180 150 400 150 180

④ 2-2断面图 1:10

建设单位	
设计单位	苏州农业职业技术学院 园林规划设计室
加盖图章处	

项目名称	"知乐园"景观工程设计
子项名称	施工图

项目负责	
专业负责	
审　定	何礼华
审　核	黄敏强
设　计	邹卫妍
制　图	李楚楚

图　名	汀步/圆形树池详图
图　号	YS-06
比　例	见　图
日　期	2019.05
页　码	14

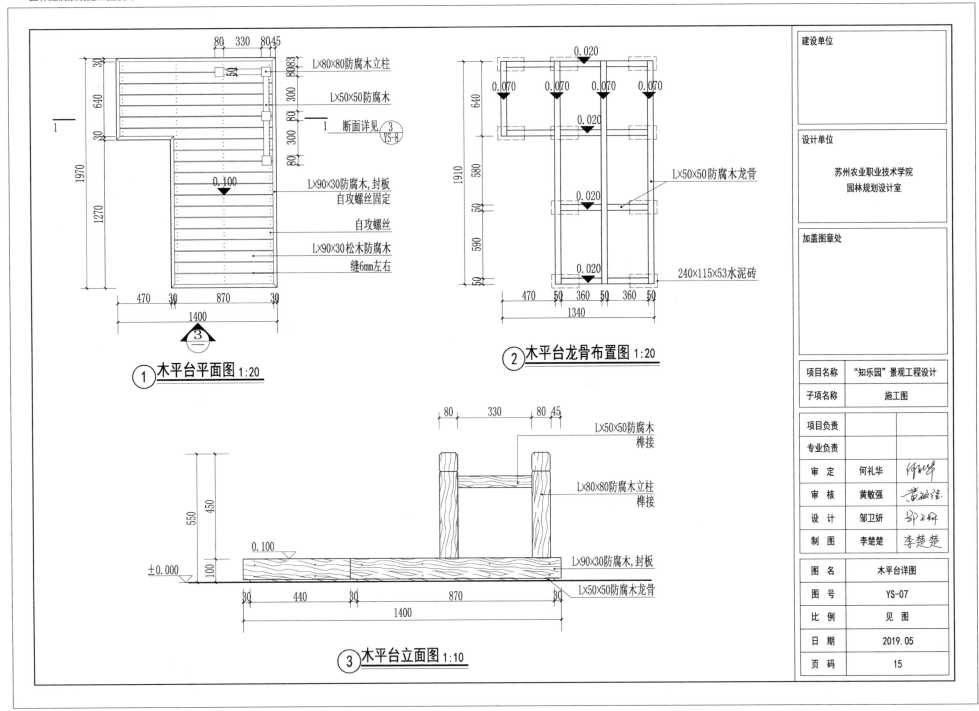

① 木平台平面图 1:20

② 木平台龙骨布置图 1:20

③ 木平台立面图 1:10

Lx80×80防腐木立柱

Lx50×50防腐木

断面详见 ③ YS-8

Lx90×30防腐木,封板 自攻螺丝固定

自攻螺丝

Lx90×30松木防腐木

缝6mm左右

Lx50×50防腐木龙骨

240×115×53水泥砖

Lx50×50防腐木 榫接

Lx80×80防腐木立柱 榫接

Lx90×30防腐木,封板

Lx50×50防腐木龙骨

建设单位		
设计单位	苏州农业职业技术学院 园林规划设计室	
加盖图章处		
项目名称	"知乐园"景观工程设计	
子项名称	施工图	
项目负责		
专业负责		
审 定	何礼华	
审 核	黄敏强	
设 计	邹卫妍	
制 图	李楚楚	
图 名	木平台详图	
图 号	YS-07	
比 例	见 图	
日 期	2019.05	
页 码	15	

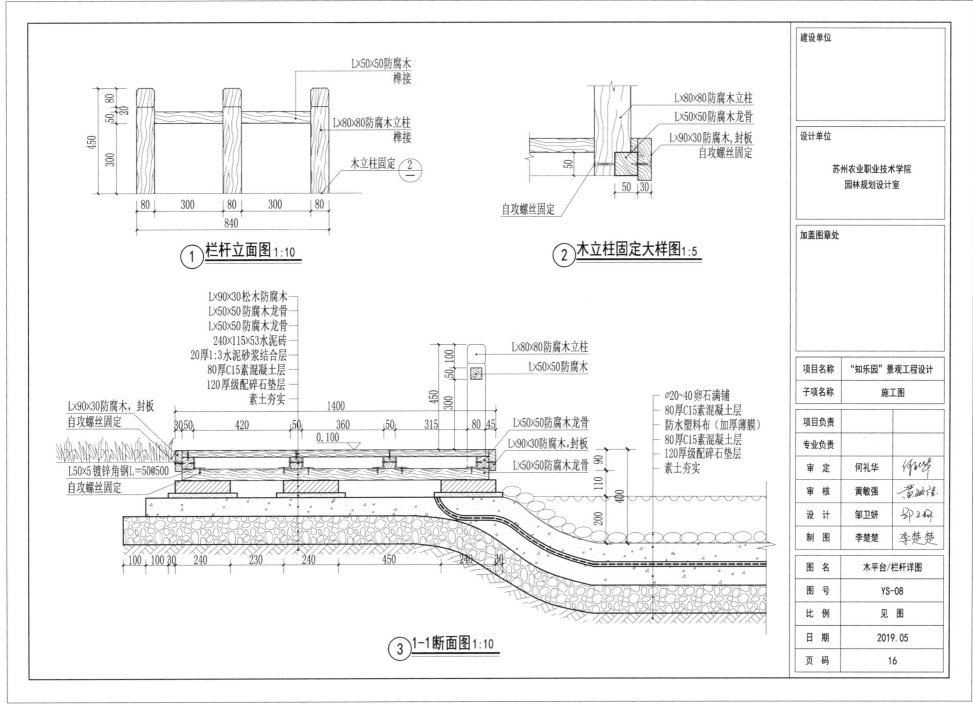

① 栏杆立面图 1:10

② 木立柱固定大样图 1:5

Lx50×50防腐木榫接
Lx80×80防腐木立柱榫接
木立柱固定 ②

Lx80×80防腐木立柱
Lx50×50防腐木龙骨
Lx90×30防腐木,封板自攻螺丝固定
自攻螺丝固定

Lx90×30松木防腐木
Lx50×50防腐木龙骨
Lx50×50防腐木龙骨
240×115×53水泥砖
20厚1:3水泥砂浆结合层
80厚C15素混凝土层
120厚级配碎石垫层
素土夯实

Lx80×80防腐木立柱
Lx50×50防腐木

Lx90×30防腐木,封板自攻螺丝固定
L50×5镀锌角钢L=50@500
自攻螺丝固定

Lx50×50防腐木龙骨
Lx90×30防腐木,封板
Lx50×50防腐木龙骨

∅20~40卵石满铺
80厚C15素混凝土层
防水塑料布(加厚薄膜)
80厚C15素混凝土层
120厚级配碎石垫层
素土夯实

③ 1-1断面图 1:10

建设单位	
设计单位	苏州农业职业技术学院 园林规划设计室
加盖图章处	

项目名称	"知乐园"景观工程设计
子项名称	施工图

项目负责	
专业负责	
审 定	何礼华
审 核	黄敏强
设 计	邹卫妍
制 图	李楚楚

图 名	木平台/栏杆详图
图 号	YS-08
比 例	见 图
日 期	2019.05
页 码	16

105

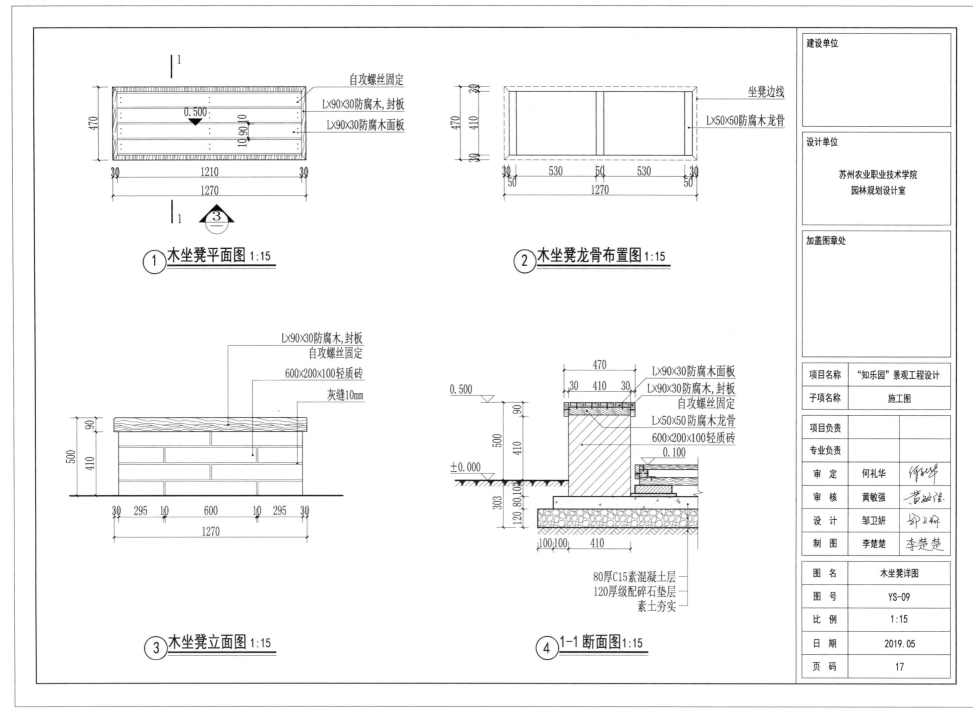

① **木坐凳平面图** 1:15

自攻螺丝固定
L×90×30防腐木,封板
L×90×30防腐木面板

② **木坐凳龙骨布置图** 1:15

坐凳边线
L×50×50防腐木龙骨

③ **木坐凳立面图** 1:15

L×90×30防腐木,封板
自攻螺丝固定
600×200×100轻质砖
灰缝10mm

④ **1-1断面图** 1:15

L×90×30防腐木面板
L×90×30防腐木,封板
自攻螺丝固定
L×50×50防腐木龙骨
600×200×100轻质砖

80厚C15素混凝土层
120厚级配碎石垫层
素土夯实

建设单位	
设计单位	苏州农业职业技术学院 园林规划设计室
加盖图章处	

项目名称	"知乐园"景观工程设计
子项名称	施工图

项目负责	
专业负责	
审 定	何礼华
审 核	黄敏强
设 计	邹卫妍
制 图	李楚楚

图 名	木坐凳详图
图 号	YS-09
比 例	1:15
日 期	2019.05
页 码	17

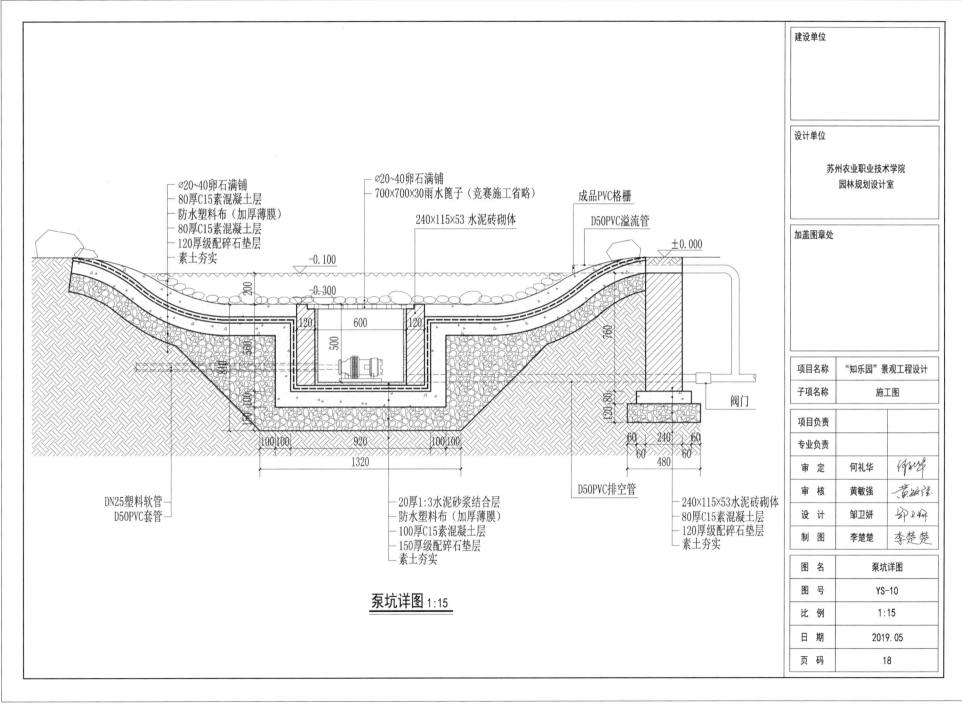

∅20~40卵石满铺
80厚C15素混凝土层
防水塑料布（加厚薄膜）
80厚C15素混凝土层
120厚级配碎石垫层
素土夯实

∅20~40卵石满铺
700×700×30雨水箅子（竞赛施工省略）

240×115×53 水泥砖砌体

成品PVC格栅

D50PVC溢流管

±0.000

−0.100

−0.300

200

120   600   120

500

360

120 80

阀门

100 100   920   100 100

1320

60 240 60
60   60
480

DN25塑料软管
D50PVC套管

20厚1:3水泥砂浆结合层
防水塑料布（加厚薄膜）
100厚C15素混凝土层
150厚级配碎石垫层
素土夯实

D50PVC排空管

240×115×53水泥砖砌体
80厚C15素混凝土层
120厚级配碎石垫层
素土夯实

泵坑详图 1:15

建设单位

设计单位

苏州农业职业技术学院
园林规划设计室

加盖图章处

| 项目名称 | "知乐园"景观工程设计 |
| 子项名称 | 施工图 |

项目负责	
专业负责	
审　定	何礼华
审　核	黄敏强
设　计	邹卫妍
制　图	李楚楚

图　名	泵坑详图
图　号	YS-10
比　例	1:15
日　期	2019.05
页　码	18

4.4 中国造园技能大赛国际邀请赛（49 m²）设计图 –1

2019世界技能大赛园艺项目（成都）国际邀请赛—"国手杯"景观设计赛

青春主旋律

设计说明（300字以内）

　　青春看似是简单的、单纯的、重复而无趣的，实则像是一架钢琴，可以弹奏出许多优美而动听的曲子。本方案以"青春主旋律"为设计主题，将青春这种简单而又丰富多彩、单纯而又写满内涵、重复而又处处是惊喜的无畏精神融入园林景观设计中，方案以灰砖、大理石、防腐木等简单的材料构建出看似台阶实则线条简洁、功能丰富、空间灵活的花园景观，将成都"三分之一平原"、"三分之一丘陵"、"三分之一山地"的独特地形完美地表达与连接，让成都巨大的垂直高差地形成为大自然赐予成都人民最好的礼物。

　　整个方案中，游人们在看似有意或者无意的私密或者公共空间中或坐、或躺、或走、或观、或戏水、或赏花，反映出了成都独特的地形地貌带给园林景观空间的更多可能性，也为成都环境景观的建设提供了参考。

鸟瞰图

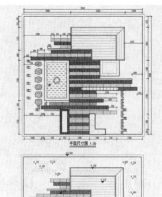

平面尺寸图 1:30

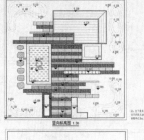

竖向标高图 1:30

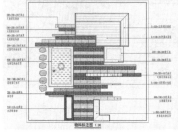

物料标注图 1:30

效果图一

效果图二

效果图三

评审打分处	创意构思（20分）	景观结构合理（15分）	可实现性（40分）	成型效果（20分）	其他（5分）	总分（100分）	备注
	评审意见						

彩色效果图详见P188

中国造园技能大赛（成都）国际邀请赛

——小庭院景观工程施工图

2019年3月

图 纸 目 录

序 号	图 号	图 名	图 幅	张 数	备 注
1	ZS-SM	设计说明	A3	1	
2	ZS-01	总平面及索引图	A3	1	比例1:30
3	ZS-02	平面尺寸图	A3	1	比例1:30
4	ZS-03	网格定位图	A3	1	比例1:30
5	ZS-04	竖向标高图	A3	1	比例1:30
6	ZS-05	物料标注图	A3	1	比例1:30
7	SD-01	水电布置图	A3	1	比例1:30
8	LS-01	乔灌木植物配置图	A3	1	比例1:30
9	LS-02	地被植物配置图	A3	1	比例1:30
10	LS-03	苗 木 表	A3	1	
11	YS-01	入口花池施工详图	A3	1	比例1:10
12	YS-02	黄木纹板岩景墙施工详图	A3	1	比例1:10
13	YS-03	水池平面图、青石花池施工详图	A3	1	比例见详图
14	YS-04	水池1-1剖面图	A3	1	比例1:5
15	YS-05	木平台施工详图	A3	1	比例1:20
16	YS-06	木座凳施工详图	A3	1	比例1:20
17	YS-07	黄木纹板岩石凳、铺装施工通用详图	A3	1	比例见详图

中国造园技能大赛
（成都）国际邀请赛

指北针

备注

修改说明

项目负责		
专业负责		
设 计	周艳丽	周艳丽
	孟洁	孟洁
制 图	周艳丽	周艳丽
校 对	孟洁	孟洁
审 核	何礼华	何礼华
审 定	黄敏强	黄敏强

建设单位	
工程名称	小庭院景观工程
子项名称	施工图设计
图 名	图纸目录
图 号	
比 例	
日 期	2019.03
页 码	

设 计 说 明

一、设计依据

　　1. 按照教育部高职高专园林技术、环境艺术设计、建筑工程技术、园林工程技术等相关专业教学基本要求和2017年世界技能比赛园艺赛项规程等规定的知识和技能要求。

　　2. 国家标准：《普通混凝土小型砌块》（GB/T 8239-2014）、《砌体结构工程施工规范》（GB 50924-2014）、《工程量清单计价规范》（GB 50500-2008）、《砌体结构施工质量验收规范》（GB 50203-2011）。

　　3. 行业标准：《园林绿化工程施工及验收规范》（CJJA 3_82-2012）、《喷泉水景工程技术规程》（CJJ/T 222-2015）、《建设工程施工现场环境与卫生标准》（JGJ 146-2013）。

　　4. 2019年中国造园技能大赛园艺项目（成都）国际邀请赛设计要求。

二、标高说明

　　1. 本设计竖向标高为相对标高，正负零点与比赛工位框面平齐。

　　2. 本竖向标高仅为游园整体标高控制提供依据，若与实际有差别，最终依据实际标高施工。

　　3. 剖面图中标注了竖向标高，但根据游园整体标高控制，必须与现场实际符合。

三、材料说明

　　本设计中所涉及的材料及规格由竞赛组委会指定，由竞赛承办方根据图纸要求采购。

四、种植设计说明

　　1. 植物选择要求：根据竞赛规程以及场地现有条件，植物为盆栽苗，脱盆栽植；苗木选择树形优美、长势良好的植物。比赛时以现场提供的为准。

　　2. 植物栽植要求：本次施工时间约为3月份，适宜植物种植。要求根据天气情况，适当做好植物的保水工作，栽植好植物后，适当洒水。

五、其他说明

　　1. 本设计中，由于施工比赛现场的限制，电缆线就近与指定插口连接。

　　2. 植物栽植应以植物配置图为准。

　　3. 图中各元素的位置以施工放线图及大样图为准。

　　4. 图中未标注的做法按照我国现行的施工图标准图集或现行的施工规范执行。

	中国造园技能大赛（成都）国际邀请赛
指北针	
备注	
修改说明	

项目负责		
专业负责		
设　计	周艳丽	周艳丽
	孟洁	孟洁
制　图	周艳丽	周艳丽
校　对	孟洁	孟洁
审　核	何礼华	
审　定	黄敏强	

建设单位	
工程名称	小庭院景观工程
子项名称	施工图设计
图　名	设计说明
图　号	ZS-SM
比　例	
日　期	2019.03
页　码	01

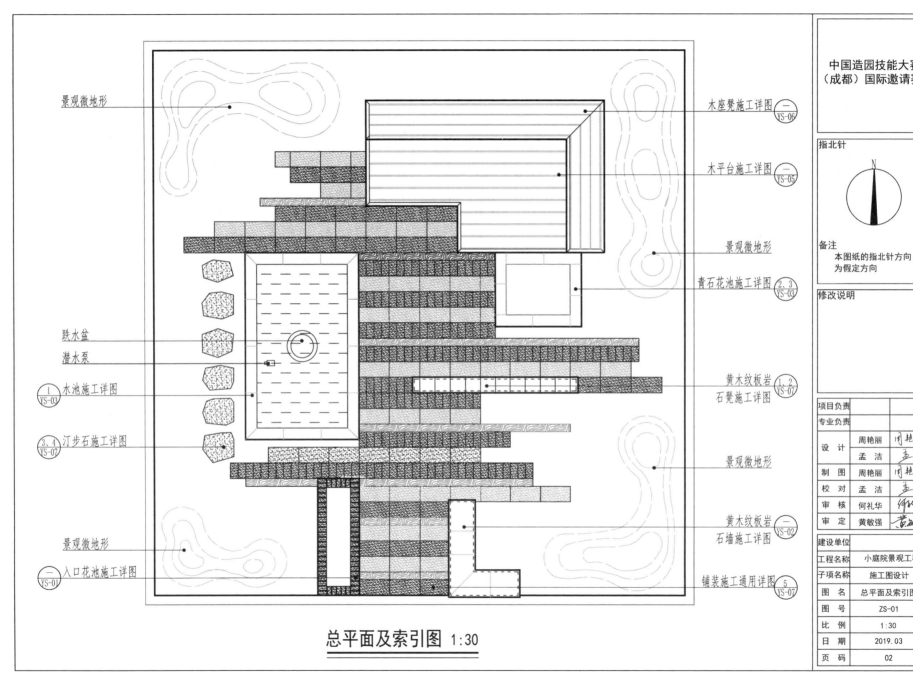

景观微地形

木座凳施工详图 （一/YS-06）

木平台施工详图 （一/YS-05）

景观微地形

青石花池施工详图 （2、3/YS-03）

跌水盆

潜水泵

水池施工详图 （1/YS-03）

汀步石施工详图 （3、4/YS-07）

黄木纹板岩石凳施工详图 （1、2/YS-07）

景观微地形

景观微地形

黄木纹板岩石墙施工详图 （一/YS-02）

入口花池施工详图 （一/YS-01）

铺装施工通用详图 （5/YS-07）

总平面及索引图 1:30

中国造园技能大赛（成都）国际邀请赛

指北针

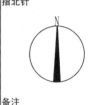
N

备注
本图纸的指北针方向为假定方向

修改说明

项目负责		
专业负责		
设 计	周艳丽	周艳丽
	孟 洁	孟洁
制 图	周艳丽	周艳丽
校 对	孟 洁	孟洁
审 核	何礼华	
审 定	黄敏强	

建设单位	
工程名称	小庭院景观工程
子项名称	施工图设计
图 名	总平面及索引图
图 号	ZS-01
比 例	1:30
日 期	2019.03
页 码	02

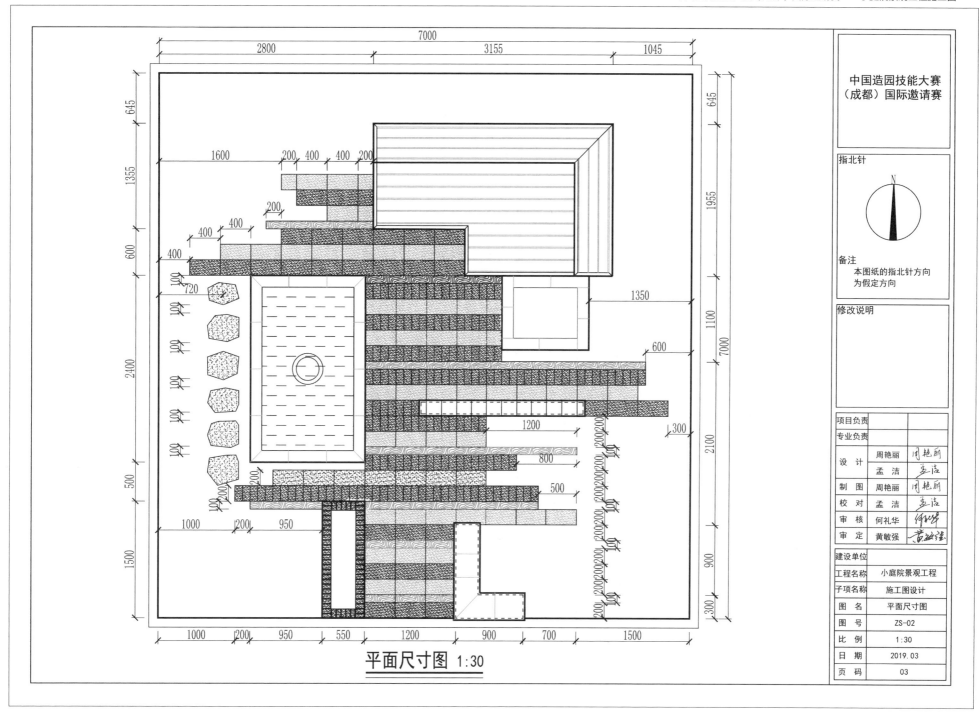

平面尺寸图 1:30

中国造园技能大赛
（成都）国际邀请赛

指北针

N

备注
本图纸的指北针方向
为假定方向

修改说明

项目负责		
专业负责		
设　计	周艳丽	周艳丽
	孟洁	孟洁
制　图	周艳丽	周艳丽
校　对	孟洁	孟洁
审　核	何礼华	
审　定	黄敏强	

建设单位	
工程名称	小庭院景观工程
子项名称	施工图设计
图　名	平面尺寸图
图　号	ZS-02
比　例	1:30
日　期	2019.03
页　码	03

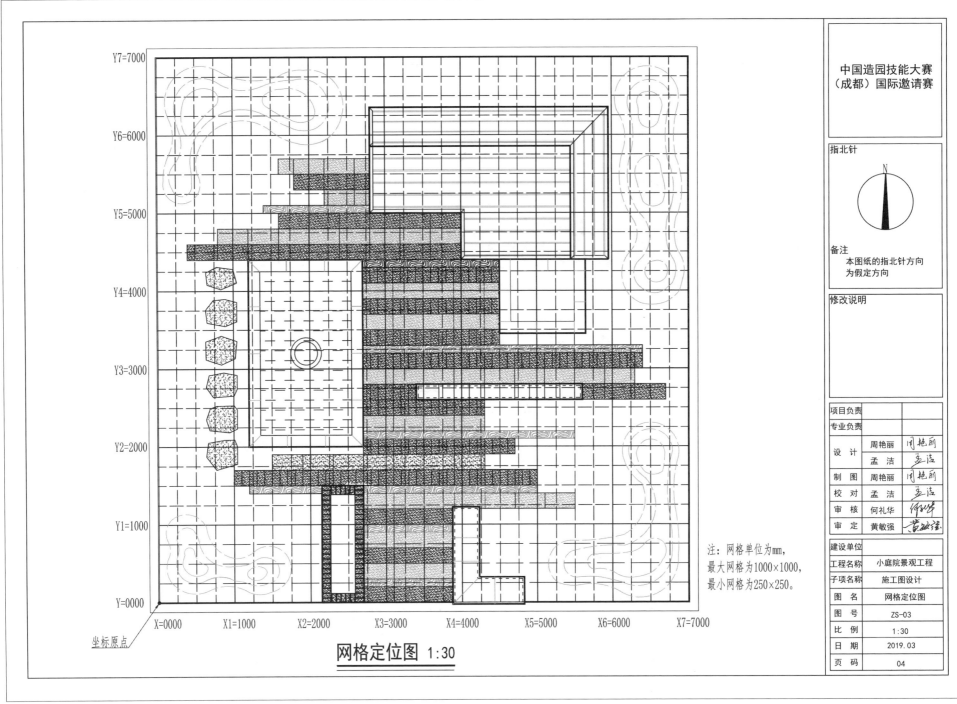

网格定位图 1:30

注：网格单位为mm，
最大网格为1000×1000，
最小网格为250×250。

坐标原点

Y7=7000
Y6=6000
Y5=5000
Y4=4000
Y3=3000
Y2=2000
Y1=1000
Y=0000

X=0000 X1=1000 X2=2000 X3=3000 X4=4000 X5=5000 X6=6000 X7=7000

中国造园技能大赛
（成都）国际邀请赛

指北针

N

备注
本图纸的指北针方向
为假定方向

修改说明

项目负责		
专业负责		
设 计	周艳丽	周艳丽
	孟洁	孟洁
制 图	周艳丽	周艳丽
校 对	孟洁	孟洁
审 核	何礼华	
审 定	黄敏强	

建设单位	
工程名称	小庭院景观工程
子项名称	施工图设计
图 名	网格定位图
图 号	ZS-03
比 例	1:30
日 期	2019.03
页 码	04

竖向标高图 1:30

注：左下角点为竖向
设计参照点±0.000，
标高单位为m。

中国造园技能大赛
（成都）国际邀请赛

指北针

N

备注
本图纸的指北针方向
为假定方向

修改说明

项目负责		
专业负责		
设 计	周艳丽	周艳丽
	孟 洁	孟洁
制 图	周艳丽	周艳丽
校 对	孟 洁	孟洁
审 核	何礼华	
审 定	黄敏强	

建设单位	
工程名称	小庭院景观工程
子项名称	施工图设计
图 名	竖向标高图
图 号	ZS-04
比 例	1:30
日 期	2019.03
页 码	05

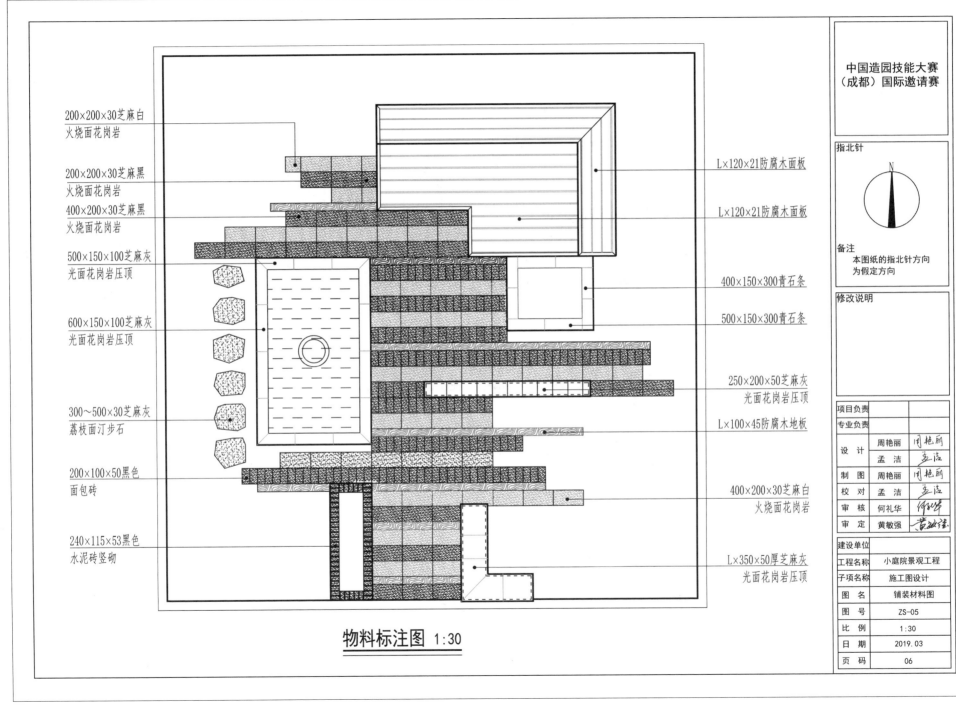

200×200×30芝麻白
火烧面花岗岩

200×200×30芝麻黑
火烧面花岗岩

400×200×30芝麻黑
火烧面花岗岩

500×150×100芝麻灰
光面花岗岩压顶

600×150×100芝麻灰
光面花岗岩压顶

300~500×30芝麻灰
荔枝面汀步石

200×100×50黑色
面包砖

240×115×53黑色
水泥砖竖砌

L×120×21防腐木面板

L×120×21防腐木面板

400×150×300青石条

500×150×300青石条

250×200×50芝麻灰
光面花岗岩压顶

L×100×45防腐木地板

400×200×30芝麻白
火烧面花岗岩

L×350×50厚芝麻灰
光面花岗岩压顶

物料标注图 1:30

中国造园技能大赛
（成都）国际邀请赛

指北针

N

备注
本图纸的指北针方向
为假定方向

修改说明

项目负责		
专业负责		
设 计	周艳丽	周艳丽
	孟 洁	孟洁
制 图	周艳丽	周艳丽
校 对	孟 洁	孟洁
审 核	何礼华	何礼华
审 定	黄敏强	黄敏强

建设单位	
工程名称	小庭院景观工程
子项名称	施工图设计
图 名	铺装材料图
图 号	ZS-05
比 例	1:30
日 期	2019.03
页 码	06

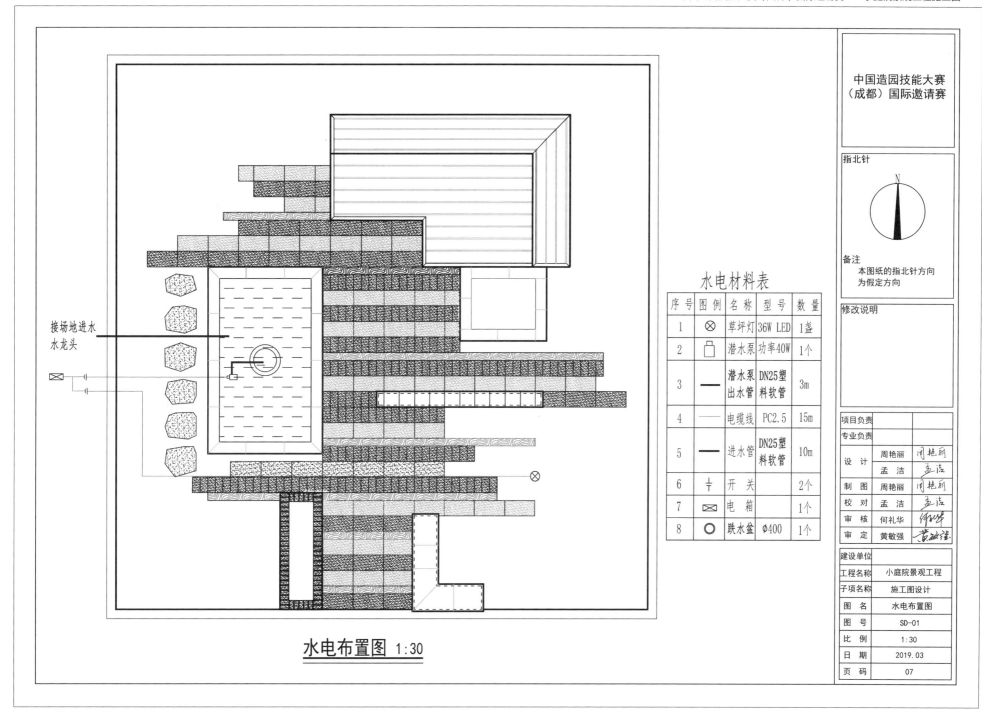

接场地进水
水龙头

水电布置图 1:30

水电材料表

序号	图例	名称	型号	数量
1	⊗	草坪灯	36W LED	1盏
2	⊡	潜水泵	功率40W	1个
3	▬	潜水泵出水管	DN25塑料软管	3m
4	—	电缆线	PC2.5	15m
5	▬	进水管	DN25塑料软管	10m
6	╁	开 关		2个
7	⊠	电 箱		1个
8	○	跌水盆	φ400	1个

中国造园技能大赛
（成都）国际邀请赛

指北针

N

备注
本图纸的指北针方向
为假定方向

修改说明

项目负责			
专业负责			
设 计	周艳丽	周艳丽	
	孟 洁	孟洁	
制 图	周艳丽	周艳丽	
校 对	孟 洁	孟洁	
审 核	何礼华		
审 定	黄敏强		

建设单位	
工程名称	小庭院景观工程
子项名称	施工图设计
图 名	水电布置图
图 号	SD-01
比 例	1:30
日 期	2019.03
页 码	07

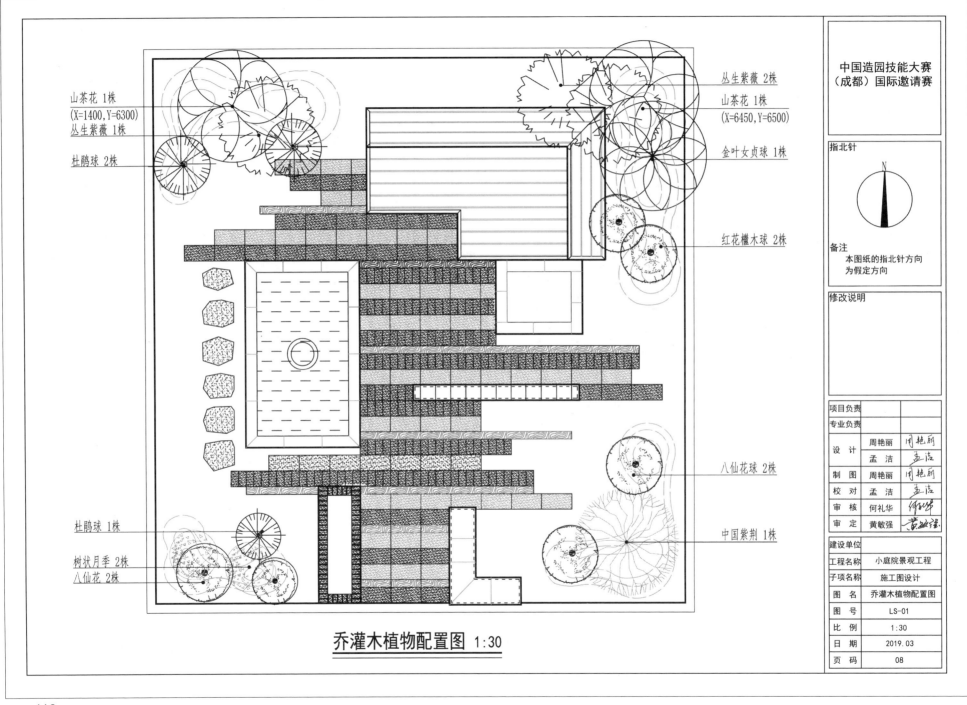

山茶花 1株
(X=1400,Y=6300)
丛生紫薇 1株

杜鹃球 2株

丛生紫薇 2株
山茶花 1株
(X=6450,Y=6500)

金叶女贞球 1株

红花檵木球 2株

八仙花球 2株

杜鹃球 1株

树状月季 2株
八仙花 2株

中国紫荆 1株

乔灌木植物配置图 1:30

中国造园技能大赛
（成都）国际邀请赛

指北针

N

备注
本图纸的指北针方向
为假定方向

修改说明

项目负责		
专业负责		
设 计	周艳丽	周艳丽
	孟洁	孟洁
制 图	周艳丽	周艳丽
校 对	孟洁	孟洁
审 核	何礼华	
审 定	黄敏强	

建设单位	
工程名称	小庭院景观工程
子项名称	施工图设计
图 名	乔灌木植物配置图
图 号	LS-01
比 例	1:30
日 期	2019.03
页 码	08

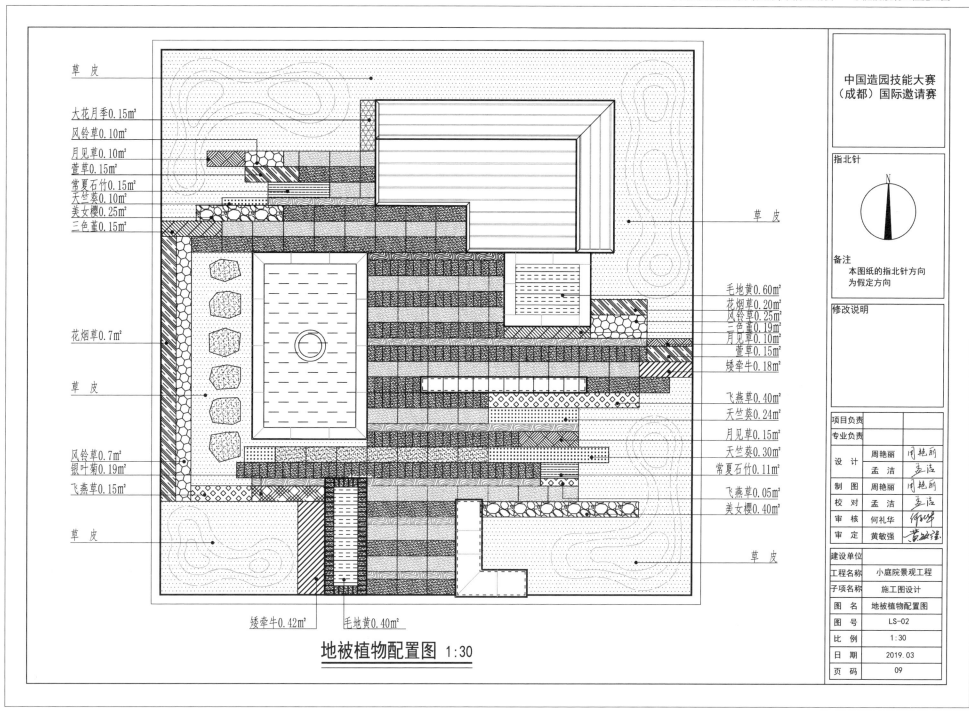

草 皮

大花月季0.15㎡
风铃草0.10㎡
月见草0.10㎡
萱草0.15㎡
常夏石竹0.15㎡
天竺葵0.10㎡
美女樱0.25㎡
三色堇0.15㎡

草 皮

花烟草0.7㎡

草 皮

风铃草0.7㎡
银叶菊0.19㎡

飞燕草0.15㎡

草 皮

草 皮

毛地黄0.60㎡
花烟草0.20㎡
风铃草0.25㎡
三色堇0.19㎡
月见草0.10㎡
萱草0.15㎡
矮牵牛0.18㎡

飞燕草0.40㎡
天竺葵0.24㎡

月见草0.15㎡
天竺葵0.30㎡
常夏石竹0.11㎡

飞燕草0.05㎡
美女樱0.40㎡

草 皮

矮牵牛0.42㎡   毛地黄0.40㎡

地被植物配置图 1:30

中国造园技能大赛
（成都）国际邀请赛

指北针

N

备注

本图纸的指北针方向
为假定方向

修改说明

项目负责		
专业负责		
设 计	周艳丽	周艳丽
	孟洁	孟洁
制 图	周艳丽	周艳丽
校 对	孟洁	孟洁
审 核	何礼华	
审 定	黄敏强	

建设单位	
工程名称	小庭院景观工程
子项名称	施工图设计
图 名	地被植物配置图
图 号	LS-02
比 例	1:30
日 期	2019.03
页 码	09

苗 木 表

序号	图例	名　称	规　格(cm)			数　量	单　位	备注
			胸　径	蓬　径	高　度			
1		山茶花	7-8	180-200	230-250	2	株	独杆
2		中国紫荆		120-150	120-150	1	株	丛生
3		丛生紫薇		120-150	120-150	3	株	丛生
4		**树状月季**		120-150	120-150	2	株	
5		红花檵木球		120-150	120-150	2	株	
6		金叶女贞球		120-150	120-150	1	株	
7		八仙花球		80-100	80-100	2	株	
8		杜鹃球		60-80	60-80	3	株	
9		大花月季		20-30	40-50	0.15	m²	
10		月见草		10-15	20-30	0.35	m²	
11		风铃草		10-15	20-30	1.05	m²	
12		萱草		15-20	25-35	0.20	m²	
13		天竺葵		15-20	25-35	0.64	m²	
14		美女樱		20-25	25-35	0.65	m²	
15		三色堇		10-15	20-30	0.34	m²	
16		花烟草		25-30	50-60	0.90	m²	
17		常夏石竹		15-20	20-30	0.26	m²	
18		银叶菊		15-20	25-35	0.19	m²	
19		毛地黄		25-30	40-50	1.00	m²	
20		矮牵牛		15-20	20-30	0.60	m²	
21		飞燕草		15-20	20-30	0.60	m²	
22		草　皮				14.60	m²	

中国造园技能大赛
（成都）国际邀请赛

指北针

备注

修改说明

项目负责		
专业负责		
设　计	周艳丽	周艳丽
	孟洁	孟洁
制　图	周艳丽	周艳丽
校　对	孟洁	孟洁
审　核	何礼华	
审　定	黄敏强	

建设单位	
工程名称	小庭院景观工程
子项名称	施工图设计
图　名	苗木表
图　号	LS-03
比　例	
日　期	2019.03
页　码	10

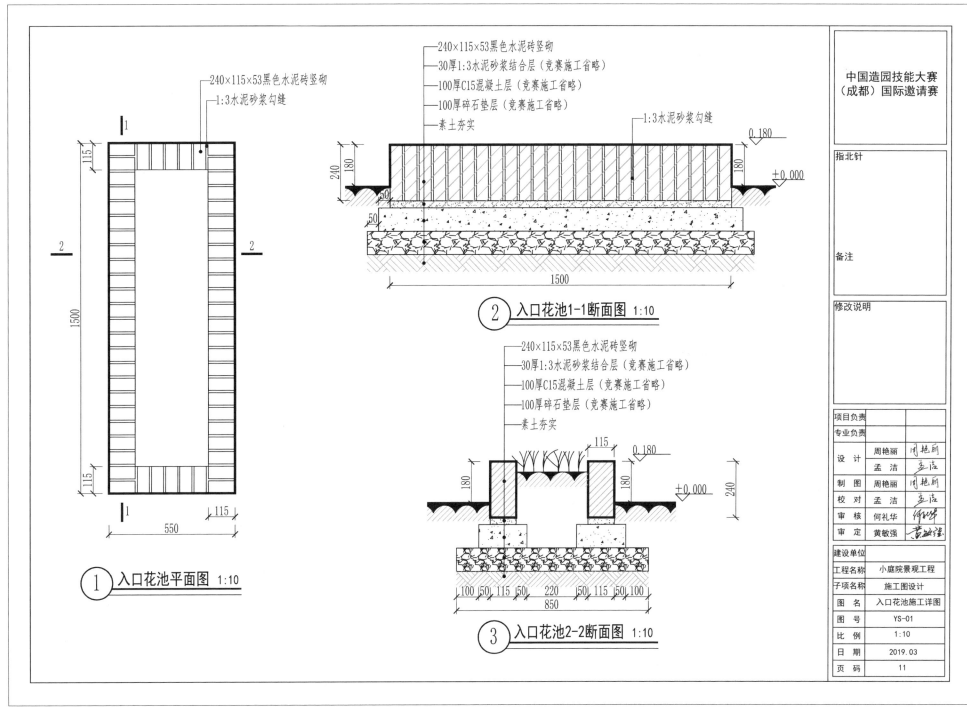

240×115×53黑色水泥砖竖砌
1:3水泥砂浆勾缝

240×115×53黑色水泥砖竖砌
30厚1:3水泥砂浆结合层（竞赛施工省略）
100厚C15混凝土层（竞赛施工省略）
100厚碎石垫层（竞赛施工省略）
素土夯实

1:3水泥砂浆勾缝

0.180
±0.000

② 入口花池1-1断面图 1:10

240×115×53黑色水泥砖竖砌
30厚1:3水泥砂浆结合层（竞赛施工省略）
100厚C15混凝土层（竞赛施工省略）
100厚碎石垫层（竞赛施工省略）
素土夯实

115
0.180
±0.000

100 50 115 50 220 50 115 50 100
850

① 入口花池平面图 1:10

③ 入口花池2-2断面图 1:10

中国造园技能大赛
（成都）国际邀请赛

指北针

备注

修改说明

项目负责		
专业负责		
设 计	周艳丽	周艳丽
	孟 洁	孟洁
制 图	周艳丽	周艳丽
校 对	孟 洁	孟洁
审 核	何礼华	
审 定	黄敏强	

建设单位	
工程名称	小庭院景观工程
子项名称	施工图设计
图 名	入口花池施工详图
图 号	YS-01
比 例	1:10
日 期	2019.03
页 码	11

121

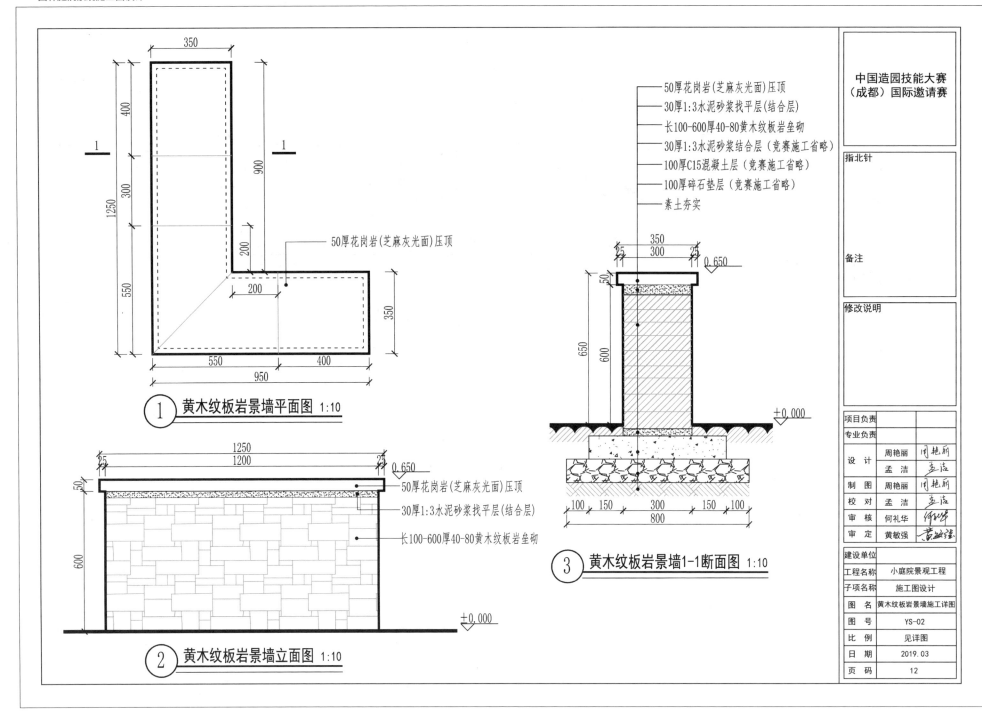

① 黄木纹板岩景墙平面图 1:10

② 黄木纹板岩景墙立面图 1:10

③ 黄木纹板岩景墙1-1断面图 1:10

50厚花岗岩(芝麻灰光面)压顶
30厚1:3水泥砂浆找平层(结合层)
长100-600厚40-80黄木纹板岩垒砌
30厚1:3水泥砂浆结合层（竞赛施工省略）
100厚C15混凝土层（竞赛施工省略）
100厚碎石垫层（竞赛施工省略）
素土夯实

50厚花岗岩(芝麻灰光面)压顶

50厚花岗岩(芝麻灰光面)压顶
30厚1:3水泥砂浆找平层(结合层)
长100-600厚40-80黄木纹板岩垒砌

中国造园技能大赛
（成都）国际邀请赛

指北针

备注

修改说明

项目负责		
专业负责		
设　计	周艳丽	周艳丽
	孟洁	孟洁
制　图	周艳丽	周艳丽
校　对	孟洁	孟洁
审　核	何礼华	何礼华
审　定	黄敏强	黄敏强

建设单位	
工程名称	小庭院景观工程
子项名称	施工图设计
图　名	黄木纹板岩景墙施工详图
图　号	YS-02
比　例	见详图
日　期	2019.03
页　码	12

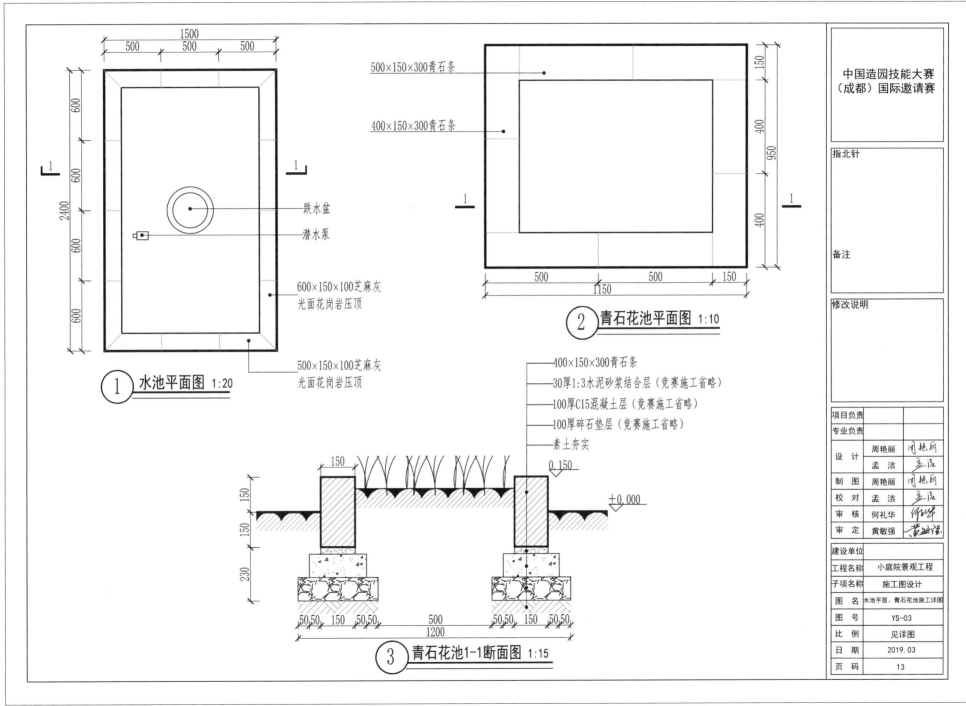

中国造园技能大赛
（成都）国际邀请赛

指北针

备注

修改说明

500×150×300青石条

400×150×300青石条

② 青石花池平面图 1:10

1500
500　500　500

600

600

2400

600

600

跌水盆

潜水泵

600×150×100芝麻灰
光面花岗岩压顶

500×150×100芝麻灰
光面花岗岩压顶

① 水池平面图 1:20

150

400

950

400

500　500　150
1150

400×150×300青石条
30厚1:3水泥砂浆结合层（竞赛施工省略）
100厚C15混凝土层（竞赛施工省略）
100厚碎石垫层（竞赛施工省略）
素土夯实

0.150
±0.000

150

150

150

230

150

50 50　150　50 50　　　500　　　50 50　150　50 50
1200

③ 青石花池1-1断面图 1:15

项目负责		
专业负责		
设 计	周艳丽	周艳丽
	孟 洁	孟洁
制 图	周艳丽	周艳丽
校 对	孟 洁	孟洁
审 核	何礼华	何礼华
审 定	黄敏强	黄敏强

建设单位	
工程名称	小庭院景观工程
子项名称	施工图设计
图 名	水池平面、青石花池施工详图
图 号	YS-03
比 例	见详图
日 期	2019.03
页 码	13

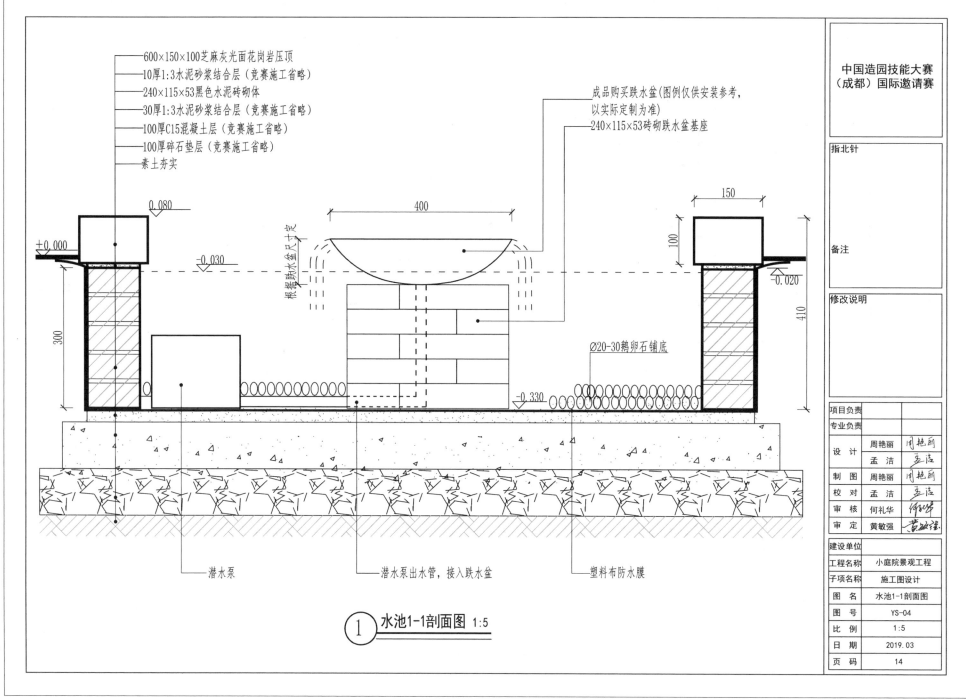

600×150×100芝麻灰光面花岗岩压顶
10厚1:3水泥砂浆结合层（竞赛施工省略）
240×115×53黑色水泥砖砌体
30厚1:3水泥砂浆结合层（竞赛施工省略）
100厚C15混凝土层（竞赛施工省略）
100厚碎石垫层（竞赛施工省略）
素土夯实

成品购买跌水盆(图例仅供安装参考，以实际定制为准)
240×115×53砖砌跌水盆基座

0.080
400
150
±0.000
-0.030
根据跌水盆尺寸定
100
-0.020
300
Ø20-30鹅卵石铺底
410
-0.330

潜水泵
潜水泵出水管，接入跌水盆
塑料布防水膜

① 水池1-1剖面图 1:5

中国造园技能大赛
（成都）国际邀请赛

指北针

备注

修改说明

项目负责		
专业负责		
设 计	周艳丽	周艳丽
	孟 洁	孟洁
制 图	周艳丽	周艳丽
校 对	孟 洁	孟洁
审 核	何礼华	何礼华
审 定	黄敏强	黄敏强

建设单位	
工程名称	小庭院景观工程
子项名称	施工图设计
图 名	水池1-1剖面图
图 号	YS-04
比 例	1:5
日 期	2019.03
页 码	14

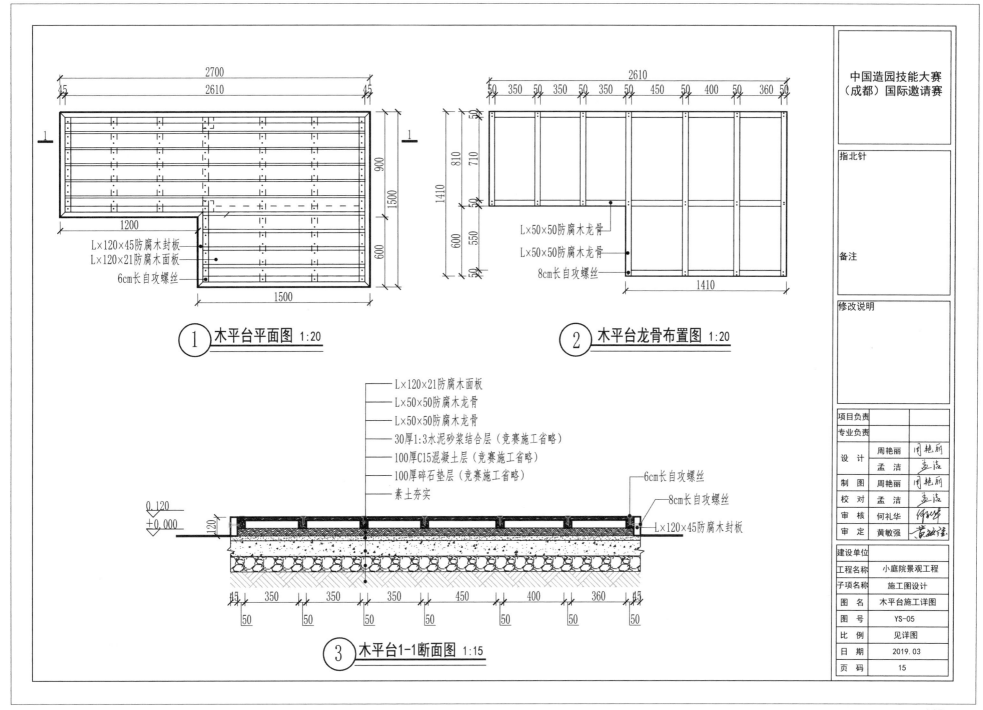

2700
2610
45 · 45

L×120×45防腐木封板
L×120×21防腐木面板
6cm长自攻螺丝

1200
1500
900
1500
600

① 木平台平面图 1:20

2610
50 350 50 350 50 350 50 450 50 400 50 360 50
1410
810 710
600 550

L×50×50防腐木龙骨
L×50×50防腐木龙骨
8cm长自攻螺丝

1410

② 木平台龙骨布置图 1:20

L×120×21防腐木面板
L×50×50防腐木龙骨
L×50×50防腐木龙骨
30厚1:3水泥砂浆结合层（竞赛施工省略）
100厚C15混凝土层（竞赛施工省略）
100厚碎石垫层（竞赛施工省略）
素土夯实

6cm长自攻螺丝
8cm长自攻螺丝
L×120×45防腐木封板

0.120
±0.000
120

45 350 350 350 450 400 360 45
50 50 50 50 50 50 50

③ 木平台1-1断面图 1:15

指北针

备注

修改说明

项目负责		
专业负责		
设 计	周艳丽	周艳丽
	孟洁	孟洁
制 图	周艳丽	周艳丽
校 对	孟洁	孟洁
审 核	何礼华	
审 定	黄敏强	

建设单位	
工程名称	小庭院景观工程
子项名称	施工图设计
图 名	木平台施工详图
图 号	YS-05
比 例	见详图
日 期	2019.03
页 码	15

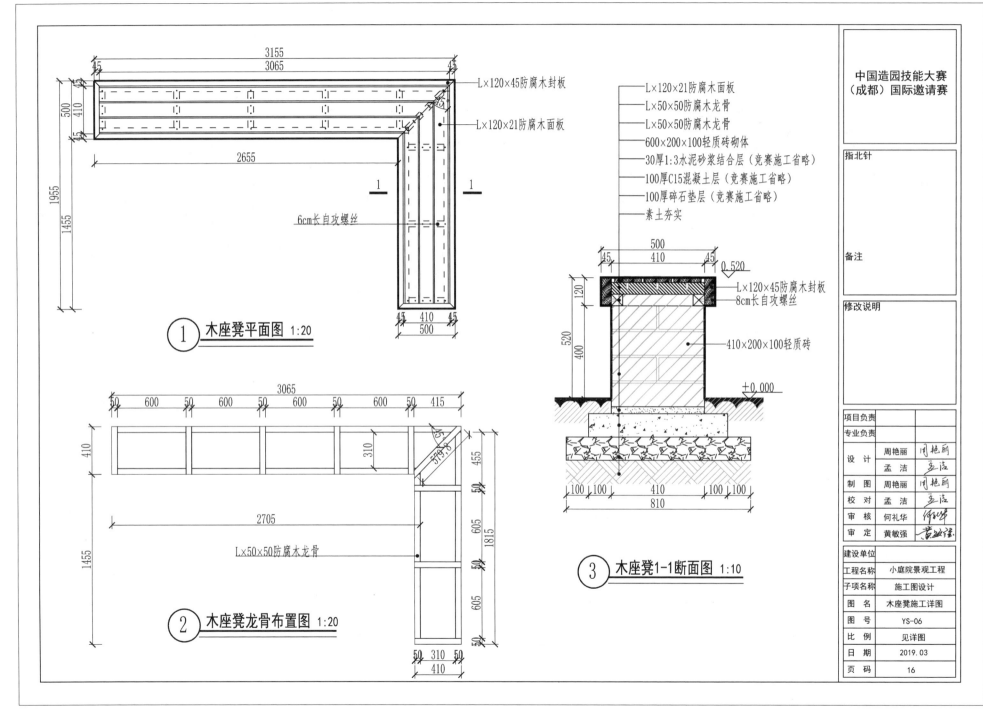

① 木座凳平面图 1:20

L×120×45防腐木封板
L×120×21防腐木面板
6cm长自攻螺丝

3155
3065
45 45
500
410
45
1955
1455
2655
45 410 45
500

② 木座凳龙骨布置图 1:20

3065
50 600 50 600 50 600 50 600 50 415
410
310
455
1455
1815
605
605
2705
50
50
50
50
L×50×50防腐木龙骨
50 310 50
410

L×120×21防腐木面板
L×50×50防腐木龙骨
L×50×50防腐木龙骨
600×200×100轻质砖砌体
30厚1:3水泥砂浆结合层（竞赛施工省略）
100厚C15混凝土层（竞赛施工省略）
100厚碎石垫层（竞赛施工省略）
素土夯实

③ 木座凳1-1断面图 1:10

500
45 410 45
0.520
120
520
400
L×120×45防腐木封板
8cm长自攻螺丝
410×200×100轻质砖
±0.000
100 100 410 100 100
810

中国造园技能大赛
（成都）国际邀请赛

指北针

备注

修改说明

项目负责		
专业负责		
设 计	周艳丽	周艳丽
	孟洁	孟洁
制 图	周艳丽	周艳丽
校 对	孟洁	孟洁
审 核	何礼华	何礼华
审 定	黄敏强	黄敏强

建设单位	
工程名称	小庭院景观工程
子项名称	施工图设计
图 名	木座凳施工详图
图 号	YS-06
比 例	见详图
日 期	2019.03
页 码	16

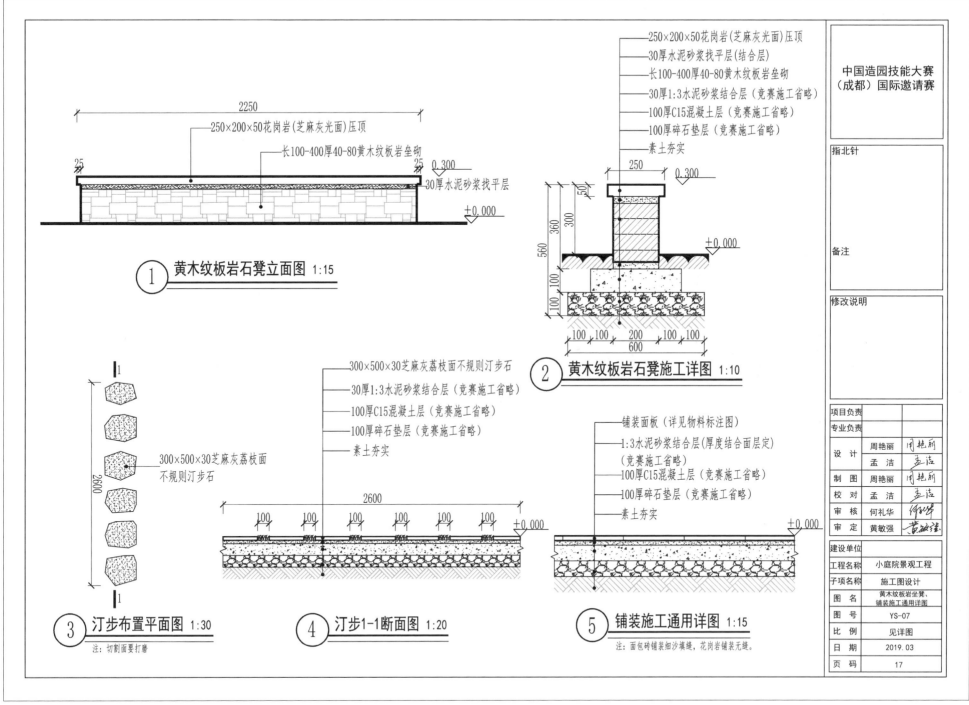

黄木纹板岩石凳立面图 ① 1:15

2250

250×200×50花岗岩(芝麻灰光面)压顶
长100-400厚40-80黄木纹板岩垒砌
30厚水泥砂浆找平层

黄木纹板岩石凳施工详图 ② 1:10

250×200×50花岗岩(芝麻灰光面)压顶
30厚水泥砂浆找平层(结合层)
长100-400厚40-80黄木纹板岩垒砌
30厚1:3水泥砂浆结合层（竞赛施工省略）
100厚C15混凝土层（竞赛施工省略）
100厚碎石垫层（竞赛施工省略）
素土夯实

汀步布置平面图 ③ 1:30

2600

300×500×30芝麻灰荔枝面
不规则汀步石

注：切割面要打磨

汀步1-1断面图 ④ 1:20

300×500×30芝麻灰荔枝面不规则汀步石
30厚1:3水泥砂浆结合层（竞赛施工省略）
100厚C15混凝土层（竞赛施工省略）
100厚碎石垫层（竞赛施工省略）
素土夯实

2600

铺装施工通用详图 ⑤ 1:15

铺装面板（详见物料标注图）
1:3水泥砂浆结合层(厚度结合面层定)（竞赛施工省略）
100厚C15混凝土层（竞赛施工省略）
100厚碎石垫层（竞赛施工省略）
素土夯实

注：面包砖铺装细沙填缝，花岗岩铺装无缝。

指北针

备注

修改说明

项目负责		
专业负责		
设　计	周艳丽	周艳丽
	孟洁	孟洁
制　图	周艳丽	周艳丽
校　对	孟洁	孟洁
审　核	何礼华	
审　定	黄敏强	

建设单位	
工程名称	小庭院景观工程
子项名称	施工图设计
图　名	黄木纹板岩坐凳、铺装施工通用详图
图　号	YS-07
比　例	见详图
日　期	2019.03
页　码	17

4.5 中国造园技能大赛国际邀请赛（49 m²）设计图 –2

彩色效果图详见 P189

2019年"一带一路"造园技能（昌邑）国际邀请赛
"国手杯"造园设计大赛金奖作品

"沁锦园"景观工程设计·施工图册

2019.07

杭州科技職業技術學院
HANGZHOU POLYTECHNIC

		图 纸 目 录			项目 编号	

杭州科技职业技术学院
HangZhou Polytechnic

建设单位		设计阶段	施工图
项目名称 "沁锦园"景观工程施工图设计		专业	景观

序号	编号	图 纸 名 称	图幅	张数	备注
		总 施			
01	ZS-SM	施工图设计说明	A3	1	
02	ZS-01	总平面图	A3	1	比例1:30
03	ZS-02	网格定位图	A3	1	比例1:30
04	ZS-03	平面尺寸图	A3	1	比例1:30
05	ZS-04	竖向设计图	A3	1	比例1:30
06	ZS-05	材料标注图	A3	1	比例1:30
07	ZS-06	平面索引图	A3	1	比例1:30
		园 施			
08	YS-01	景墙详图	A3	1	比例见详图
09	YS-02	景观水池详图	A3	1	比例见详图
10	YS-03	木平台详图	A3	1	比例见详图
11	YS-04	木坐凳详图一	A3	1	比例见详图
12	YS-05	木坐凳详图二	A3	1	比例见详图
13	YS-06	木格栅详图	A3	1	比例见详图
14	YS-07	特色园路、种植池坐凳详图	A3	1	比例见详图
15	YS-08	树池详图	A3	1	比例见详图
16	YS-09	通用图一	A3	1	比例见详图
17	YS-10	通用图二	A3	1	比例见详图
		绿 施			
18	LS-01	植物配置图(乔木)	A3	1	比例1:30
19	LS-02	植物配置图(灌木)	A3	1	比例1:30
20	LS-03	植物苗木表	A3	1	
		水 电			
20	SD-01	水电布置图	A3	1	比例1:30

施 工 图 设 计 说 明

一、工程概况

本工程为"沁锦园"景观工程施工图设计;占地面积49平方米,长7米,宽7米;其中绿化面积24平方米,水景4.1平方米,铺地及木平台14平方米。

二、设计依据

2.1 现行国家颁布的有关工程建设的各类规范、规定与标准;

2.2 赛事主办方提供的有关基地现场的现状资料。

三、设计范围

3.1 花园景观设计(包括定位、材质、节点详图);

3.2 区域内的道路、铺装等硬质景观;

3.3 种植池、休息坐凳等配套景观设施。

四、设计深度

4.1 参照《建筑工程设计文件编制深度的规定》中建筑施工图设计深度要求;

4.2 本设计单位内部技术管理条例中有关规范要求。

五、一般说明

5.1 本工程设计除注明外,图纸中所标的尺寸均以毫米(mm)为单位;标高采用相对标高(业主提供),标高以米(m)为单位;

5.2 除图纸中注明外,本设计所指距地高度均指距离铺装完成面高度;

5.3 本工程设计图纸中均示有图例说明。

六、土建说明

6.1 本工程中,路面铺装见相应的铺装详图,按该产品施工工艺要求施工;

6.2 道路基础要求稳定,如遇软基础,则需采用夯实紧密等方式进行处理;

6.3 木平台尺寸见详图,所有木料均采用防腐木或满浸防腐油,面层木材均做一底三度耐候清漆;

6.4 景观水池的进水口、溢水口、排水坑以及泵坑应设置在池内较隐蔽的地方,要考虑电源、水源、场地排水位置与之关系。

七、种植说明

植物种植应按照"定位→挖种植穴→解除包装物→种植土回填→浇水"这一基本流程进行;草皮铺设前,应对作业面进行一次压实,避免不均匀沉降,草皮铺设完后,还要进行洒水和压实。

八、其他

8.1 本图纸中指北针为假定方向;

8.2 未尽事宜由本设计组解释。

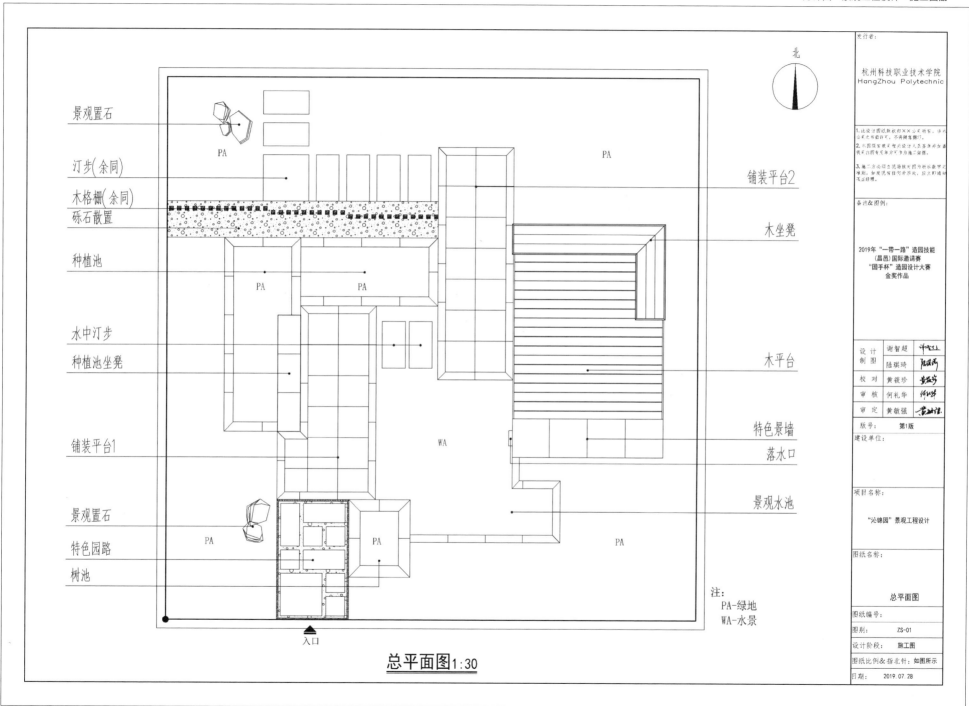

景观置石

汀步(余同)

木格栅(余同)
砾石散置

种植池

水中汀步

种植池坐凳

铺装平台1

景观置石

特色园路

树池

PA

PA

PA

PA

PA

PA

PA

PA

PA

PA

WA

铺装平台2

木坐凳

木平台

特色景墙
落水口

景观水池

注:
PA-绿地
WA-水景

北

入口

总平面图1:30

发行者:

杭州科技职业技术学院
HangZhou Polytechnic

1. 此设计图纸版权归××公司所有,未经公司之书面许可,不得随意翻印。
2. 本图纸只供设计人员签字并加盖设计公司专用章方可于为施工依据。
3. 施工方必须先现场核对图与所示数字之增减,如发现任何许不符原则,应立即通知处理。

备注&图例:

2019年"一带一路"造园技能
(昌邑)国际邀请赛
"国手杯"造园设计大赛
金奖作品

设计	谢智超	
制图	陆琪琦	
校对	黄筱珍	
审核	何礼华	
审定	黄敏强	

版号: 第1版

建设单位:

项目名称:

"沁锦园"景观工程设计

图纸名称:

总平面图

图纸编号:

图别: ZS-01

设计阶段: 施工图

图纸比例&指北针: 如图所示

日期: 2019.07.28

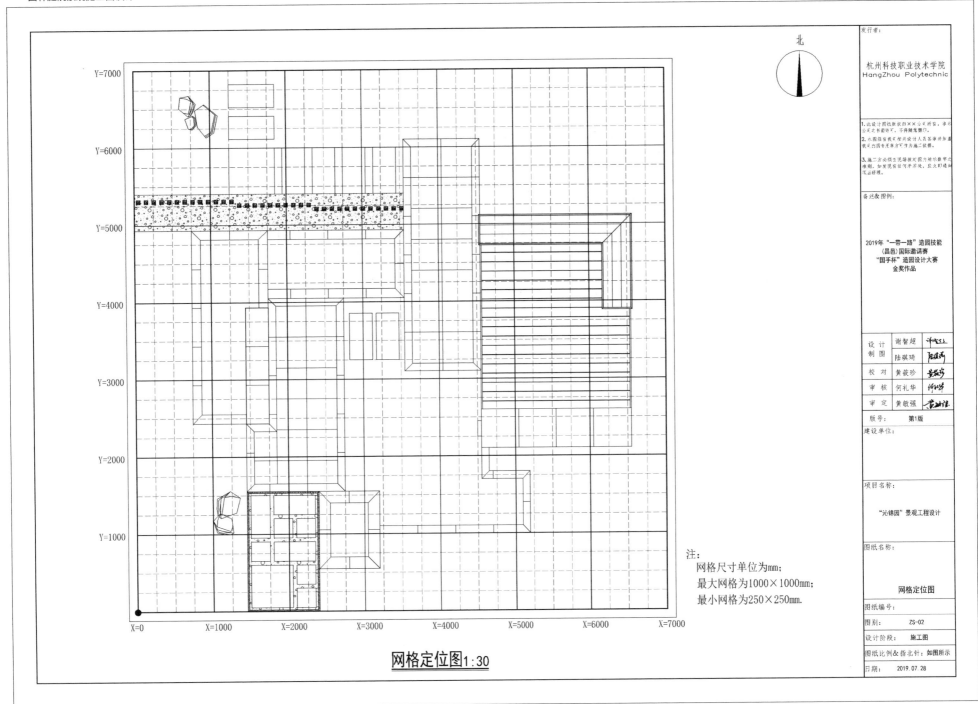

北

杭州科技职业技术学院
HangZhou Polytechnic

发行者：

1. 此设计图纸版权归××公司所有，事公司之书面许可，不得翻印复印。
2. 本图图首被及图纸设计人员签署并加盖设计出图专用章方可作为施工依据。
3. 施工方必须对照墙线对图片所示尺寸之准则，如发现有任何尺寸差处，应立即请相关部处理。

备注&图例：

2019年"一带一路"造园技能
(昌邑)国际邀请赛
"国手杯"造园设计大赛
金奖作品

设 计	谢智超	
制 图	陆琪琦	
校 对	黄筱珍	
审 核	何礼华	
审 定	黄敏强	

版号： 第1版

建设单位：

项目名称：

"沁锦园"景观工程设计

图纸名称：

网格定位图

图纸编号：

图别： ZS-02

设计阶段： 施工图

图纸比例&指北针：如图所示

日期： 2019.07.28

Y=7000
Y=6000
Y=5000
Y=4000
Y=3000
Y=2000
Y=1000

X=0   X=1000   X=2000   X=3000   X=4000   X=5000   X=6000   X=7000

注：
网格尺寸单位为mm；
最大网格为1000×1000mm；
最小网格为250×250mm.

网格定位图1:30

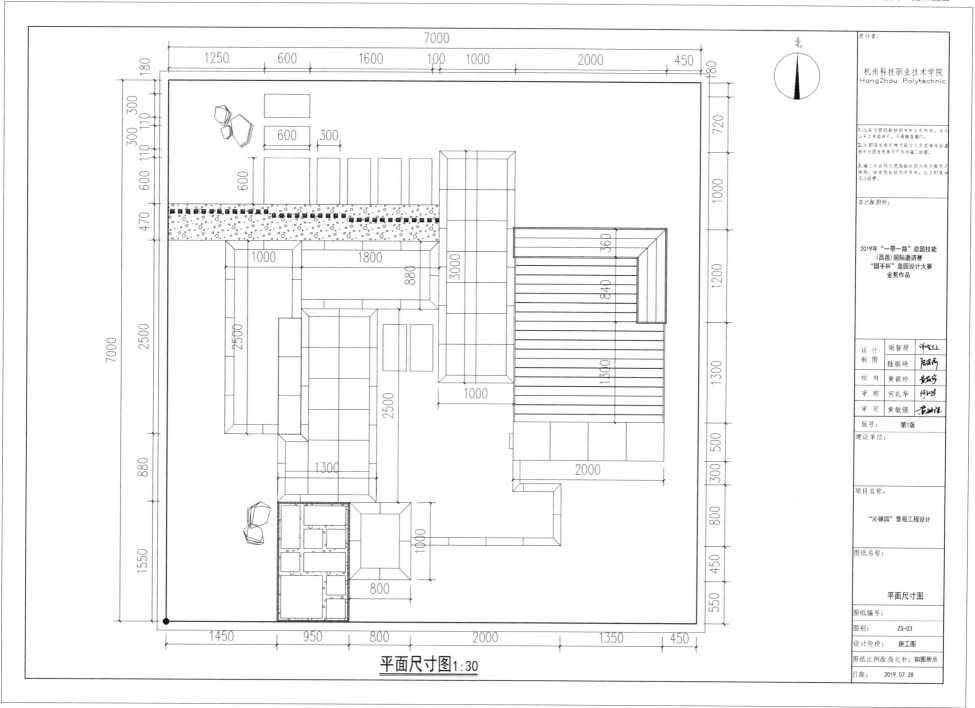

平面尺寸图1:30

发行者:

杭州科技职业技术学院
HangZhou Polytechnic

1. 此设计图纸版权归×× 公司所有, 非本公司文书面许可,不得随意翻印。
2. 本图图纸只是设计人员等身份加盖或此图章是该单方方不为施工依据。
3. 施工方必须生德场核对图内所示数字尺准确,如发现任何尺寸不符,应立即通知毕总经理。

备注 & 图例:

2019年"一带一路"造园技能
(昌邑)国际邀请赛
"国手杯"造园设计大赛
金奖作品

设计 制图	谢智超	
	陆琪琦	
校对	黄筱珍	
审核	何礼华	
审定	黄敏强	

版号: 第1版

建设单位:

项目名称:

"沁锦园"景观工程设计

图纸名称:

平面尺寸图

图纸编号:

图别: ZS-03

设计阶段: 施工图

图纸比例 & 指北针:如图所示

日期: 2019.07.28

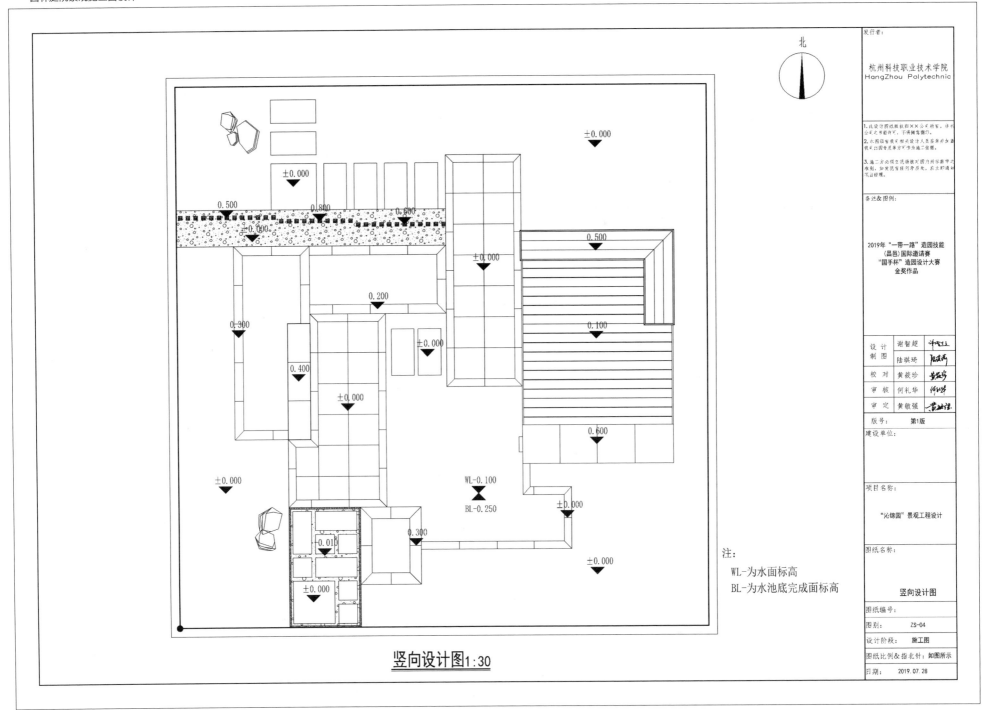

竖向设计图1:30

注:
WL-为水面标高
BL-为水池底完成面标高

发行者:

杭州科技职业技术学院
HangZhou Polytechnic

1. 此设计图纸版权归××公司所有,非经公司之书面许可,不得擅自翻印。
2. 本园项目现可相关设计人员茶前并在最后可出园专卖单方予作为施工值据。
3. 施工方必须生先将模对图力所示数审之水阻,如发现有任何异序处,应立即通知先后辩理。

备注&图例:

2019年"一带一路"造园技能
(昌邑)国际邀请赛
"国手杯"造园设计大赛
金奖作品

设计制图	谢智超	
	陆琪琦	
校对	黄筱珍	
审核	何礼华	
审定	黄敏强	

版号: 第1版

建设单位:

项目名称:

"沁锦园"景观工程设计

图纸名称:

竖向设计图

图纸编号:

图别: ZS-04

设计阶段: 施工图

图纸比例&指北针: 如图所示

日期: 2019.07.28

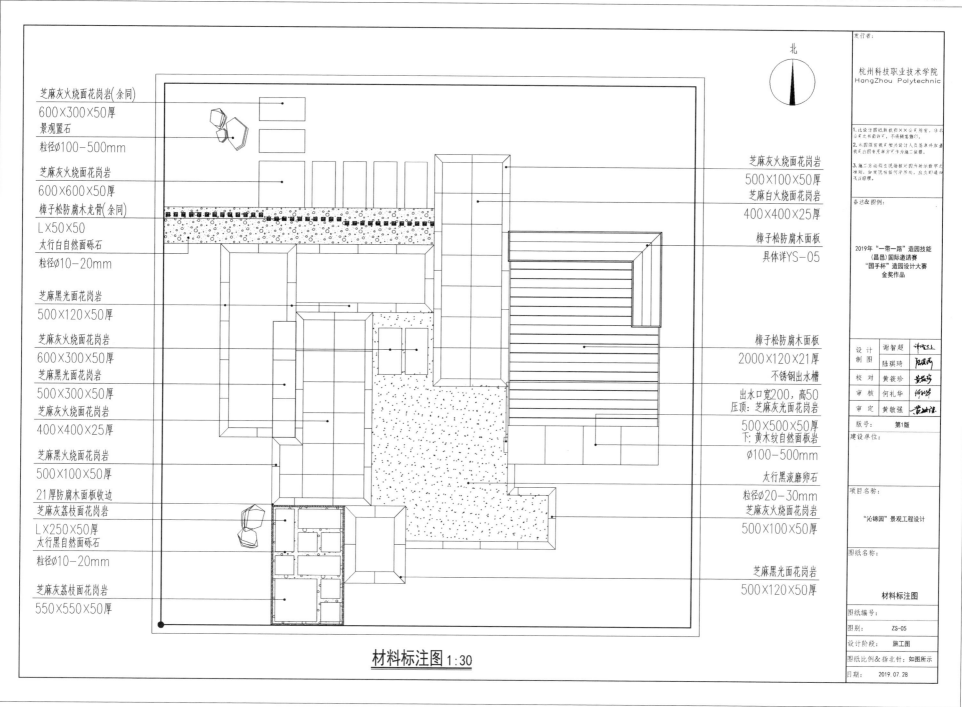

芝麻灰火烧面花岗岩(余同)
600×300×50厚
景观置石
粒径Ø100-500mm

芝麻灰火烧面花岗岩
600×600×50厚
樟子松防腐木龙骨(余同)
L×50×50
太行白自然面砾石
粒径Ø10-20mm

芝麻黑光面花岗岩
500×120×50厚

芝麻灰火烧面花岗岩
600×300×50厚
芝麻黑光面花岗岩
500×300×50厚
芝麻灰火烧面花岗岩
400×400×25厚

芝麻黑火烧面花岗岩
500×100×50厚

21厚防腐木面板收边
芝麻灰荔枝面花岗岩
L×250×50厚
太行黑自然面砾石
粒径Ø10-20mm

芝麻灰荔枝面花岗岩
550×550×50厚

芝麻灰火烧面花岗岩
500×100×50厚
芝麻白火烧面花岗岩
400×400×25厚

樟子松防腐木面板
具体详YS-05

樟子松防腐木面板
2000×120×21厚
不锈钢出水槽
出水口宽200,高50
压顶:芝麻灰光面花岗岩
500×500×50厚
下:黄木纹自然面板岩
Ø100-500mm

太行黑滚磨卵石
粒径Ø20-30mm
芝麻灰火烧面花岗岩
500×100×50厚

芝麻黑光面花岗岩
500×120×50厚

材料标注图 1:30

北

发行者:

杭州科技职业技术学院
HangZhou Polytechnic

1.此设计图纸版权归××公司所有,非本公司之书面许可,不得随意翻印。

2.本图须有设计人员签字加盖我单位出图专用章方可作为施工之依据。

3.施工方必须在现场核对图内所示数字之准确,如发现有任何不符之处,应立即通知我方经理。

备注&图例:

2019年"一带一路"造园技能
(昌邑)国际邀请赛
"国手杯"造园设计大赛
金奖作品

设计	谢智超	谢智超
制图	陆琪琦	陆琪琦
校对	黄筱珍	黄筱珍
审核	何礼华	何礼华
审定	黄敏强	黄敏强

版号: 第1版

建设单位:

项目名称:

"沁锦园"景观工程设计

图纸名称:

材料标注图

图纸编号:

图别: ZS-05

设计阶段: 施工图

图纸比例&指北针: 如图所示

日期: 2019.07.28

园林庭院景观施工图设计

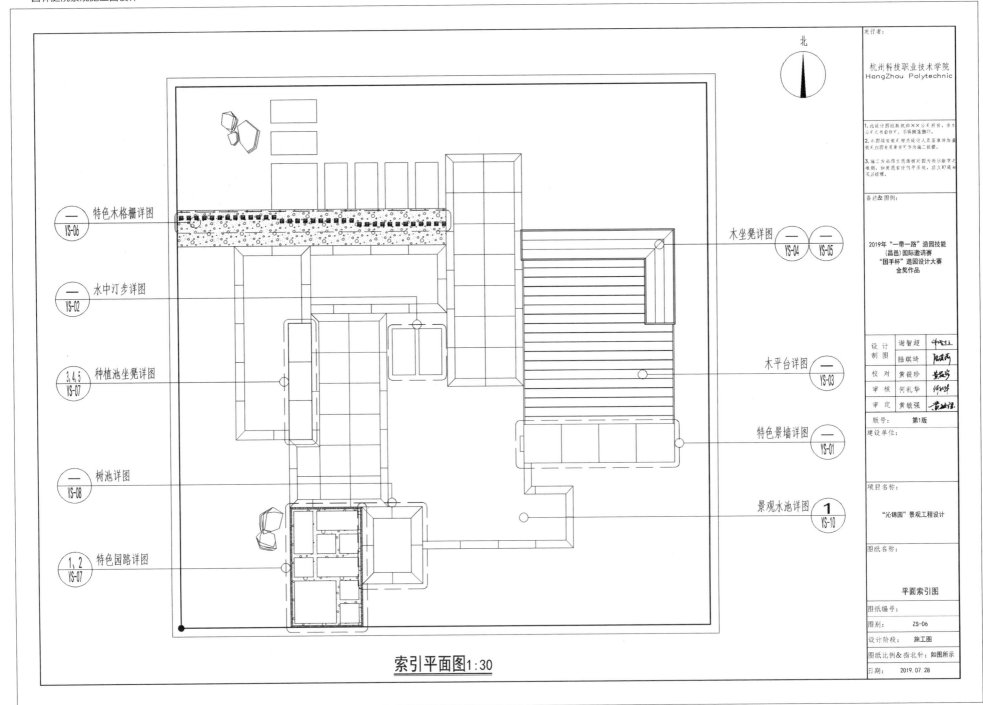

索引平面图1:30

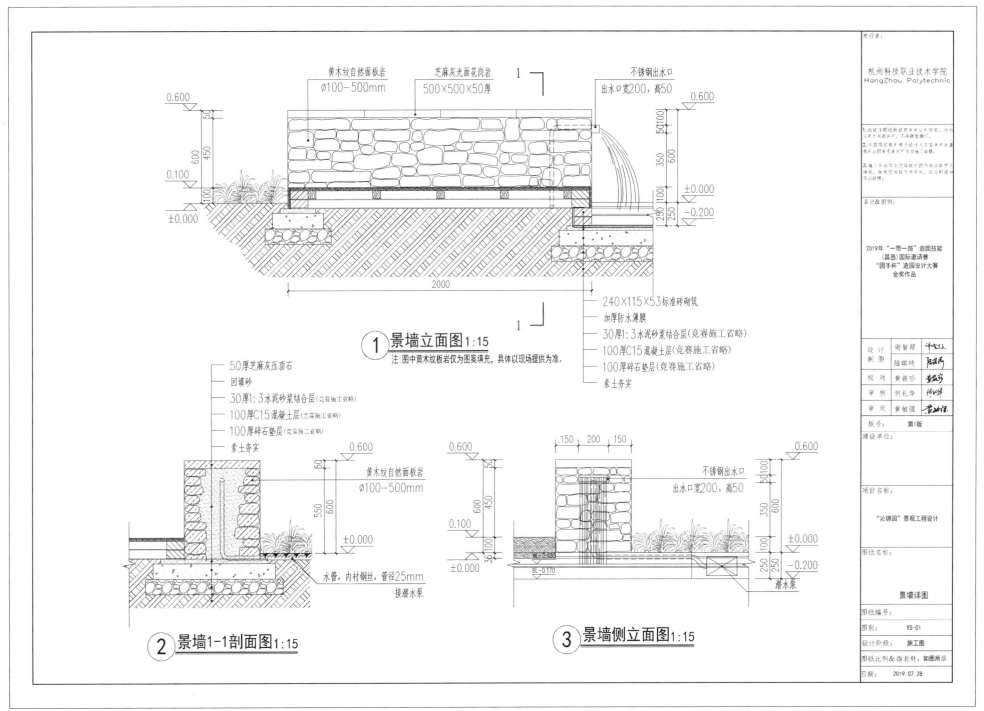

① 景墙立面图 1:15
注:图中黄木纹板岩仅为图案填充,具体以现场提供为准。

黄木纹自然面板岩 Ø100-500mm
芝麻灰光面花岗岩 500×500×50厚
不锈钢出水口 出水口宽200,高50

0.600
0.100
±0.000
0.600
±0.000
-0.200
2000

240×115×53标准砖砌筑
加厚防水薄膜
30厚1:3水泥砂浆结合层(竞赛施工省略)
100厚C15混凝土层(竞赛施工省略)
100厚碎石垫层(竞赛施工省略)
素土夯实

② 景墙1-1剖面图 1:15

50厚芝麻灰压顶石
回填砂
30厚1:3水泥砂浆结合层(竞赛施工省略)
100厚C15混凝土层(竞赛施工省略)
100厚碎石垫层(竞赛施工省略)
素土夯实
黄木纹自然面板岩 Ø100-500mm
0.600
0.100
±0.000
水管,内衬钢丝,管径25mm
接潜水泵

③ 景墙侧立面图 1:15

150 200 150
0.600
0.100
±0.000
-0.200
不锈钢出水口 出水口宽200,高50
BL-0.170
潜水泵

杭州科技职业技术学院
HangZhou Polytechnic

2019年"一带一路"造园技能
(昌邑)国际邀请赛
"国手杯"造园设计大赛
金奖作品

发行者:

备注&图例:

	设 计	谢智超	
制 图	陆琪琦	
校 对	黄筱珍	
审 核	何礼华	
审 定	黄敏强	

版号: 第1版

建设单位:

项目名称: "沁锦园"景观工程设计

图纸名称: 景墙详图

图纸编号:
图别: YS-01
设计阶段: 施工图
图纸比例&指北针: 如图所示
日期: 2019.07.28

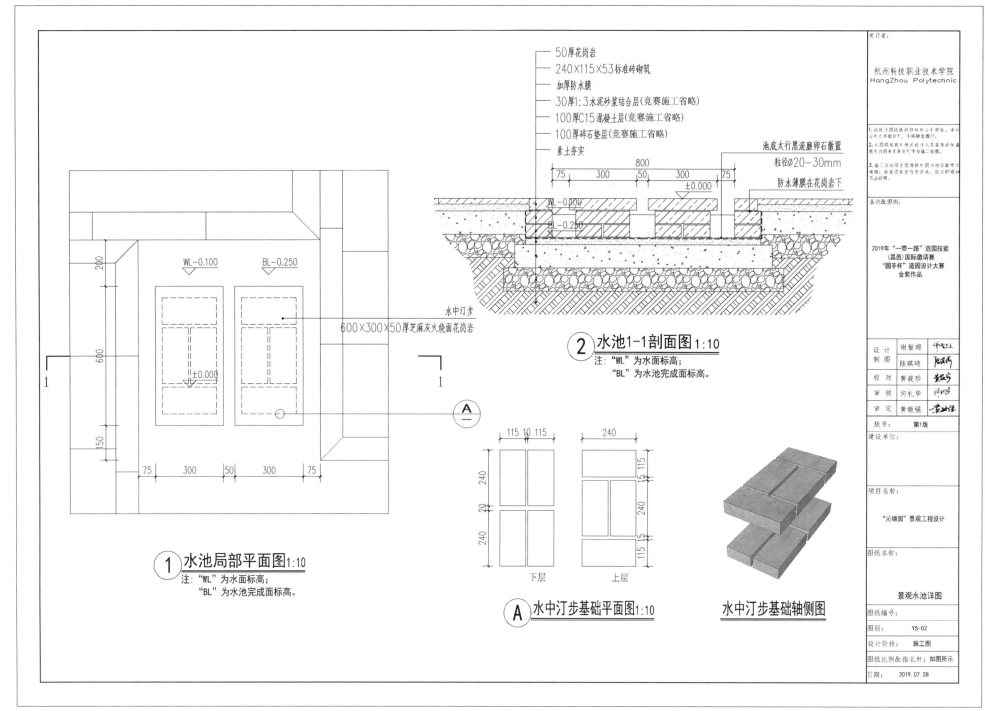

50厚花岗岩
240×115×53标准砖砌筑
加厚防水膜
30厚1:3水泥砂浆结合层(竞赛施工省略)
100厚C15混凝土层(竞赛施工省略)
100厚碎石垫层(竞赛施工省略)
素土夯实

池底太行黑滚磨卵石散置
粒径Ø20-30mm

防水薄膜在花岗岩下

800
75 300 50 300 75

±0.000

WL-0.100
BL-0.250

② 水池1-1剖面图 1:10
注: "WL"为水面标高;
"BL"为水池完成面标高。

水中汀步
600×300×50厚芝麻灰火烧面花岗岩

WL-0.100   BL-0.250

±0.000

200

600

150

75 300 50 300 75

① 水池局部平面图 1:10
注: "WL"为水面标高;
"BL"为水池完成面标高。

115 10 115   240

240   240

20   240

240   115   115

下层   上层

Ⓐ 水中汀步基础平面图 1:10

水中汀步基础轴侧图

发行者:

杭州科技职业技术学院
HangZhou Polytechnic

1.此设计图纸版权归XX公司所有,请与公司之前沟通许可,不得随意翻印。
2.不图纸智数不相关设计人员签准并在备核采用出图专业方可为为施工二版图。
3.施工方必须立凝海按大图方所示数量之槽则,如发现任何任何平原实,应立即通问写自理问。

备注&图例:

2019年"一带一路"造园技能
(昌邑)国际邀请赛
"国手杯"造园设计大赛
金奖作品

设计 制图	谢智超	陆琪琦
校对	黄筱珍	
审核	何礼华	
审定	黄敏强	

版号: 第1版

建设单位:

项目名称:

"沁锦园"景观工程设计

图纸名称:

景观水池详图

图纸编号:

图别: YS-02

设计阶段: 施工图

图纸比例&指北针: 如图所示

日期: 2019.07.28

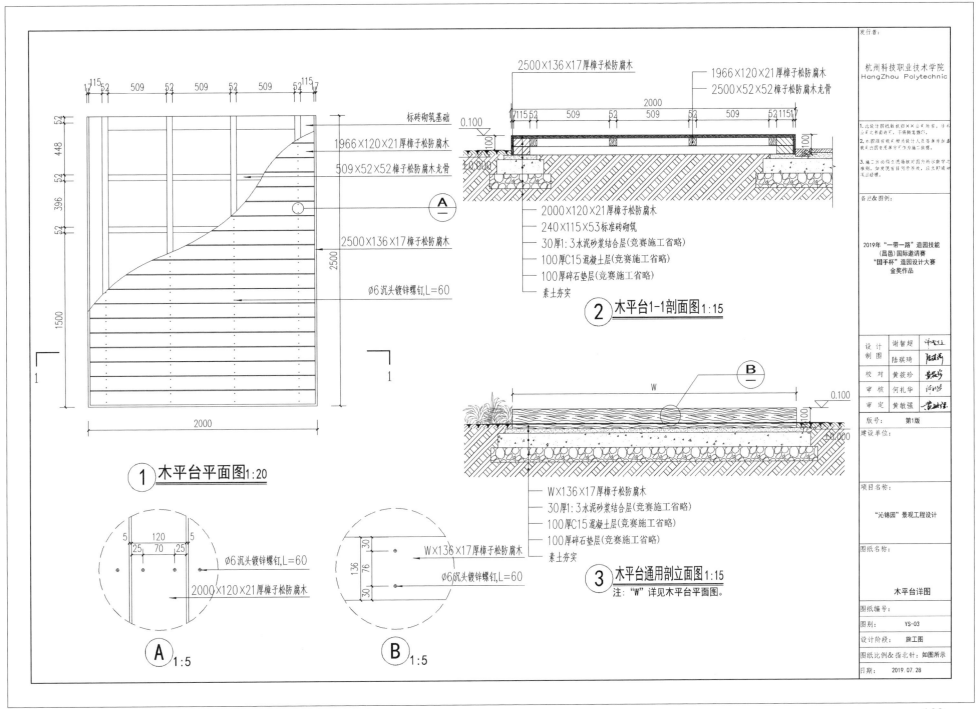

① 木平台平面图 1:20

② 木平台1-1剖面图 1:15

③ 木平台通用剖立面图 1:15
注："W"详见木平台平面图。

平面图标注：
标砖砌筑基础
1966×120×21厚樟子松防腐木
509×52×52樟子松防腐木龙骨
2500×136×17樟子松防腐木
Ø6沉头镀锌螺钉,L=60
2000

剖面图②标注：
2500×136×17厚樟子松防腐木
1966×120×21厚樟子松防腐木
2500×52×52樟子松防腐木龙骨
2000
2000×120×21厚樟子松防腐木
240×115×53标准砖砌筑
30厚1:3水泥砂浆结合层(竞赛施工省略)
100厚C15混凝土层(竞赛施工省略)
100厚碎石垫层(竞赛施工省略)
素土夯实

剖立面图③标注：
W×136×17厚樟子松防腐木
30厚1:3水泥砂浆结合层(竞赛施工省略)
100厚C15混凝土层(竞赛施工省略)
100厚碎石垫层(竞赛施工省略)
素土夯实
W×136×17厚樟子松防腐木

A 1:5 标注：
Ø6沉头镀锌螺钉,L=60
2000×120×21厚樟子松防腐木
120 25 70 25 5 5

B 1:5 标注：
W×136×17厚樟子松防腐木
Ø6沉头镀锌螺钉,L=60
136 76 30 30

发行者：

杭州科技职业技术学院
HangZhou Polytechnic

1.此设计图纸版权归××公司所有，非本公司之书面许可，不得随意翻印。
2.本图纸如有改、增时须设计人员签审并加盖资料出图后请慎重方可作为施工二次修改。
3.施工方必须在思等放现此图为所示数字之准确，如发现有任何不符现象，应及时通知设计。

备注&图例：

2019年"一带一路"造园技能
(昌邑)国际邀请赛
"国手杯"造园设计大赛
金奖作品

设计制图	谢智超
	陆琪琦
校对	黄筱珍
审核	何礼华
审定	黄敏强

版号：第1版

建设单位：

项目名称：
"沁锦园"景观工程设计

图纸名称：
木平台详图

图纸编号：
图别：YS-03
设计阶段：施工图
图纸比例&指北针：如图所示
日期：2019.07.28

园林庭院景观施工图设计

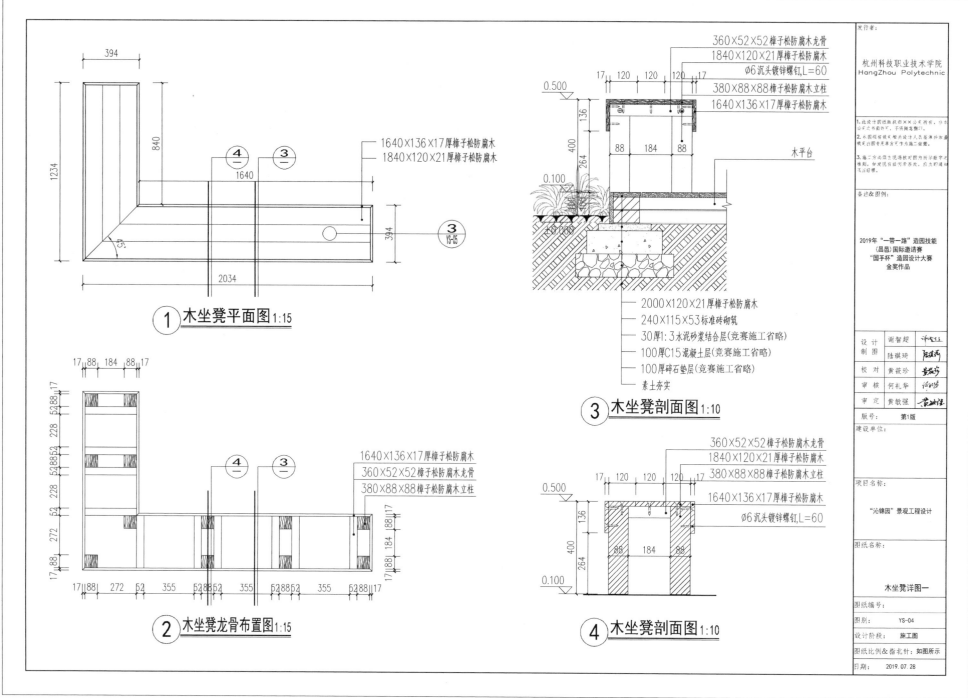

① 木坐凳平面图 1:15

② 木坐凳龙骨布置图 1:15

③ 木坐凳剖面图 1:10

④ 木坐凳剖面图 1:10

1640×136×17厚樟子松防腐木
1840×120×21厚樟子松防腐木

360×52×52樟子松防腐木龙骨
1840×120×21厚樟子松防腐木
Φ6沉头镀锌螺钉,L=60
380×88×88樟子松防腐木立柱
1640×136×17厚樟子松防腐木

木平台

2000×120×21厚樟子松防腐木
240×115×53标准砖砌筑
30厚1:3水泥砂浆结合层(竞赛施工省略)
100厚C15混凝土层(竞赛施工省略)
100厚碎石垫层(竞赛施工省略)
素土夯实

1640×136×17厚樟子松防腐木
360×52×52樟子松防腐木龙骨
380×88×88樟子松防腐木立柱

360×52×52樟子松防腐木龙骨
1840×120×21厚樟子松防腐木
380×88×88樟子松防腐木立柱
1640×136×17厚樟子松防腐木
Φ6沉头镀锌螺钉,L=60

杭州科技职业技术学院
HangZhou Polytechnic

2019年"一带一路"造园技能(昌邑)国际邀请赛"国手杯"造园设计大赛金奖作品

设计 谢智超
制图 陆琪珩
校对 黄筱珍
审核 何礼华
审定 黄敏强

版号: 第1版
建设单位:
项目名称: "沁锦园"景观工程设计
图纸名称: 木坐凳详图一
图纸编号:
图别: YS-04
设计阶段: 施工图
图纸比例&指北针: 如图所示
日期: 2019.07.28

140

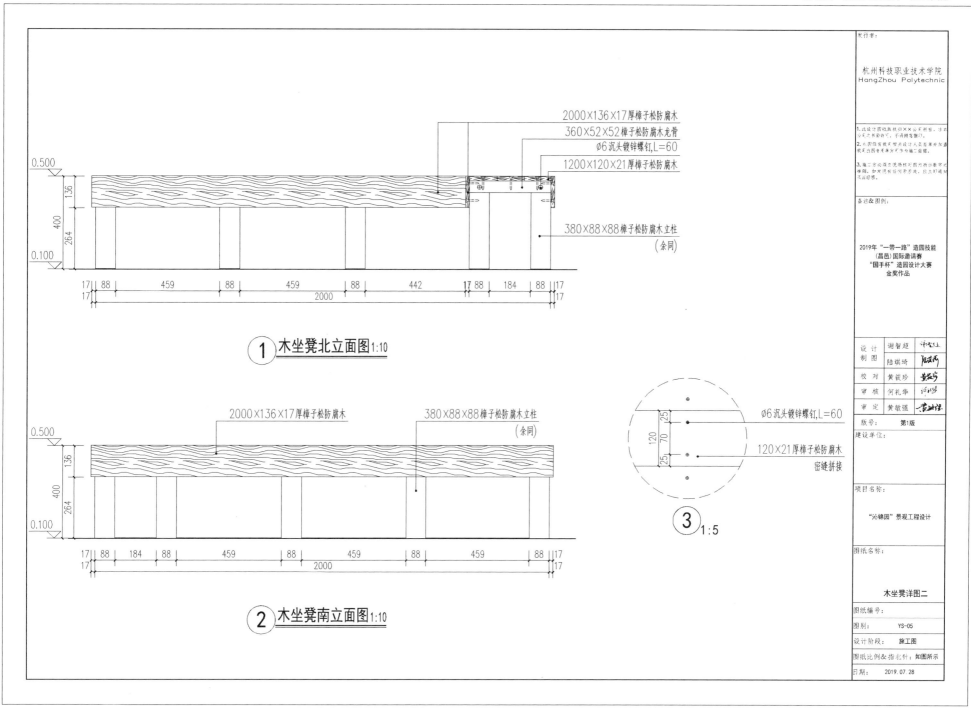

2000×136×17厚樟子松防腐木

360×52×52樟子松防腐木龙骨

Ø6沉头镀锌螺钉,L=60

1200×120×21厚樟子松防腐木

0.500

136

400

264

0.100

380×88×88樟子松防腐木立柱
(余同)

17 88 459 88 459 88 442 17 88 184 88 17
17 2000 17

① 木坐凳北立面图 1:10

2000×136×17厚樟子松防腐木

380×88×88樟子松防腐木立柱
(余同)

0.500

136

400

264

0.100

17 88 184 88 459 88 459 88 459 88 17
17 2000 17

② 木坐凳南立面图 1:10

Ø6沉头镀锌螺钉,L=60

120×21厚樟子松防腐木
密缝拼接

25
120 70
25

③ 1:5

发行者:

杭州科技职业技术学院
HangZhou Polytechnic

1.此设计纸版权归××公司所有,未经公司之书面许可,不得随意翻印。

2.本图纸有载有相关设计人员签章并与通栏至出图者请承担不予专业之咨询。

3.施工方须在现场核对图纸所示数字尺寸后,如有图样任何差异处,应立即通知有关经办。

备注&图例:

2019年"一带一路"造园技能
(昌邑)国际邀请赛
"国手杯"造园设计大赛
金奖作品

设 计 制 图	谢智超	
	陆琪琦	
校 对	黄筱珍	
审 核	何礼华	
审 定	黄敏强	

版号: 第1版

建设单位:

项目名称:

"沁锦园"景观工程设计

图纸名称:

木坐凳详图二

图纸编号:

图别: YS-05

设计阶段: 施工图

图纸比例&指北针: 如图所示

日期: 2019.07.28

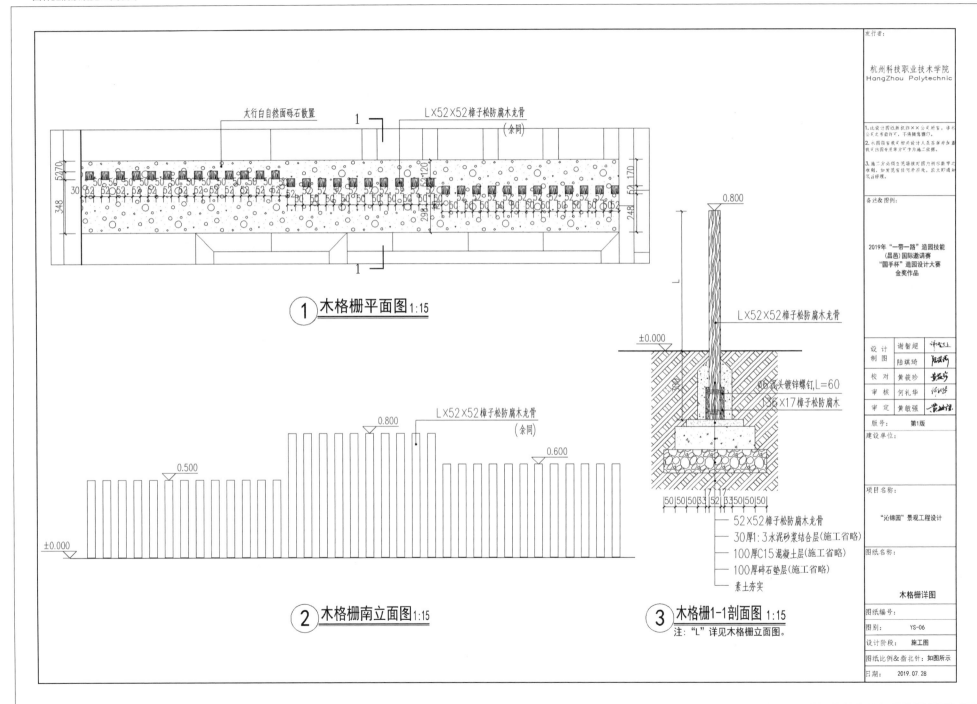

太行白自然面砾石散置　　　LX52×52樟子松防腐木龙骨
（余同）

① 木格栅平面图 1:15

LX52×52樟子松防腐木龙骨
（余同）

0.800

0.500

0.600

±0.000

② 木格栅南立面图 1:15

0.800

±0.000

LX52×52樟子松防腐木龙骨

Φ5沉头镀锌螺钉,L=60
36×17樟子松防腐木

52×52樟子松防腐木龙骨
30厚1:3水泥砂浆结合层(施工省略)
100厚C15混凝土层(施工省略)
100厚碎石垫层(施工省略)
素土夯实

③ 木格栅1-1剖面图 1:15
注:"L"详见木格栅立面图。

发行者:

杭州科技职业技术学院
HangZhou Polytechnic

1.此设计图纸版权归××公司所有，非经
公司正式书面许可，不得擅自翻印。
2.本图纸需我们相关设计人员签字并加盖
我司出图专用章方可予为施工依据。
3.施工方必须仔细核对本图纸所示数据与
准则，如发现有任何疑问处，应立即通知
我司核理。

备注&图例:

2019年"一带一路"造园技能
(昌邑)国际邀请赛
"国手杯"造园设计大赛
金奖作品

设 计	谢智超	
制 图	陆琪琦	
校 对	黄筱珍	
审 核	何礼华	
审 定	黄敏强	

版号: 第1版
建设单位:

项目名称:

"沁锦园"景观工程设计

图纸名称:

木格栅详图

图纸编号:
图别: YS-06
设计阶段: 施工图
图纸比例&指北针: 如图所示
日期: 2019.07.28

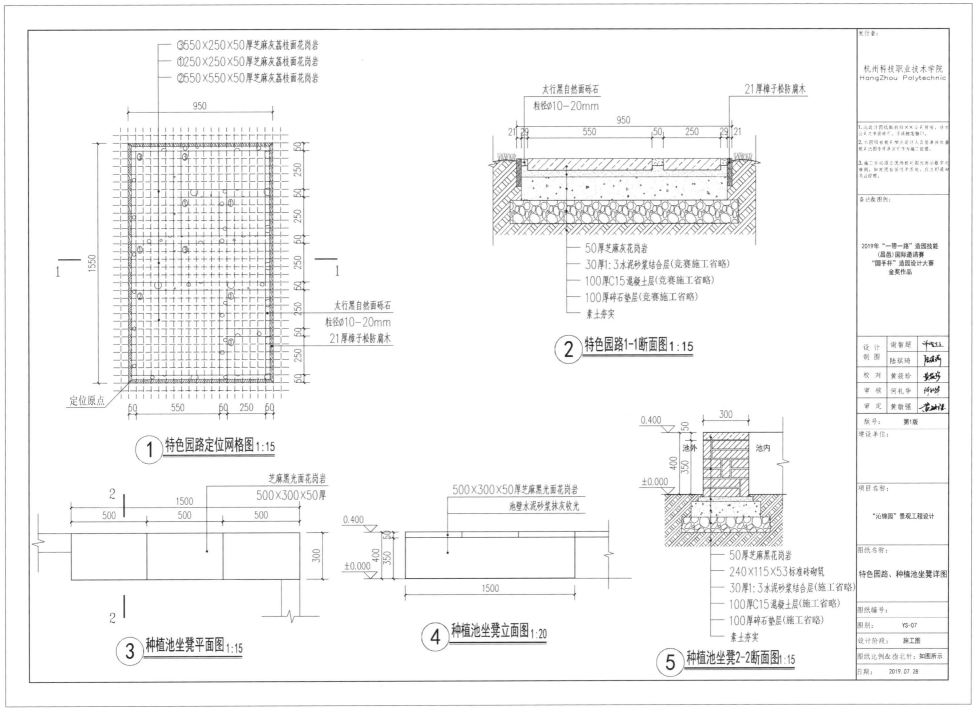

③550×250×50厚芝麻灰荔枝面花岗岩
①250×250×50厚芝麻灰荔枝面花岗岩
②550×550×50厚芝麻灰荔枝面花岗岩

太行黑自然面砾石
粒径Ø10-20mm
21厚樟子松防腐木

定位原点

① 特色园路定位网格图 1:15

太行黑自然面砾石
粒径Ø10-20mm   21厚樟子松防腐木

50厚芝麻灰花岗岩
30厚1:3水泥砂浆结合层(竞赛施工省略)
100厚C15混凝土层(竞赛施工省略)
100厚碎石垫层(竞赛施工省略)
素土夯实

② 特色园路1-1断面图 1:15

芝麻黑光面花岗岩
500×300×50厚

③ 种植池坐凳平面图 1:15

500×300×50厚芝麻黑光面花岗岩
池壁水泥砂浆抹灰收光

④ 种植池坐凳立面图 1:20

池外   池内

50厚芝麻黑花岗岩
240×115×53标准砖砌筑
30厚1:3水泥砂浆结合层(施工省略)
100厚C15混凝土层(施工省略)
100厚碎石垫层(施工省略)
素土夯实

⑤ 种植池坐凳2-2断面图 1:15

发行者:

杭州科技职业技术学院
HangZhou Polytechnic

1.此设计图纸版权归××公司所有,非经公司之书面许可,不得擅自复印。
2.本图仅供有关专业设计人员参考并加盖相关公司图章方可作为的施工图使用。
3.施工方必须注意现场板大图内所示数字之增加,如发现有任何不妥处,及时通知相关公司解决。

备注&图例:

2019年"一带一路"造园技能
(昌邑)国际邀请赛
"国手杯"造园设计大赛
金奖作品

设 计	谢智超	
制 图	陆琪琦	
校 对	黄筱珍	
审 核	何礼华	
审 定	黄敏强	

版号: 第1版

建设单位:

项目名称:

"沁锦园"景观工程设计

图纸名称:

特色园路、种植池坐凳详图

图纸编号:

图别: YS-07

设计阶段: 施工图

图纸比例&指北针: 如图所示

日期: 2019.07.28

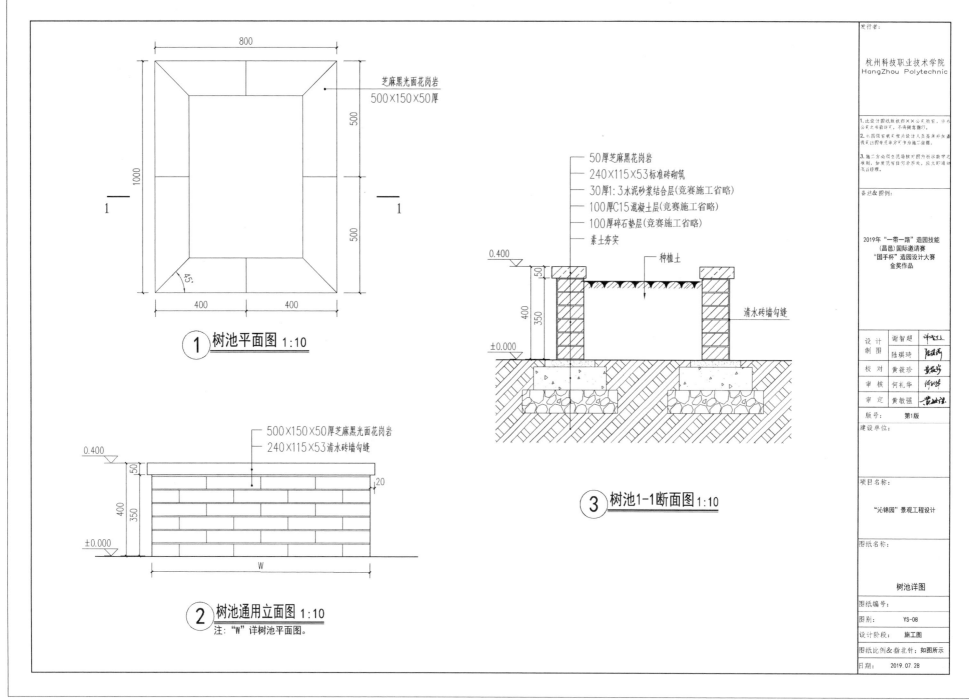

芝麻黑光面花岗岩
500×150×50厚

① 树池平面图 1:10

50厚芝麻黑花岗岩
240×115×53标准砖砌筑
30厚1:3水泥砂浆结合层(竞赛施工省略)
100厚C15混凝土层(竞赛施工省略)
100厚碎石垫层(竞赛施工省略)
素土夯实

种植土

清水砖墙勾缝

③ 树池1-1断面图 1:10

500×150×50厚芝麻黑光面花岗岩
240×115×53清水砖墙勾缝

② 树池通用立面图 1:10
注:"W"详树池平面图。

发行者:

杭州科技职业技术学院
HangZhou Polytechnic

1. 此设计图纸版权归××公司所有,非本公司允许不得擅自翻印。
2. 本图版有误只需由设计人员签字审核后,施工方可照图并经过甲方二次复核。
3. 施工方必须以混凝土板轴线为所承数字之准则,如发现有任何不符原处,及立即通知处理。

备注&图例:

2019年"一带一路"造园技能(昌邑)国际邀请赛"国手杯"造园设计大赛金奖作品

设计	谢智超	
制图	陆琪玮	
校对	黄筱珍	
审核	何礼华	
审定	黄敏强	

版号: 第1版

建设单位:

项目名称:

"沁锦园"景观工程设计

图纸名称:

树池详图

图纸编号:
图别: YS-08
设计阶段: 施工图
图纸比例&指北针: 如图所示
日期: 2019.07.28

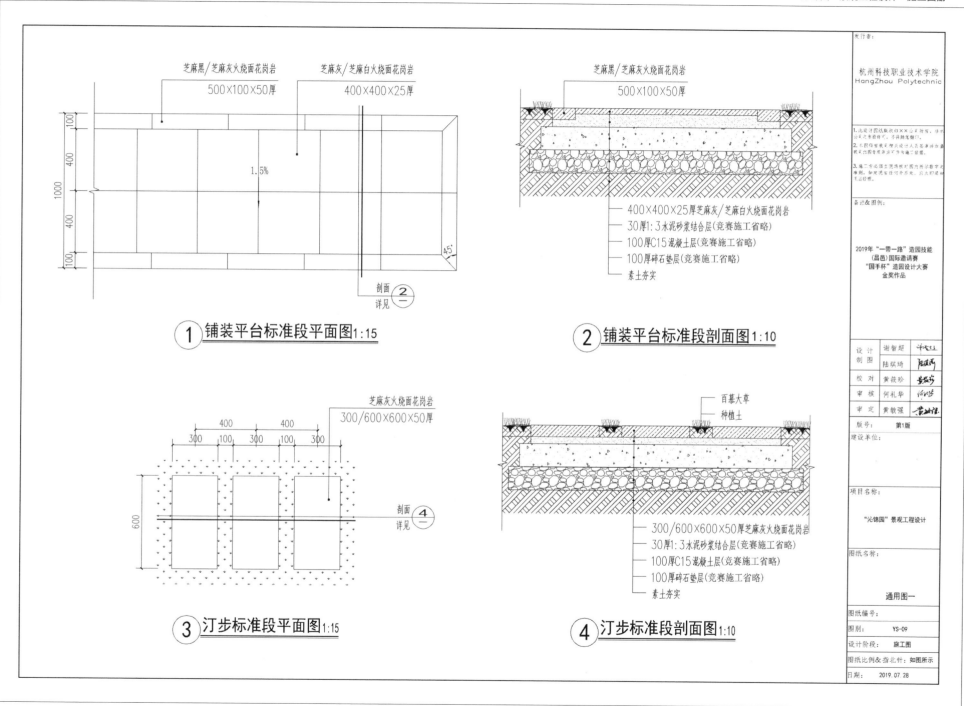

芝麻黑/芝麻灰火烧面花岗岩
500×100×50厚

芝麻灰/芝麻白火烧面花岗岩
400×400×25厚

1.5%

45°

剖面 ②
详见 ①

① 铺装平台标准段平面图1:15

芝麻黑/芝麻灰火烧面花岗岩
500×100×50厚

—400×400×25厚芝麻灰/芝麻白火烧面花岗岩
—30厚1:3水泥砂浆结合层(竞赛施工省略)
—100厚C15混凝土层(竞赛施工省略)
—100厚碎石垫层(竞赛施工省略)
—素土夯实

② 铺装平台标准段剖面图1:10

芝麻灰火烧面花岗岩
300/600×600×50厚

400 400
300 100 300 100 300

600

剖面 ④
详见 ①

③ 汀步标准段平面图1:15

百慕大草
种植土

—300/600×600×50厚芝麻灰火烧面花岗岩
—30厚1:3水泥砂浆结合层(竞赛施工省略)
—100厚C15混凝土层(竞赛施工省略)
—100厚碎石垫层(竞赛施工省略)
—素土夯实

④ 汀步标准段剖面图1:10

发行者:

杭州科技职业技术学院
HangZhou Polytechnic

1.此设计图纸版权归××公司所有,非本
公司之书面许可,不得随意翻印。
2.本图纸有现可增此设计人员签署并加盖
版权出图公章方才予作有施工图用。
3.施工方必须以混凝结构图所示数字为
准则,如发现有任何非系统,及人即说通知
无出错误。

备注&图例:

2019年"一带一路"造园技能
(昌邑)国际邀请赛
"国手杯"造园设计大赛
金奖作品

设计 制图	谢智超	
	陆珮琦	
校对	黄筱珍	
审核	何礼华	
审定	黄敏强	

版号: 第1版

建设单位:

项目名称:

"沁锦园"景观工程设计

图纸名称:

通用图一

图纸编号:
图别: YS-09
设计阶段: 施工图
图纸比例&指北针:如图所示
日期: 2019.07.28

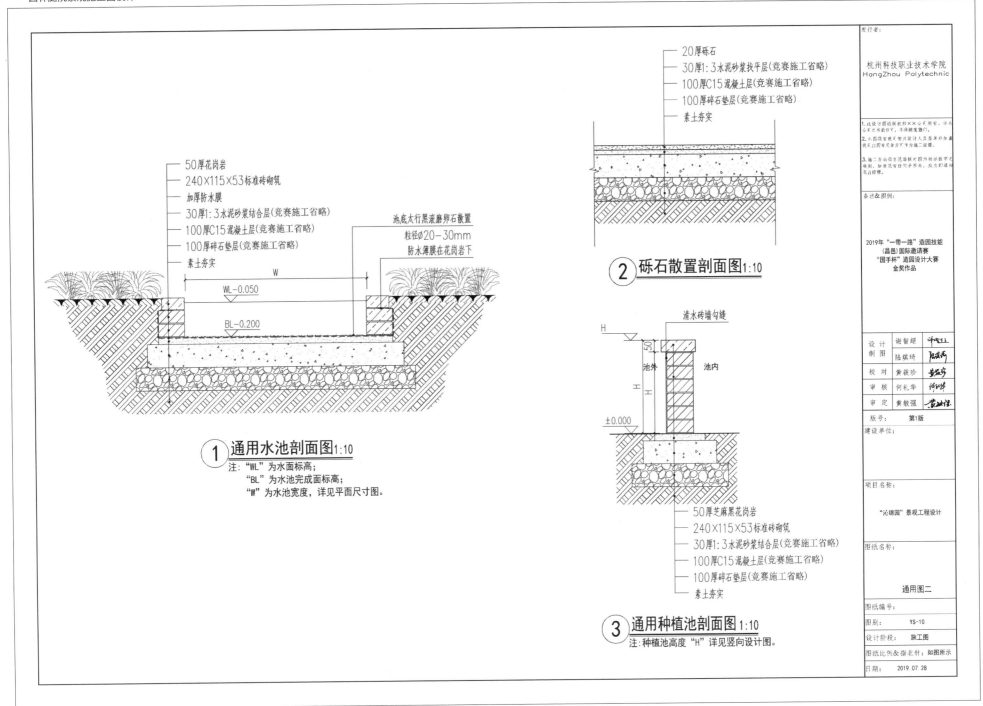

20厚砾石
30厚1:3水泥砂浆找平层(竞赛施工省略)
100厚C15混凝土层(竞赛施工省略)
100厚碎石垫层(竞赛施工省略)
素土夯实

② **砾石散置剖面图** 1:10

50厚花岗岩
240×115×53标准砖砌筑
加厚防水膜
30厚1:3水泥砂浆结合层(竞赛施工省略)
100厚C15混凝土层(竞赛施工省略)
100厚碎石垫层(竞赛施工省略)
素土夯实

池底太行黑滚磨卵石散置
粒径Ø20-30mm
防水薄膜在花岗岩下

W
WL-0.050
BL-0.200

① **通用水池剖面图** 1:10
注:"WL"为水面标高;
"BL"为水池完成面标高;
"W"为水池宽度,详见平面尺寸图。

清水砖墙勾缝
H
50
池外   池内
±0.000

50厚芝麻黑花岗岩
240×115×53标准砖砌筑
30厚1:3水泥砂浆结合层(竞赛施工省略)
100厚C15混凝土层(竞赛施工省略)
100厚碎石垫层(竞赛施工省略)
素土夯实

③ **通用种植池剖面图** 1:10
注:种植池高度"H"详见竖向设计图。

发行者:

杭州科技职业技术学院
HangZhou Polytechnic

1、此设计范围权构由××公司所有,未经
公司之书面许可,不得随意施行。

2、本图纸若需与业主设计人员签署并加盖
或以此图章采准定方为施二依据。

3、施工方必须注意每根柱图外所示尽寸之
增减,如发现有任何矛盾处,应立即通知
有言理。

备注&图例:

2019年"一带一路"造园技能
(昌邑)国际邀请赛
"国手杯"造园设计大赛
金奖作品

设 计 谢智超
制 图 陆琪琦
校 对 黄筱珍
审 核 何礼华
审 定 黄敏强

版号: 第1版

建设单位:

项目名称:

"沁锦园"景观工程设计

图纸名称:

通用图二

图纸编号:

图别: YS-10

设计阶段: 施工图

图纸比例&指北针:如图所示

日期: 2019.07.28

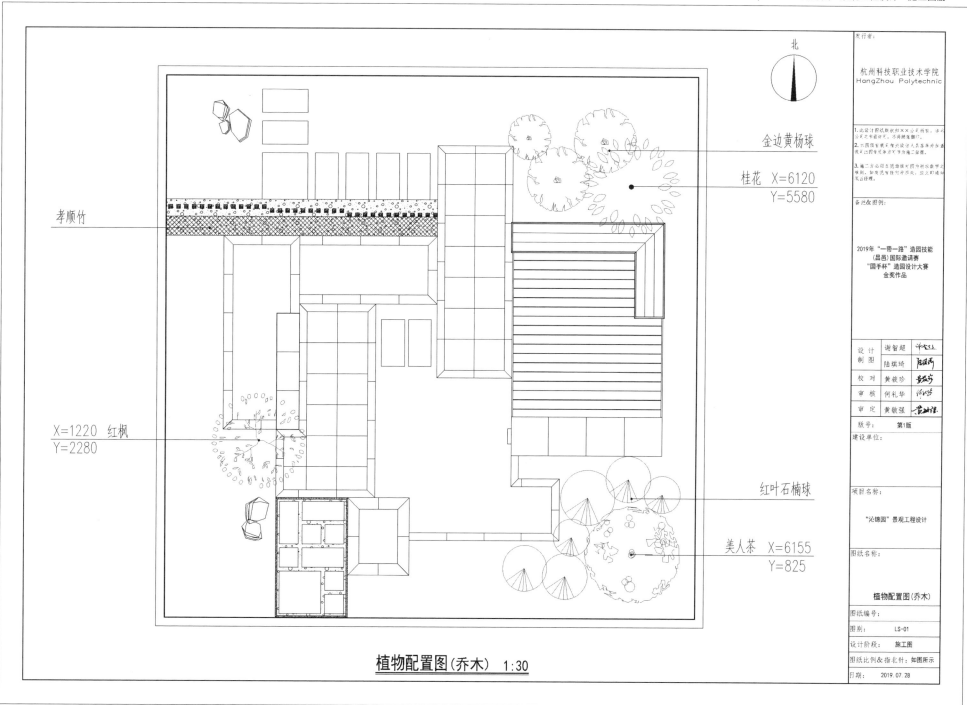

北

金边黄杨球

桂花　X=6120
Y=5580

孝顺竹

X=1220　红枫
Y=2280

红叶石楠球

美人茶　X=6155
Y=825

植物配置图（乔木） 1:30

发行者：

杭州科技职业技术学院
HangZhou Polytechnic

1.此设计图纸版权归XX公司所有，任何公司未书面许可，不得擅自翻印。
2.本图纸版权归属设计人员各自的外加绘图出图内申请若干事为二级储存。
3.施工方应按生凝结核对图内所示数字之增别，如发现有任何异常处，应立即通知我方经理。

备注&图例：

2019年"一带一路"造园技能
（昌邑）国际邀请赛
"国手杯"造园设计大赛
金奖作品

设 计 制 图	谢智超	
	陆琪琦	
校 对	黄筱珍	
审 核	何礼华	
审 定	黄敏强	
版号：	第1版	
建设单位：		

项目名称：

"沁锦园"景观工程设计

图纸名称：

植物配置图（乔木）

图纸编号：

图别：	LS-01
设计阶段：	施工图
图纸比例&指北针：	如图所示
日期：	2019.07.28

147

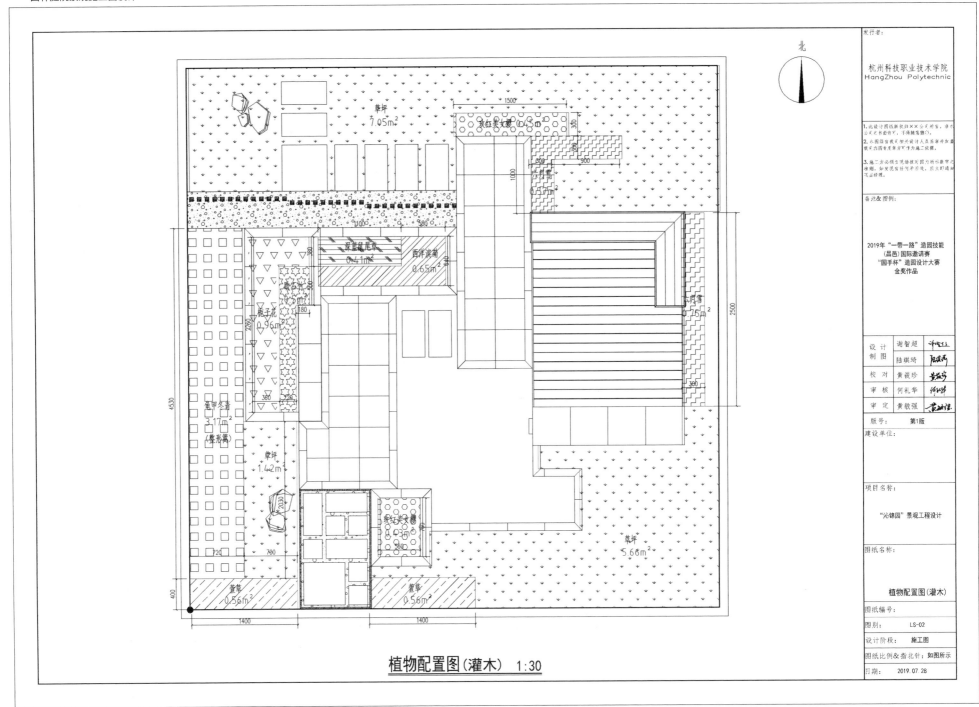

北

杭州科技职业技术学院
HangZhou Polytechnic

草坪
7.05m²

玫红美女樱 0.45m²

1500

1010

2500

凉蓝鼠尾草
0.41m²

西洋滨菊
0.65m²

月季
15m²

磊石榴
0.72m²

栀子花
0.96m²

龟甲冬青
3.17m²
（整形篱）

草坪
1.42m²

玫红美女樱
0.45m²

草坪
5.68m²

萱草
0.56m²

萱草
0.56m²

2019年"一带一路"造园技能
（昌邑）国际邀请赛
"国手杯"造园设计大赛
金奖作品

设计 制图	谢智超	
	陆琪琦	
校对	黄筱珍	
审核	何礼华	
审定	黄敏强	
版号：	第1版	
建设单位：		

项目名称：

"沁锦园"景观工程设计

图纸名称：

植物配置图（灌木）

图纸编号：

图别：　LS-02

设计阶段：　施工图

图纸比例&指北针：如图所示

日期：　2019.07.28

植物配置图（灌木） 1:30

苗 木 表

杭州科技职业技术学院
HangZhou Polytechnic

2019年"一带一路"造园技能
（昌邑）国际邀请赛
"国手杯"造园设计大赛
金奖作品

序号	图例	名称	规格（cm）			数量	单位	备注
			胸径	蓬径	高度			
1		红枫	7-8	180-200	230-250	1	株	独杆
2		美人茶	7-8	180-200	230-250	1	株	独杆
3		桂花	8-10	180-200	230-250	1	株	
4		金边黄杨		130-150	130-150	3	株	
5		红叶石楠		130-150	130-150	6	株	
6		孝顺竹	2-3	100-120	200-250	20	丛	10杆一丛
7		六月雪		50-60	70-80	1.32	㎡	
8		深蓝鼠尾草		15-20	20-30	0.41	㎡	
9		西洋滨菊		20-25	25-30	0.65	㎡	
10		欧石竹		15-20	20-30	0.5	㎡	
11		龟甲冬青		30-40	40-50	3.17	㎡	
12		玫红美女樱		20-25	20-25	0.88	㎡	
13		萱草		15-20	20-25	1.12	㎡	
14		草皮				14.13	㎡	

设计 制图 谢智超 陆琪琦
校对 黄筱珍
审核 何礼华
审定 黄敏强
版号：第1版
项目名称："沁锦园"景观工程设计
图纸名称：植物苗木表
图别：LS-03
设计阶段：施工图
日期：2019.07.28

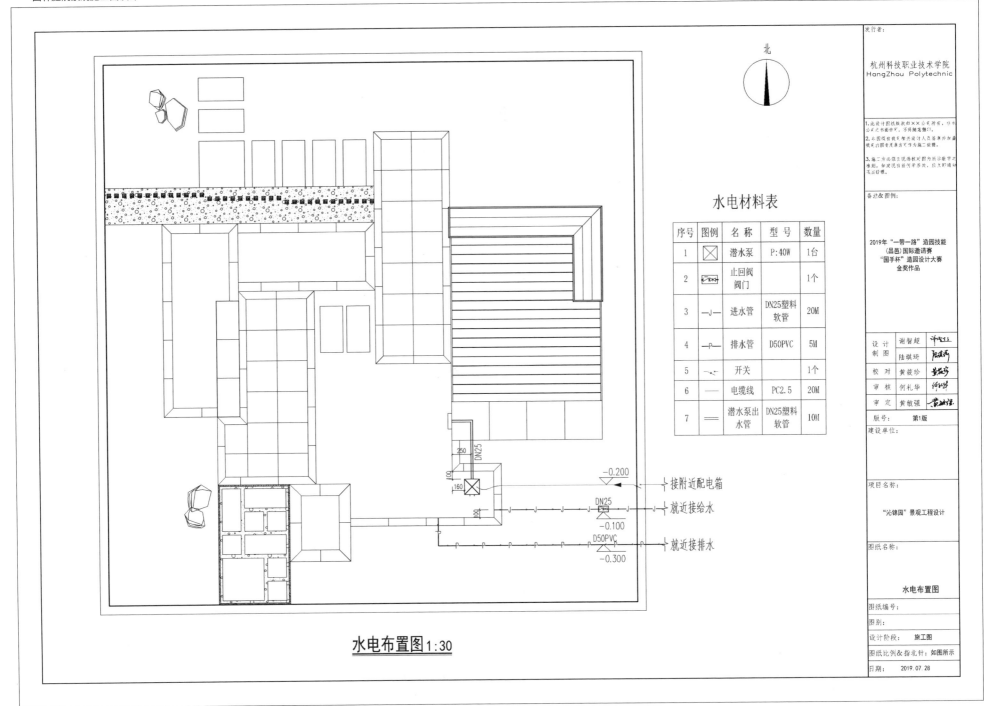

北

杭州科技职业技术学院
HangZhou Polytechnic

1.此设计图纸版权归××公司所有，非本公司之书面许可，不得随意翻印。
2.本图纸有被未经设计人员签字并加盖设计公司专用章方可作为施工依据。
3.施工方应仔细阅读核对图内所示数字之准则，如发现有任何不符原处，应立即通知完善目标。

备注&图例：

2019年"一带一路"造园技能（昌邑）国际邀请赛
"国手杯"造园设计大赛
金奖作品

水电材料表

序号	图例	名称	型号	数量
1	⊠	潜水泵	P:40W	1台
2	▷⊲	止回阀阀门		1个
3	—J—	进水管	DN25塑料软管	20M
4	—P—	排水管	D50PVC	5M
5	∿	开关		1个
6	—	电缆线	PC2.5	20M
7	═	潜水泵出水管	DN25塑料软管	10M

设计制图	谢智起	
	陆琪琦	
校对	黄筱珍	
审核	何礼华	
审定	黄敏强	

版号：　第1版

建设单位：

项目名称：

"沁锦园"景观工程设计

图纸名称：

水电布置图

图纸编号：

图别：

设计阶段：　施工图

图纸比例&指北针：如图所示

日期：　2019.07.28

DN25

250
100
160

−0.200
接附近配电箱

DN25
就近接给水
−0.100

D50PVC
就近接排水
−0.300

水电布置图 1:30

4.6 高档别墅庭院（68 m²）景观工程设计图

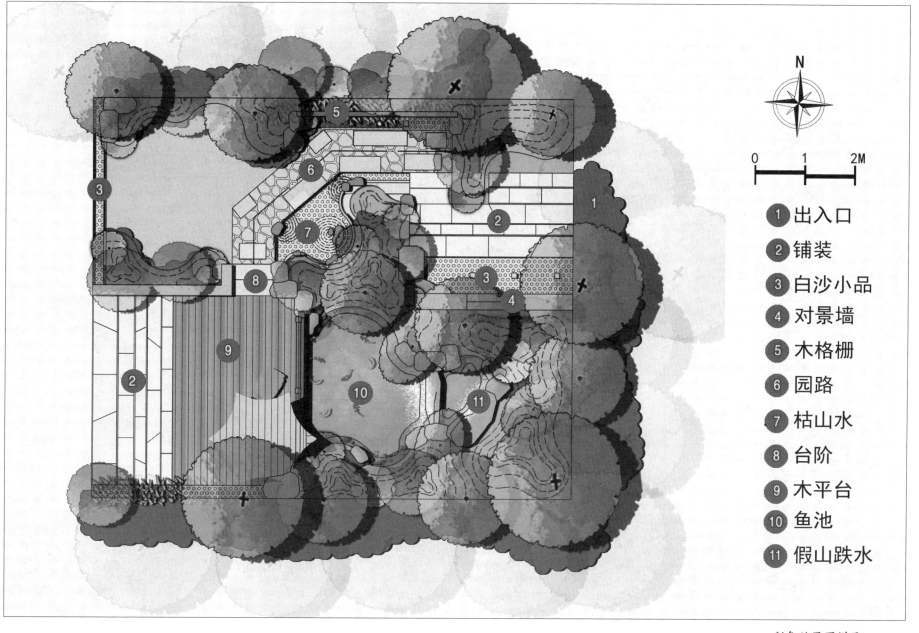

N

0　　1　　2M

1 出入口
2 铺装
3 白沙小品
4 对景墙
5 木格栅
6 园路
7 枯山水
8 台阶
9 木平台
10 鱼池
11 假山跌水

彩色效果图详见 P190

彩色效果图详见P191

"清泉石涧"庭院景观工程设计

——施工图

2019年10月

杭州凰家园林景观有限公司
HANGZHOU PHOENIX GARDEN LANDSCAPE CO., LTD.

编 制	李传效	李传效	第1页
校 对	陈 飞	陈飞	共2页

杭州凰家园林景观有限公司
HANGZHOU PHOENIX GARDEN LANDSCAPE CO., LTD.

编 制	李传效	李传效	第2页
校 对	陈 飞	陈飞	共2页

设计与施工说明

一、工程概况

1. 工程名称："清泉石涧"庭院景观工程设计

2. 项目概况：庭院设计面积约68平方米

二、设计依据

1. 《环境景观室外工程细部构造》（03J012-1）

2. 《公园设计规范》 GB51192-2016

3. 《城市居住区规划设计规范》GB50181-93

4. 国家及地方颁布的有关规范、规定及标准

5. 业主提供的建筑图纸资料及设计要点

6. 现状测量的地形及周边环境

三、设计深度

1. 按照"建筑工程设计文件编制深度的规定"中景观施工图设计深度的要求。

2. 本设计单位内部技术管理条例有关设计深度要求。

四、设计说明

1. 本工程设计标高采用相对标高，景观各部分定位见平面布置图。

2. 本设计图纸中尺寸均以毫米（mm）为单位，标高以米（m）为单位。

3. 本设计平面图中所指标高均指饰面完成后标高。

4. 施工安装必须严格遵守国家颁布的有关部门标准及各项施工验收规范的规定，并与结构、水、电、绿化配置等专业施工图纸密切配合。

五、施工技术说明

1. 墙体工程：本工程砖砌体均采用M7.5水泥砂浆砌筑MU10机砖。本工程的墙体，除技术性功能需要外，同时有装饰的要求。不论是否有石材饰面或面喷石漆均按结构图纸施工外，应同时注意建筑专业图纸中的有关要求对外露精细施工。

2. 防水工程：本工程地面，景观所涉及水池采用钢筋混凝土（抗渗标号P6），外加防水涂料。

3. 地面工程:卵石面主要用于庭院健康漫步道及排水沟，卵石的选用应表面光滑圆润，并按照图纸要求严格控制粒径的大小，并需洗净后方可铺贴。除地面铺装石材留缝参照相关详图外，其余所有石材贴面未注明处留缝均<5mm;乱形石材规格除注明外规格均为300～500,施工时均须对缝拼接。铺装场地排水坡度不小于0.5%,人行道横坡0.2-0.3%,车行场地横坡1-1.5%;所有流线型园路需按方格放线，保证曲线流畅、自然。混凝土铺装场地及园路需设置伸缩缝，胀缝间隔20米，缝宽20;缩缝间隔6米,缝宽6。伸缩缝应结合铺装缝合理设置。所有地面铺装及镶边若无特别说明，铺装完成面均相平；若同一地块铺装及镶边，铺装完成面要求相平,而面层材料厚度不同，则按以下原则调整饰面材料粘结砂浆或基础结构混凝土垫层厚度。

   a. 同一地块铺装面材，以厚度大的面材为主，且大于较薄面材2cm以上；则较薄面材基础结构混凝土垫层上面增加相应厚度的C15细石混凝土。

   b. 同一地块铺装面材，以厚度大的面材为主，且大于或等于较薄面材2cm以下；则较薄面材粘结砂浆增加相应厚度。

   c. 同一地块铺装面材，以厚度较小的面材为主；则较厚面材基础结构混凝土垫层减小相应厚度。地下车库顶板上所有园路及广场铺装与绿地相接处砌240厚M7.5砖模至地面垫层底。

4. 栏杆等钢木制品：皆为钢木的艺术小品，要求精工细做，成品外观达到高档家具的水平。木质部分为清漆面，需特别注意避免机械损伤及污染，外露焊接要精细打磨以达到美观的要求，具体设计详见有关图纸。

5. 油漆：木材面-所有用作面层的木料均做一底三度耐火清漆。凡伸入墙内与墙体接触面木料，满涂水柏油防腐。金属面:露明部分防锈漆一度,铅油二度或银粉漆二度,面漆详单项设计,不露明部分刷防锈漆二度。

6. 配套设施：主要是成品休闲椅、花钵、水钵及儿童游乐设施的选型。根据整个景观区域的风格，选用相应的配套设施。

六、备注:

1. 甲方应在园林施工前组织各有关单位进行图纸会审交底。

2. 图中若有与设计现状矛盾之处，应由施工单位、监理单位会同设计单位确定后才能用于施工。

3. 本工程设计中未详尽之处，均应严格按照国家和当地现行的各类相关施工验收规范规定及标准实施。

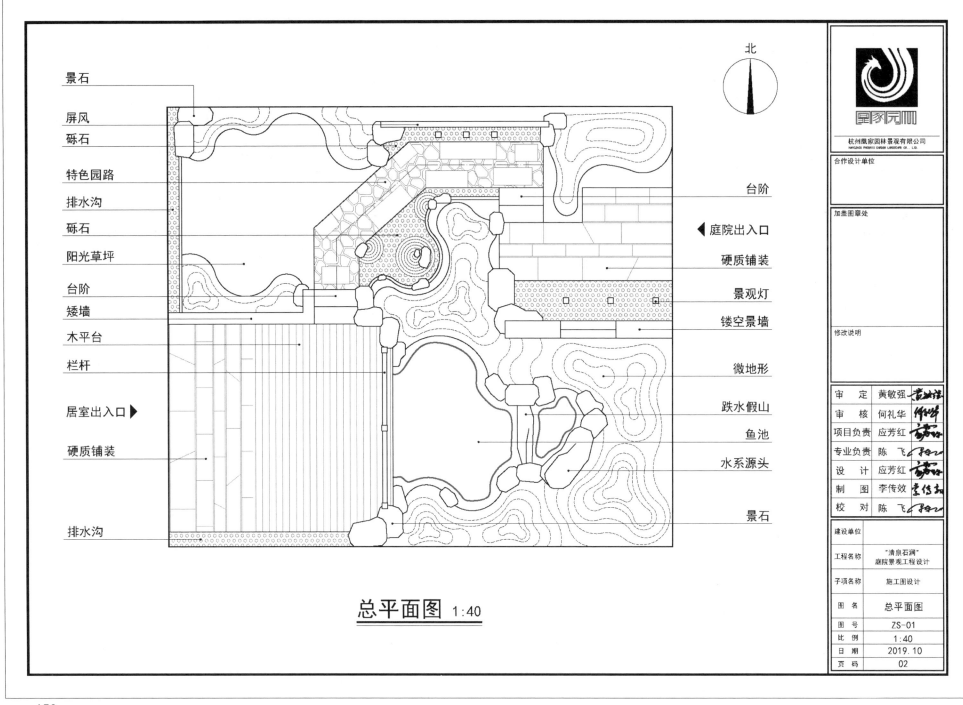

景石
屏风
砾石

特色园路
排水沟
砾石
阳光草坪
台阶
矮墙
木平台
栏杆
居室出入口 ▶
硬质铺装
排水沟

北

台阶
◀ 庭院出入口
硬质铺装
景观灯
镂空景墙
微地形
跌水假山
鱼池
水系源头
景石

总平面图 1:40

杭州凰家园林景观有限公司
NINGZHOU PHOENIX GARDEN LANDSCAPE CO., LTD.

合作设计单位

加盖图章处

修改说明

审 定	黄敏强	
审 核	何礼华	
项目负责	应芳红	
专业负责	陈 飞	
设 计	应芳红	
制 图	李传效	
校 对	陈 飞	

建设单位		
工程名称	"清泉石涧"庭院景观工程设计	
子项名称	施工图设计	
图 名	总平面图	
图 号	ZS-01	
比 例	1:40	
日 期	2019.10	
页 码	02	

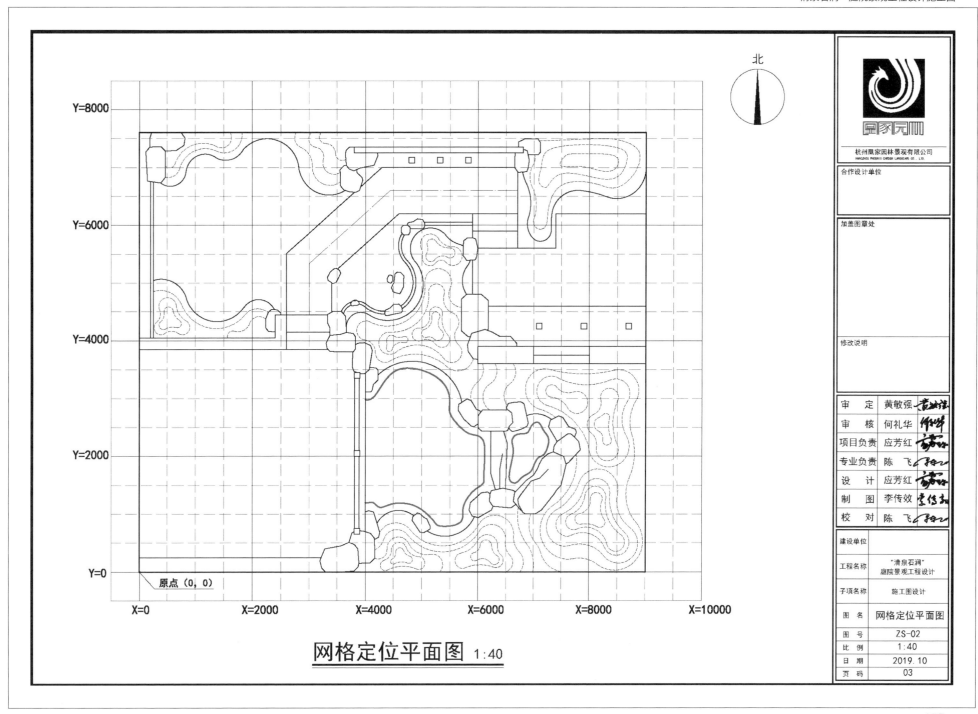

北

杭州凰家园林景观有限公司
HANGZHOU PHOENIX GARDEN LANDSCAPE CO., LTD.

合作设计单位

加盖图章处

修改说明

审　定	黄敏强	
审　核	何礼华	
项目负责	应芳红	
专业负责	陈　飞	
设　计	应芳红	
制　图	李传效	
校　对	陈　飞	

建设单位	
工程名称	"清泉石涧"庭院景观工程设计
子项名称	施工图设计
图　名	网格定位平面图
图　号	ZS-02
比　例	1:40
日　期	2019.10
页　码	03

Y=8000
Y=6000
Y=4000
Y=2000
Y=0

原点（0，0）

X=0　　X=2000　　X=4000　　X=6000　　X=8000　　X=10000

网格定位平面图 1:40

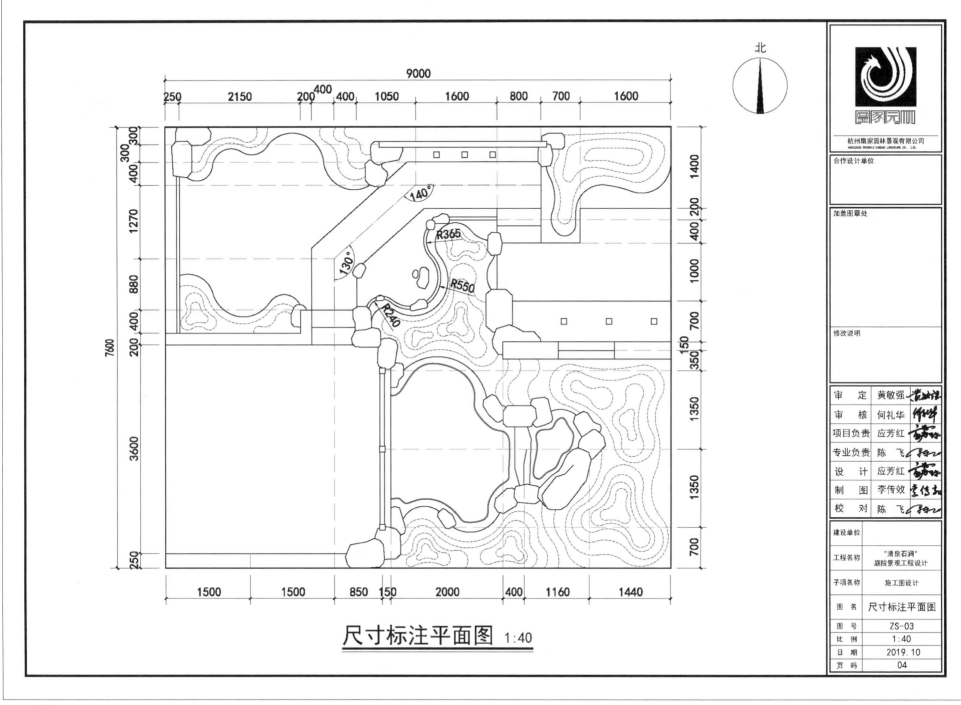

北

尺寸标注平面图 1:40

杭州凰家园林景观有限公司
HANGZHOU PHOENIX GARDEN LANDSCAPE CO., LTD.

合作设计单位

加盖图章处

修改说明

审 定	黄敏强	
审 核	何礼华	
项目负责	应芳红	
专业负责	陈 飞	
设 计	应芳红	
制 图	李传效	
校 对	陈 飞	

建设单位	
工程名称	"清泉石涧"庭院景观工程设计
子项名称	施工图设计
图 名	尺寸标注平面图
图 号	ZS-03
比 例	1:40
日 期	2019.10
页 码	04

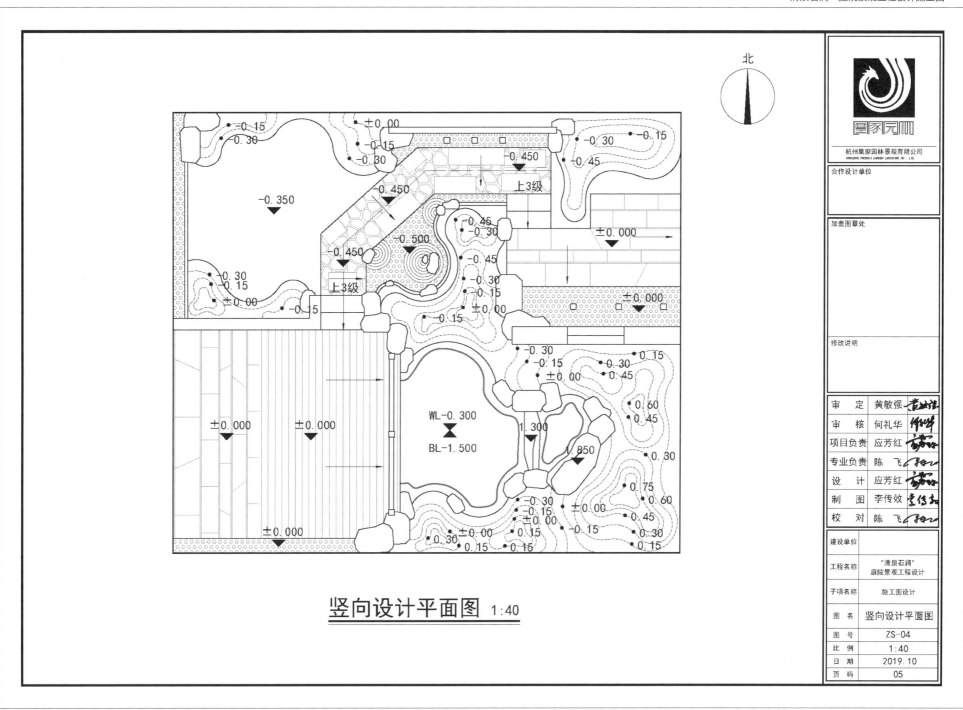

竖向设计平面图 1:40

北

杭州凰家园林景观有限公司
HANGZHOU PHOENIX GARDEN LANDSCAPE CO., LTD.

合作设计单位

加盖图章处

修改说明

审　定	黄敏强	
审　核	何礼华	
项目负责	应芳红	
专业负责	陈　飞	
设　计	应芳红	
制　图	李传效	
校　对	陈　飞	

建设单位	
工程名称	"清泉石涧"庭院景观工程设计
子项名称	施工图设计
图　名	竖向设计平面图
图　号	ZS-04
比　例	1:40
日　期	2019.10
页　码	05

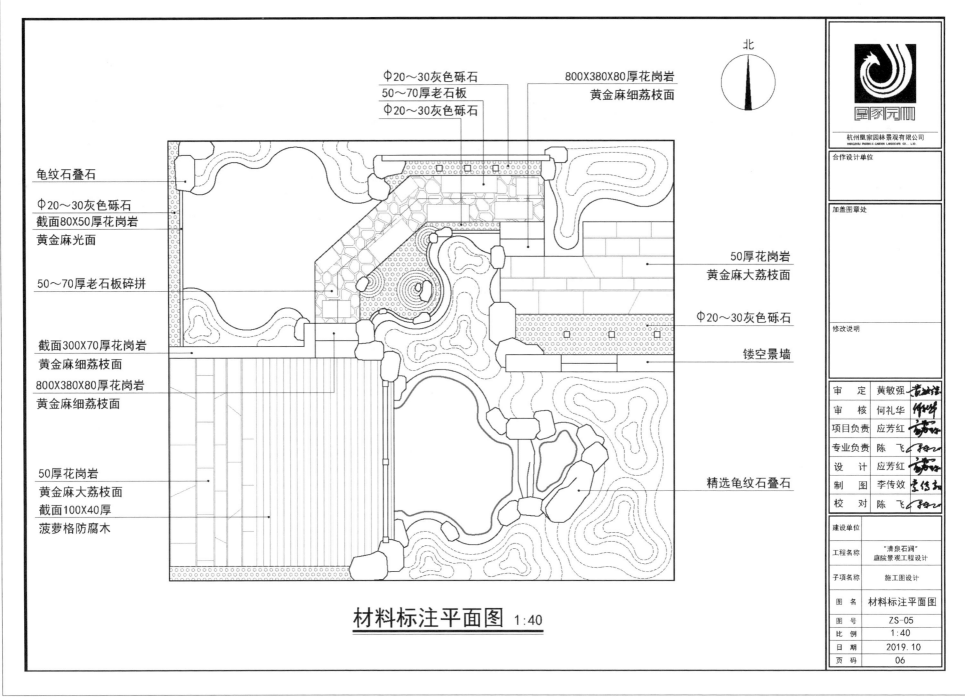

Φ20～30灰色砾石
50～70厚老石板
Φ20～30灰色砾石

800X380X80厚花岗岩
黄金麻细荔枝面

北

龟纹石叠石

Φ20～30灰色砾石
截面80X50厚花岗岩
黄金麻光面

50～70厚老石板碎拼

50厚花岗岩
黄金麻大荔枝面

截面300X70厚花岗岩
黄金麻细荔枝面

Φ20～30灰色砾石

800X380X80厚花岗岩
黄金麻细荔枝面

镂空景墙

50厚花岗岩
黄金麻大荔枝面
截面100X40厚
菠萝格防腐木

精选龟纹石叠石

材料标注平面图 1:40

杭州凰家园林景观有限公司
HANGZHOU PHOENIX GARDEN LANDSCAPE CO., LTD.

合作设计单位

加盖图章处

修改说明

审　定	黄敏强	
审　核	何礼华	
项目负责	应芳红	
专业负责	陈　飞	
设　计	应芳红	
制　图	李传效	
校　对	陈　飞	

建设单位	
工程名称	"清泉石涧"庭院景观工程设计
子项名称	施工图设计
图　名	材料标注平面图
图　号	ZS-05
比　例	1:40
日　期	2019.10
页　码	06

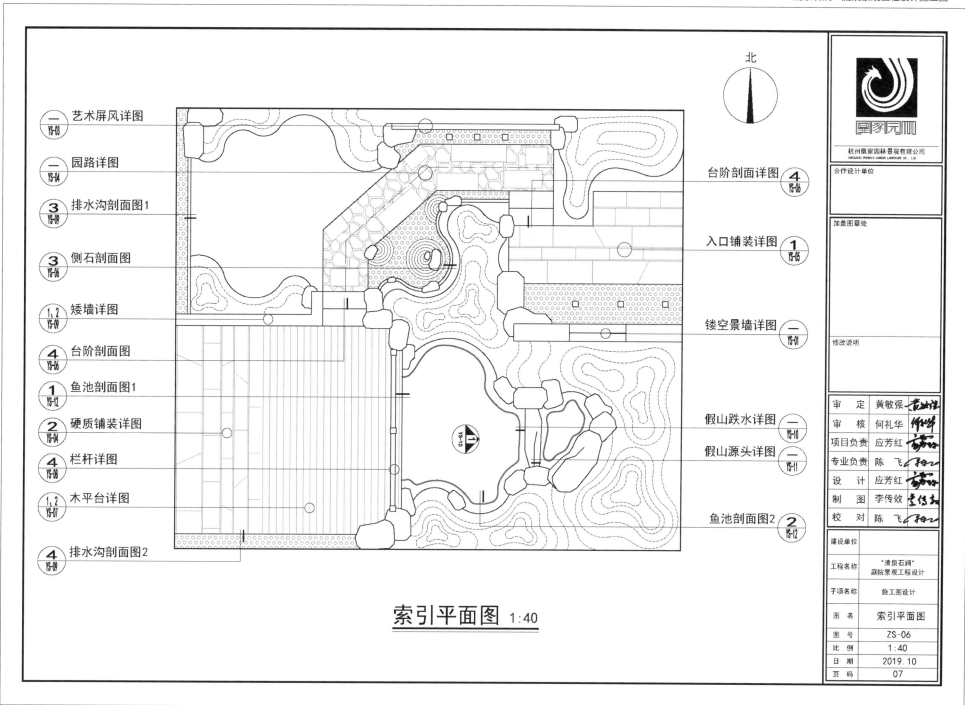

北

艺术屏风详图 —／YS-03

园路详图 —／YS-04

排水沟剖面图1 3／YS-09

侧石剖面图 3／YS-06

矮墙详图 1,2／YS-09

台阶剖面图 4／YS-06

鱼池剖面图1 1／YS-12

硬质铺装详图 2／YS-04

栏杆详图 4／YS-08

木平台详图 1,2／YS-07

排水沟剖面图2 4／YS-09

台阶剖面详图 4／YS-06

入口铺装详图 1／YS-05

镂空景墙详图 —／YS-01

假山跌水详图 —／YS-10

假山源头详图 —／YS-11

鱼池剖面图2 2／YS-12

索引平面图 1:40

杭州凰家园林景观有限公司
HANGZHOU PHOENIX GARDEN LANDSCAPE CO., LTD.

合作设计单位	
加盖图章处	
修改说明	

审　　定	黄敏强	
审　　核	何礼华	
项目负责	应芳红	
专业负责	陈飞	
设　　计	应芳红	
制　　图	李传效	
校　　对	陈飞	

建设单位	
工程名称	"清泉石涧"庭院景观工程设计
子项名称	施工图设计
图　　名	索引平面图
图　　号	ZS-06
比　　例	1:40
日　　期	2019.10
页　　码	07

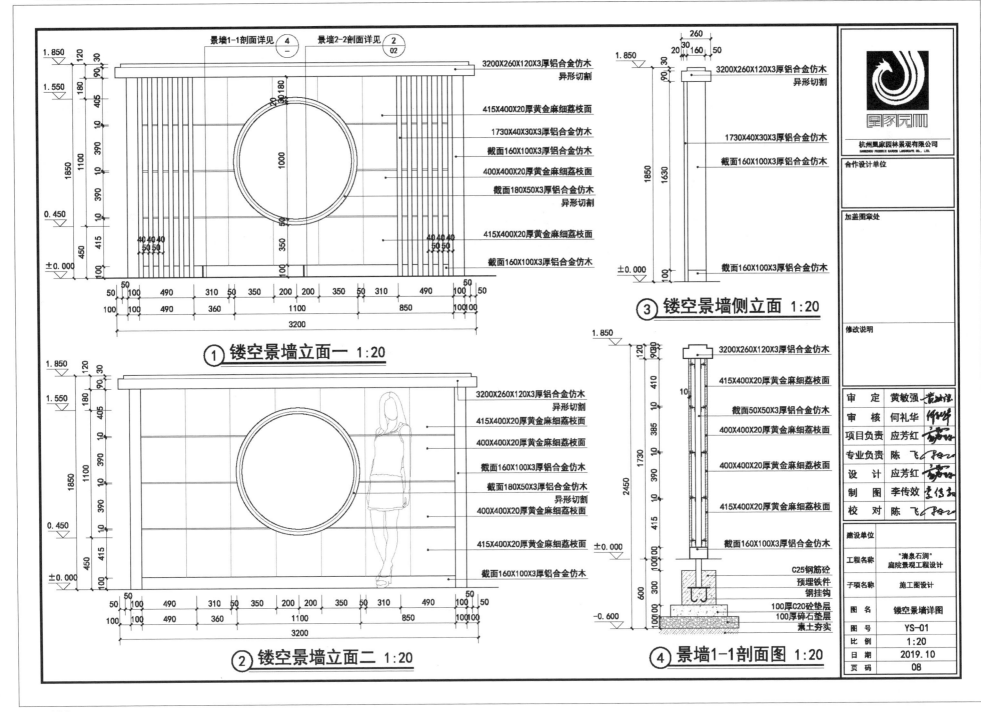

① 镂空景墙立面一 1:20

② 镂空景墙立面二 1:20

③ 镂空景墙侧立面 1:20

④ 景墙1-1剖面图 1:20

景墙1-1剖面详见 ④

景墙2-2剖面详见 ②

3200X260X120X3厚铝合金仿木
异形切割

415X400X20厚黄金麻细荔枝面

1730X40X30X3厚铝合金仿木

截面160X100X3厚铝合金仿木

400X400X20厚黄金麻细荔枝面

截面180X50X3厚铝合金仿木
异形切割

415X400X20厚黄金麻细荔枝面

截面160X100X3厚铝合金仿木

3200X260X120X3厚铝合金仿木
异形切割

1730X40X30X3厚铝合金仿木

截面160X100X3厚铝合金仿木

截面160X100X3厚铝合金仿木

3200X260X120X3厚铝合金仿木
异形切割
415X400X20厚黄金麻细荔枝面
400X400X20厚黄金麻细荔枝面
截面160X100X3厚铝合金仿木
截面180X50X3厚铝合金仿木
异形切割
400X400X20厚黄金麻细荔枝面
415X400X20厚黄金麻细荔枝面
截面160X100X3厚铝合金仿木

3200X260X120X3厚铝合金仿木
415X400X20厚黄金麻细荔枝面
截面50X50X3厚铝合金仿木
400X400X20厚黄金麻细荔枝面
400X400X20厚黄金麻细荔枝面
415X400X20厚黄金麻细荔枝面
截面160X100X3厚铝合金仿木

C25钢筋砼
预埋铁件
钢挂钩
100厚C20砼垫层
100厚碎石垫层
素土夯实

杭州凤家园林景观有限公司
SHENZHOU PHOENIX GARDEN LANDSCAPE CO., LTD.

合作设计单位	
加盖图章处	
修改说明	

审 定	黄敏强
审 核	何礼华
项目负责	应芳红
专业负责	陈飞
设 计	应芳红
制 图	李传效
校 对	陈飞

建设单位	
工程名称	"清泉石洞"庭院景观工程设计
子项名称	施工图设计
图 名	镂空景墙详图
图 号	YS-01
比 例	1:20
日 期	2019.10
页 码	08

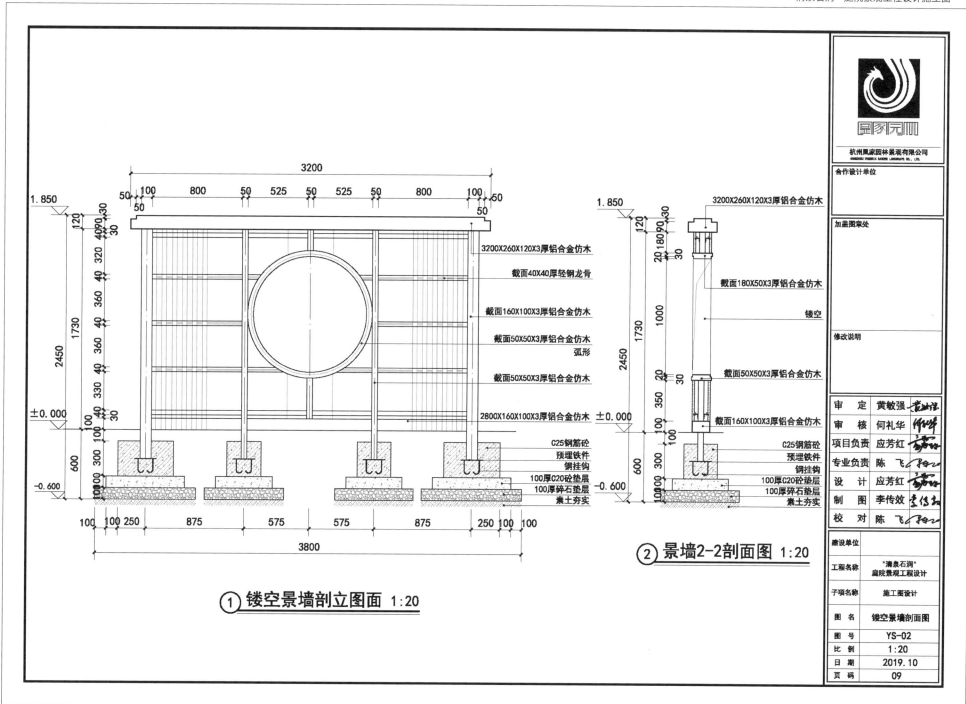

① 镂空景墙剖立图面 1:20

② 景墙2-2剖面图 1:20

杭州凤家园林景观有限公司

合作设计单位	
加盖图章处	
修改说明	

审 定	黄敏强	
审 核	何礼华	
项目负责	应芳红	
专业负责	陈飞	
设 计	应芳红	
制 图	李传效	
校 对	陈飞	

建设单位	
工程名称	"清泉石涧"庭院景观工程设计
子项名称	施工图设计
图 名	镂空景墙剖面图
图 号	YS-02
比 例	1:20
日 期	2019.10
页 码	09

163

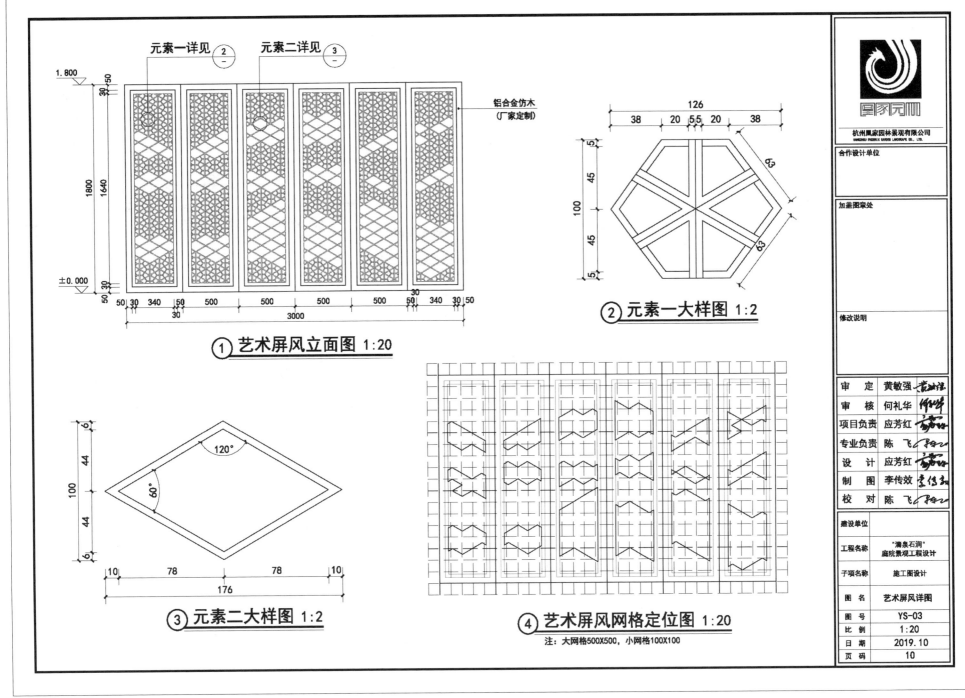

① 艺术屏风立面图 1:20

② 元素一大样图 1:2

③ 元素二大样图 1:2

④ 艺术屏风网格定位图 1:20

注：大网格500X500，小网格100X100

铝合金仿木（厂家定制）

元素一详见②

元素二详见③

杭州凤凰园林景观有限公司

合作设计单位	
加盖图章处	
修改说明	

审　定	黄敏强	
审　核	何礼华	
项目负责	应芳红	
专业负责	陈飞	
设　计	应芳红	
制　图	李传效	
校　对	陈飞	

建设单位	
工程名称	"溪泉石涧"庭院景观工程设计
子项名称	施工图设计
图　名	艺术屏风详图
图　号	YS-03
比　例	1:20
日　期	2019.10
页　码	10

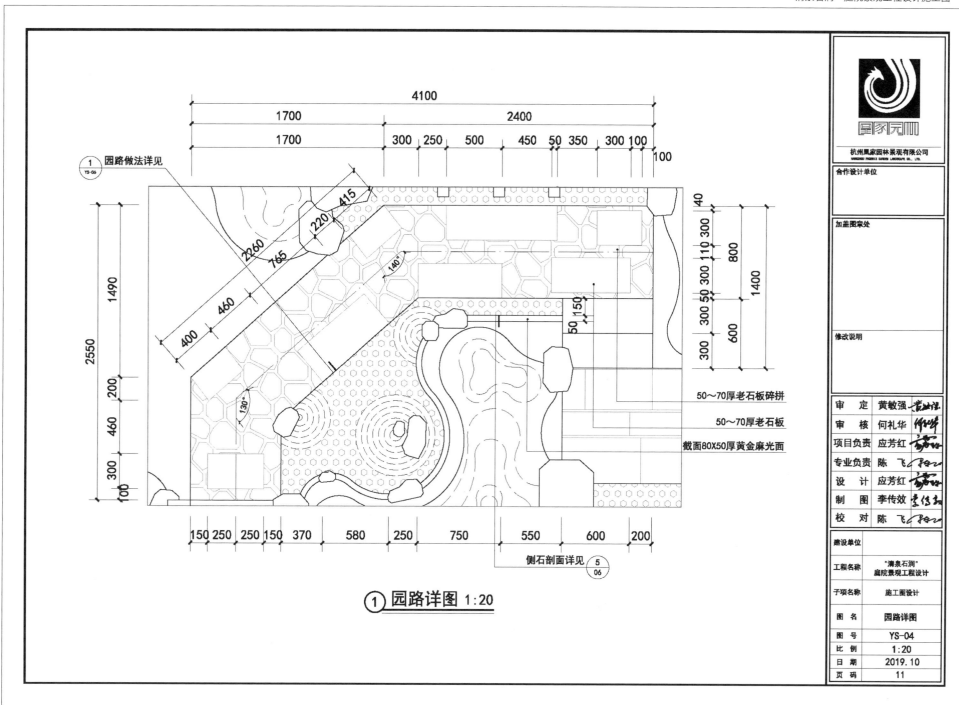

① 园路详图 1:20

50~70厚老石板碎拼

50~70厚老石板

截面80X50厚黄金麻光面

园路做法详见

侧石剖面详见 ⑤/06

杭州凤家园林景观有限公司
HANGZHOU PHOENIX GARDEN LANDSCAPE CO., LTD.

合作设计单位	
加盖图章处	
修改说明	
审　定	黄敏强
审　核	何礼华
项目负责	应芳红
专业负责	陈飞
设　计	应芳红
制　图	李传效
校　对	陈飞
建设单位	
工程名称	"清泉石涧"庭院景观工程设计
子项名称	施工图设计
图　名	园路详图
图　号	YS-04
比　例	1:20
日　期	2019.10
页　码	11

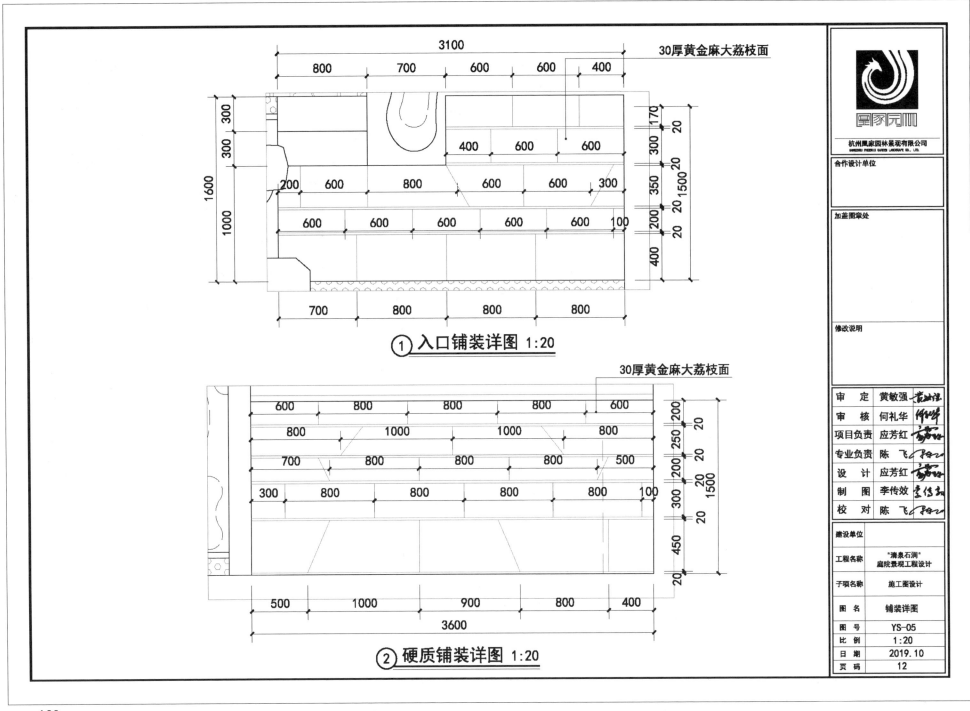

① 入口铺装详图 1:20

② 硬质铺装详图 1:20

30厚黄金麻大荔枝面

审 定	黄敏强	
审 核	何礼华	
项目负责	应芳红	
专业负责	陈 飞	
设 计	应芳红	
制 图	李传效	
校 对	陈 飞	

杭州凤家园林景观有限公司

合作设计单位

加盖图章处

修改说明

建设单位	
工程名称	"清泉石涧"庭院景观工程设计
子项名称	施工图设计
图 名	铺装详图
图 号	YS-05
比 例	1:20
日 期	2019.10
页 码	12

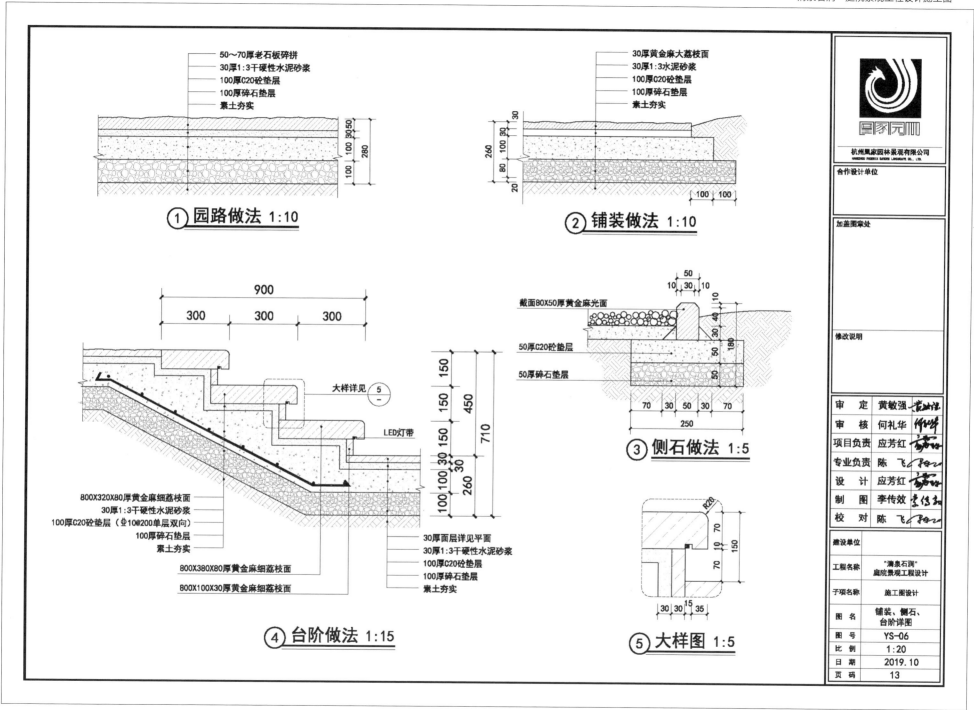

① 园路做法 1:10

50~70厚老石板碎拼
30厚1:3干硬性水泥砂浆
100厚C20砼垫层
100厚碎石垫层
素土夯实

② 铺装做法 1:10

30厚黄金麻大荔枝面
30厚1:3水泥砂浆
100厚C20砼垫层
100厚碎石垫层
素土夯实

④ 台阶做法 1:15

800X320X80厚黄金麻细荔枝面
30厚1:3干硬性水泥砂浆
100厚C20砼垫层（Φ10@200单层双向）
100厚碎石垫层
素土夯实
800X380X80厚黄金麻细荔枝面
800X100X30厚黄金麻细荔枝面

大样详见 ⑤
LED灯带

30厚面层详见平面
30厚1:3干硬性水泥砂浆
100厚C20砼垫层
100厚碎石垫层
素土夯实

③ 侧石做法 1:5

截面80X50厚黄金麻光面
50厚C20砼垫层
50厚碎石垫层

⑤ 大样图 1:5

杭州凰家园林景观有限公司

合作设计单位	
加盖图章处	
修改说明	

审　定	黄敏强	
审　核	何礼华	
项目负责	应芳红	
专业负责	陈　飞	
设　计	应芳红	
制　图	李传效	
校　对	陈　飞	

建设单位	
工程名称	"清泉石涧"庭院景观工程设计
子项名称	施工图设计
图　名	铺装、侧石、台阶详图
图　号	YS-06
比　例	1:20
日　期	2019.10
页　码	13

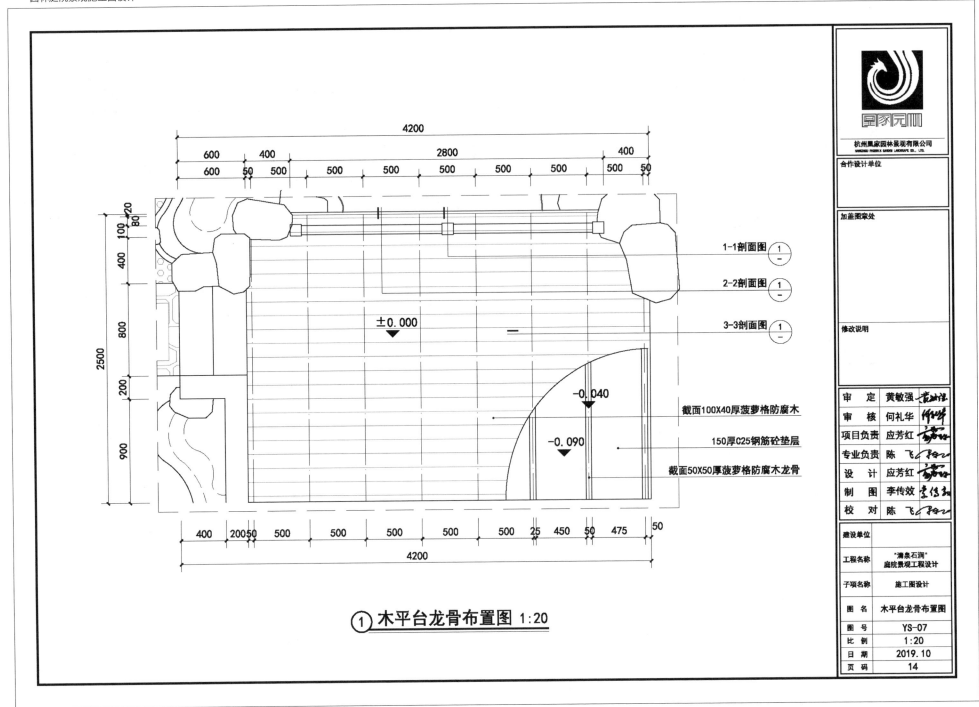

① **木平台龙骨布置图** 1:20

图中标注：

4200
600　400　2800　400
600　50　500　500　500　500　500　500　500　50

截面100X40厚菠萝格防腐木
150厚C25钢筋砼垫层
截面50X50厚菠萝格防腐木龙骨

±0.000
-0.040
-0.090

1-1剖面图 ①
2-2剖面图 ①
3-3剖面图 ①

2500
20　80　100　400　800　200　900

400　200　50　500　500　500　500　500　25　450　50　475　50
4200

杭州凤家园林景观有限公司		
合作设计单位		
加盖图章处		
修改说明		

审　定	黄敏强	
审　核	何礼华	
项目负责	应芳红	
专业负责	陈　飞	
设　计	应芳红	
制　图	李传效	
校　对	陈　飞	

建设单位	
工程名称	"潺泉石涧"庭院景观工程设计
子项名称	施工图设计
图　名	木平台龙骨布置图
图　号	YS-07
比　例	1:20
日　期	2019.10
页　码	14

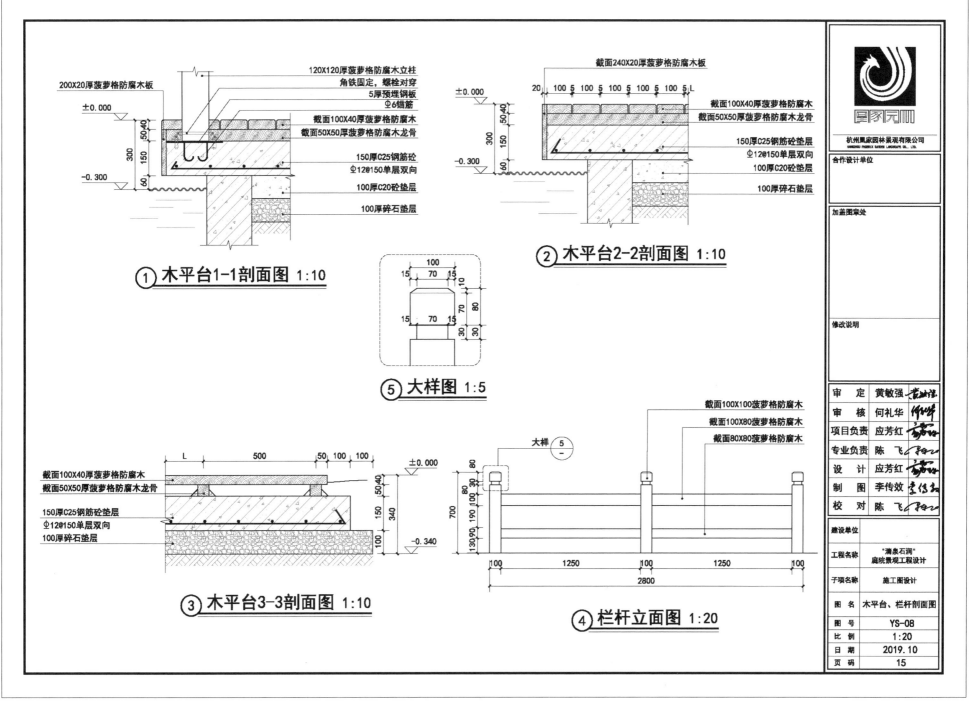

① 木平台1-1剖面图 1:10

200X20厚菠萝格防腐木板
±0.000
300
50 40
150
60
-0.300

120X120厚菠萝格防腐木立柱
角铁固定,螺栓对穿
5厚预埋钢板
Φ6锚筋
截面100X40厚菠萝格防腐木
截面50X50厚菠萝格防腐木龙骨
150厚C25钢筋砼
Φ12@150单层双向
100厚C20砼垫层
100厚碎石垫层

② 木平台2-2剖面图 1:10

截面240X20厚菠萝格防腐木板
20 100 5 100 5 100 5 100 5 100 5 L
±0.000
300
50 40
150
60
-0.300

截面100X40厚菠萝格防腐木
截面50X50厚菠萝格防腐木龙骨
150厚C25钢筋砼垫层
Φ12@150单层双向
100厚C20砼垫层
100厚碎石垫层

⑤ 大样图 1:5

100
15 70 15
10
15 70 15
80 70
30 30

③ 木平台3-3剖面图 1:10

L 500 50 100 100
±0.000
50 40
150
340
100
-0.340

截面100X40厚菠萝格防腐木
截面50X50厚菠萝格防腐木龙骨
150厚C25钢筋砼垫层
Φ12@150单层双向
100厚碎石垫层

④ 栏杆立面图 1:20

截面100X100菠萝格防腐木
截面100X80菠萝格防腐木
截面80X80菠萝格防腐木
大样 ⑤

80
80 30
100 100
700
130 90 190

100 1250 100 1250 100
2800

杭州凤家园林景观有限公司
SHANGZHOU PHOENIX GARDEN LANDSCAPE CO., LTD.

合作设计单位

加盖图章处

修改说明

审 定	黄敏强	
审 核	何礼华	
项目负责	应芳红	
专业负责	陈 飞	
设 计	应芳红	
制 图	李传效	
校 对	陈 飞	

建设单位

工程名称 "清泉石涧"庭院景观工程设计

子项名称 施工图设计

图 名 木平台、栏杆剖面图

图 号 YS-08

比 例 1:20

日 期 2019.10

页 码 15

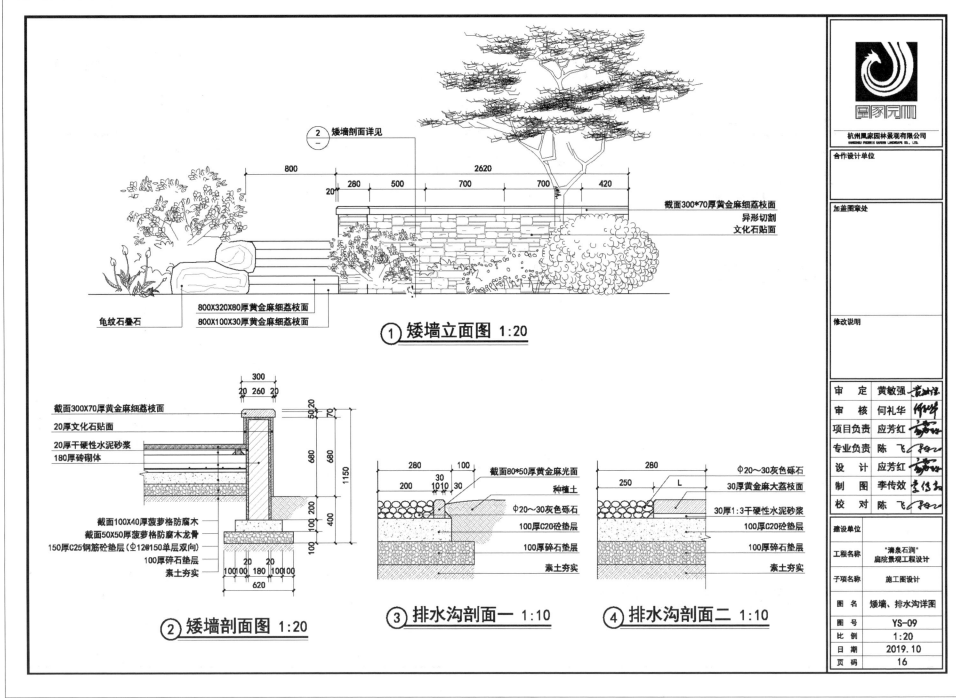

② 矮墙剖面详见 —

800　　　　　　2620

280　500　700　700　420
20

截面300*70厚黄金麻细荔枝面
异形切割
文化石贴面

800X320X80厚黄金麻细荔枝面
800X100X30厚黄金麻细荔枝面

龟纹石叠石

① **矮墙立面图** 1:20

300
20　260　20
50 20　70

截面300X70厚黄金麻细荔枝面
20厚文化石贴面
20厚干硬性水泥砂浆
180厚砖砌体

680　680

截面100X40厚菠萝格防腐木
截面50X50厚菠萝格防腐木龙骨
150厚C25钢筋砼垫层(Φ12@150单层双向)
100厚碎石垫层
素土夯实

1150
200　400
100　100

20　20
100 100　180　100 100
620

② **矮墙剖面图** 1:20

280　100
30
200　1010　30

截面80*50厚黄金麻光面
种植土
Φ20～30灰色砾石
100厚C20砼垫层
100厚碎石垫层
素土夯实

③ **排水沟剖面一** 1:10

280
250　L

Φ20～30灰色砾石
30厚黄金麻大荔枝面
30厚1:3干硬性水泥砂浆
100厚C20砼垫层
100厚碎石垫层
素土夯实

④ **排水沟剖面二** 1:10

杭州凤家园林景观有限公司
HANGZHOU PHOENIX GARDEN LANDSCAPE CO., LTD.

合作设计单位

加盖图章处

修改说明

审　定	黄敏强	
审　核	何礼华	
项目负责	应芳红	
专业负责	陈飞	
设　计	应芳红	
制　图	李传效	
校　对	陈飞	

建设单位

工程名称 "清泉石涧"庭院景观工程设计

子项名称 施工图设计

图　名 矮墙、排水沟详图

图　号 YS-09

比　例 1:20

日　期 2019.10

页　码 16

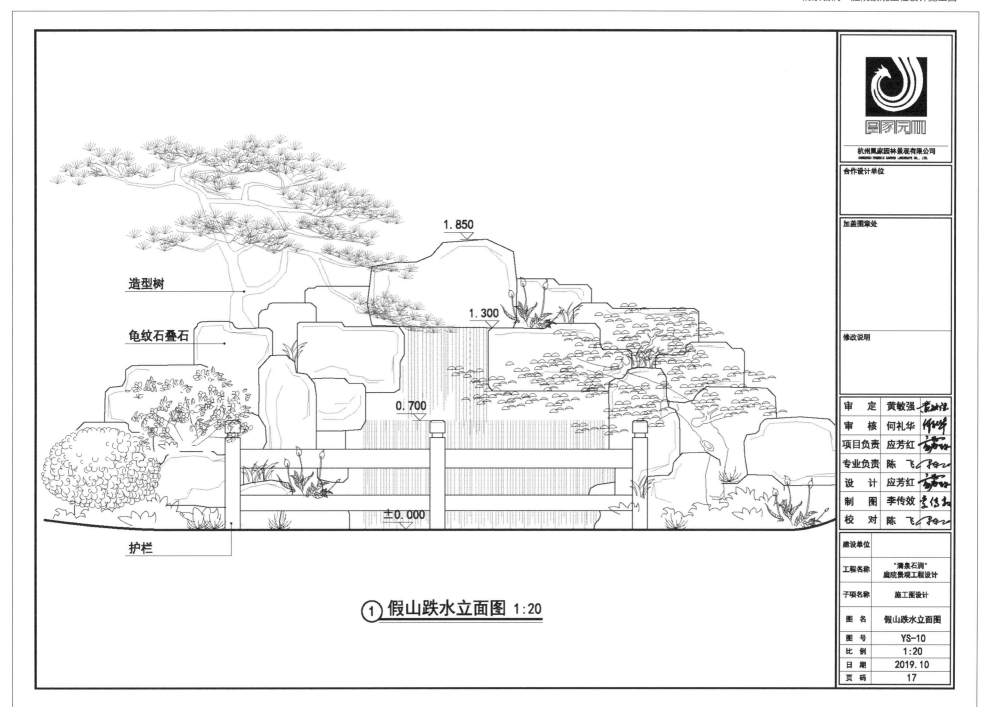

造型树

龟纹石叠石

1.850

1.300

0.700

±0.000

护栏

① 假山跌水立面图 1:20

杭州凤家园林景观有限公司
WANGZHOU PHOENIX GARDEN LANDSCAPE CO., LTD.

合作设计单位	
加盖图章处	
修改说明	

审　定	黄敏强	
审　核	何礼华	
项目负责	应芳红	
专业负责	陈飞	
设　计	应芳红	
制　图	李传效	
校　对	陈飞	

建设单位	
工程名称	"清泉石涧"庭院景观工程设计
子项名称	施工图设计
图　名	假山跌水立面图
图　号	YS-10
比　例	1:20
日　期	2019.10
页　码	17

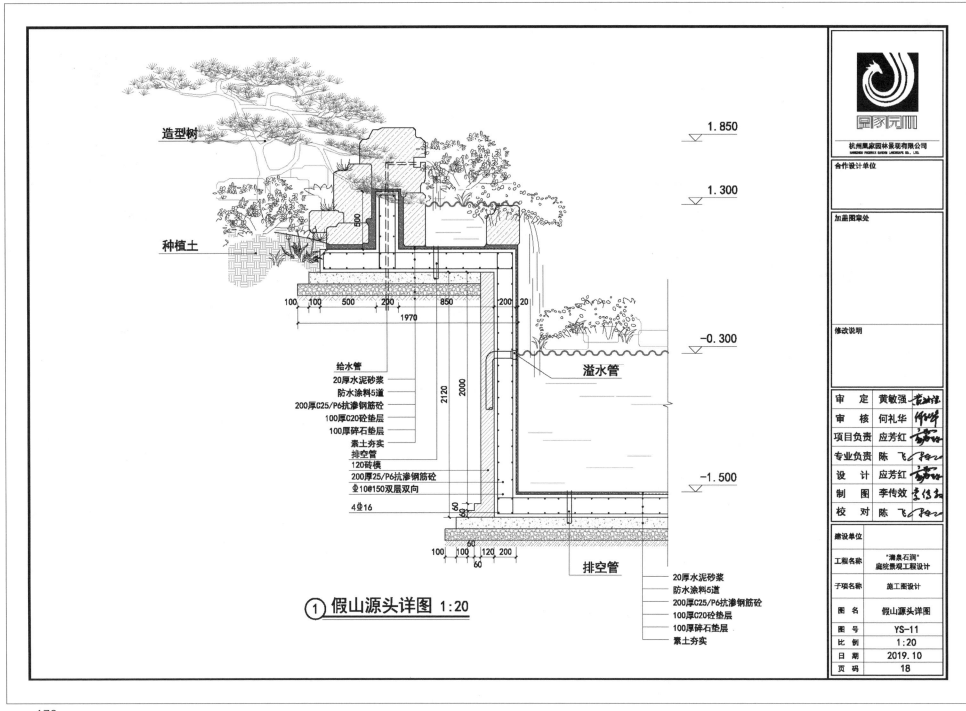

造型树

种植土

1.850

1.300

100 100 500 200 850 200 20
1970

2120 2000

-0.300

溢水管

给水管
20厚水泥砂浆
防水涂料5道
200厚C25/P6抗渗钢筋砼
100厚C20砼垫层
100厚碎石垫层
素土夯实
排空管
120砖模
200厚25/P6抗渗钢筋砼
Φ10@150双层双向

4Φ16

-1.500

100 100 120 200
60

排空管

20厚水泥砂浆
防水涂料5道
200厚C25/P6抗渗钢筋砼
100厚C20砼垫层
100厚碎石垫层
素土夯实

① 假山源头详图 1:20

杭州凤家园林景观有限公司

合作设计单位

加盖图章处

修改说明

审 定	黄敏强	
审 核	何礼华	
项目负责	应芳红	
专业负责	陈飞	
设 计	应芳红	
制 图	李传效	
校 对	陈飞	

建设单位	
工程名称	"清泉石润"庭院景观工程设计
子项名称	施工图设计
图 名	假山源头详图
图 号	YS-11
比 例	1:20
日 期	2019.10
页 码	18

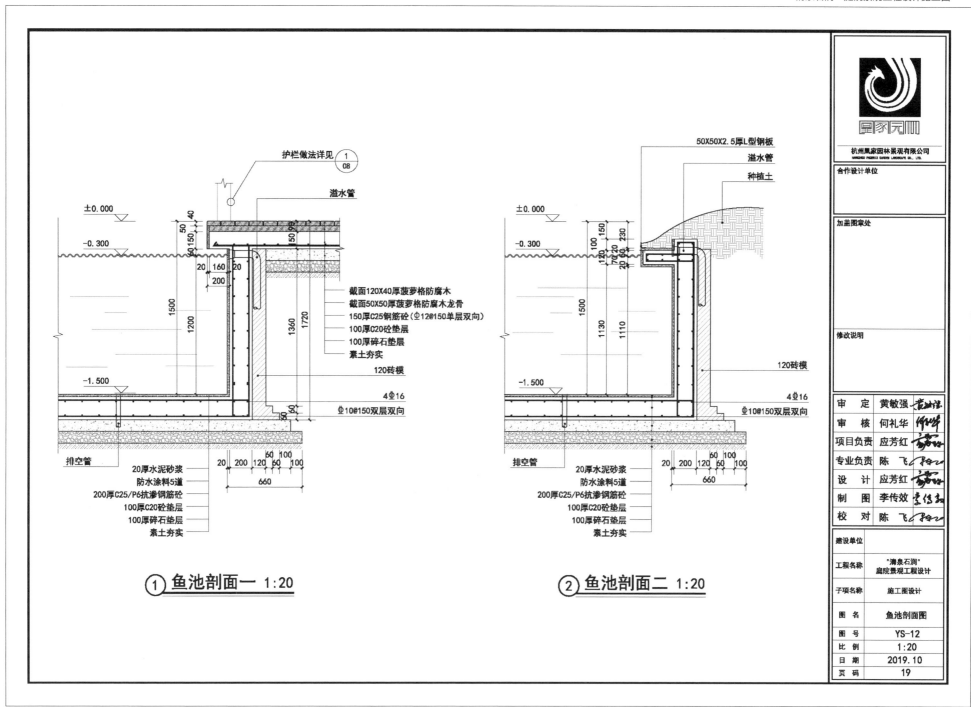

护栏做法详见 1/08

溢水管

±0.000

-0.300

1500
1200

-1.500

排空管

20厚水泥砂浆
防水涂料5道
200厚C25/P6抗渗钢筋砼
100厚C20砼垫层
100厚碎石垫层
素土夯实

截面120X40厚菠萝格防腐木
截面50X50厚菠萝格防腐木龙骨
150厚C25钢筋砼(Φ12@150单层双向)
100厚C20砼垫层
100厚碎石垫层
素土夯实
120砖模

4Φ16
Φ10@150双层双向

1360
1720

20 200 120 60 100
60 100
660

① 鱼池剖面一 1:20

50X50X2.5厚L型钢板
溢水管
种植土

±0.000

-0.300

1500
1130
1110

-1.500

排空管

20厚水泥砂浆
防水涂料5道
200厚C25/P6抗渗钢筋砼
100厚C20砼垫层
100厚碎石垫层
素土夯实

120砖模

4Φ16
Φ10@150双层双向

20 200 120 60 100
60 100
660

② 鱼池剖面二 1:20

杭州凤家园林景观有限公司
WANGZHOU PHOENIX GARDEN LANDSCAPE CO., LTD.

合作设计单位

加盖图章处

修改说明

审 定	黄敏强	
审 核	何礼华	
项目负责	应芳红	
专业负责	陈飞	
设 计	应芳红	
制 图	李传效	
校 对	陈飞	

建设单位	
工程名称	"清泉石涧"庭院景观工程设计
子项名称	施工图设计
图 名	鱼池剖面图
图 号	YS-12
比 例	1:20
日 期	2019.10
页 码	19

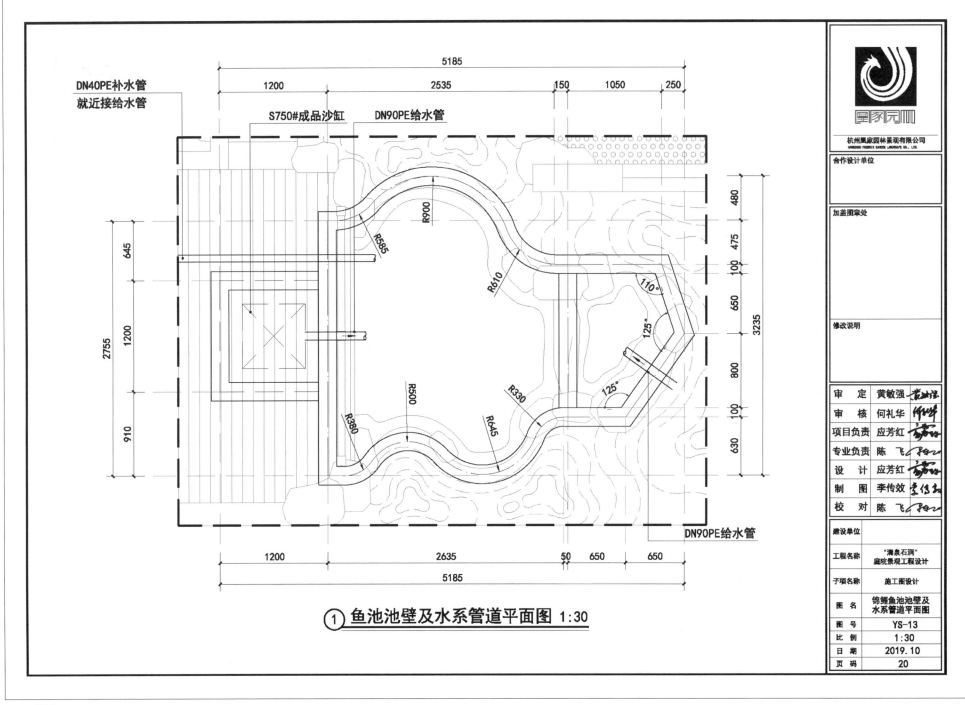

DN40PE补水管
就近接给水管

S750#成品沙缸　　DN90PE给水管

DN90PE给水管

① 鱼池池壁及水系管道平面图 1:30

杭州凰家园林景观有限公司

合作设计单位

加盖图章处

修改说明

审　定	黄敏强
审　核	何礼华
项目负责	应芳红
专业负责	陈　飞
设　计	应芳红
制　图	李传效
校　对	陈　飞

建设单位	
工程名称	"清泉石涧"庭院景观工程设计
子项名称	施工图设计
图　名	锦鲤鱼池池壁及水系管道平面图
图　号	YS-13
比　例	1:30
日　期	2019.10
页　码	20

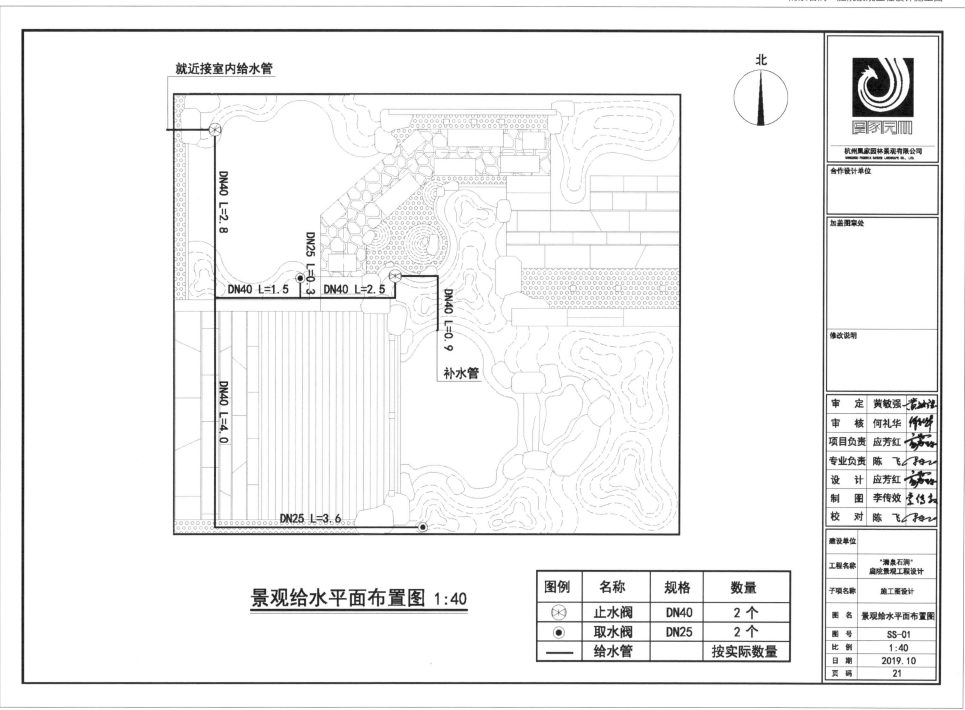

北

就近接室内给水管

DN40 L=2.8

DN25 L=0.3

DN40 L=1.5

DN40 L=2.5

DN40 L=0.9

补水管

DN40 L=4.0

DN25 L=3.6

景观给水平面布置图 1:40

图例	名称	规格	数量
⊗	止水阀	DN40	2 个
⊙	取水阀	DN25	2 个
——	给水管		按实际数量

杭州凤家园林景观有限公司
GANGZHOU PHOENIX GARDEN LANDSCAPE CO., LTD.

合作设计单位	
加盖图章处	
修改说明	

审 定	黄敏强	
审 核	何礼华	
项目负责	应芳红	
专业负责	陈 飞	
设 计	应芳红	
制 图	李传效	
校 对	陈 飞	

建设单位	
工程名称	"清泉石涧"庭院景观工程设计
子项名称	施工图设计
图 名	景观给水平面布置图
图 号	SS-01
比 例	1:40
日 期	2019.10
页 码	21

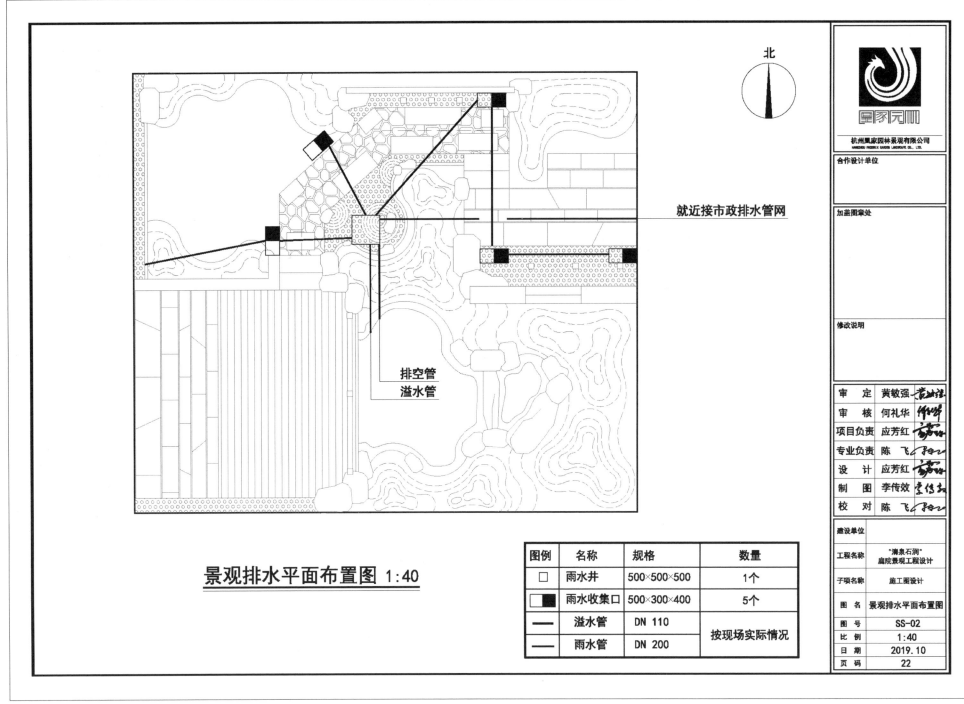

就近接市政排水管网

排空管
溢水管

景观排水平面布置图 1:40

北

杭州凤家园林景观有限公司
WANGZHOU PHOENIX GARDEN LANDSCAPE CO., LTD.

合作设计单位

加盖图章处

修改说明

审　定	黄敏强	
审　核	何礼华	
项目负责	应芳红	
专业负责	陈　飞	
设　计	应芳红	
制　图	李传效	
校　对	陈　飞	

建设单位

工程名称　"清泉石涧"庭院景观工程设计

子项名称　施工图设计

图　名　景观排水平面布置图

图　号　SS-02

比　例　1:40

日　期　2019.10

页　码　22

图例	名称	规格	数量
□	雨水井	500×500×500	1个
■	雨水收集口	500×300×400	5个
—	溢水管	DN 110	按现场实际情况
—	雨水管	DN 200	

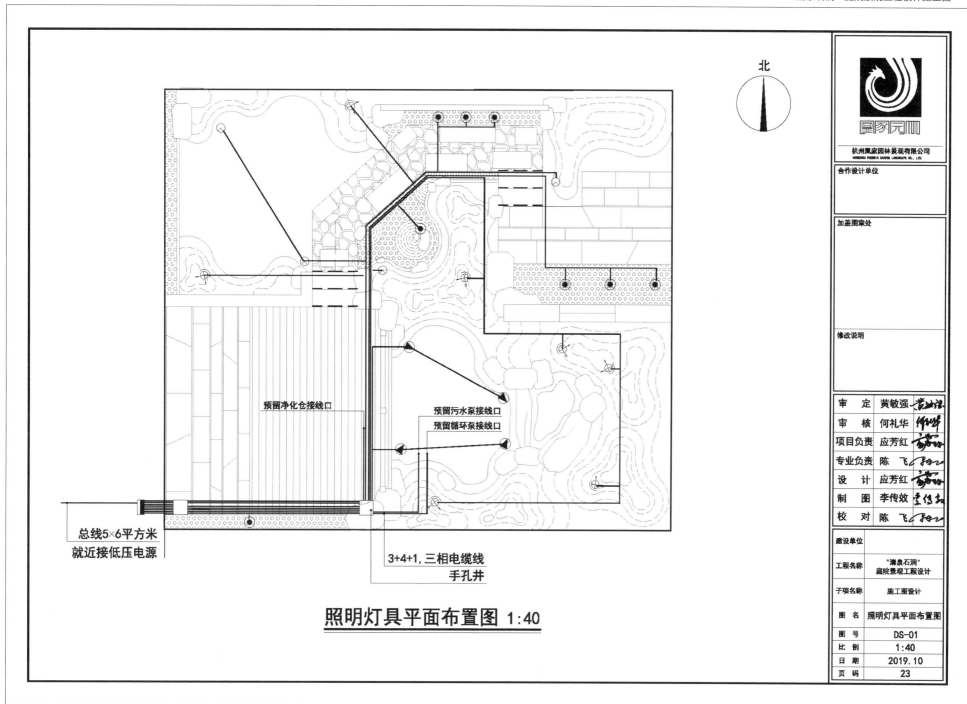

北

预留净化仓接线口

预留污水泵接线口
预留循环泵接线口

总线5×6平方米
就近接低压电源

3+4+1,三相电缆线
手孔井

照明灯具平面布置图 1:40

合作设计单位		
加盖图章处		
修改说明		
审　定	黄敏强	
审　核	何礼华	
项目负责	应芳红	
专业负责	陈　飞	
设　计	应芳红	
制　图	李传效	
校　对	陈　飞	
建设单位		
工程名称	"清泉石涧"庭院景观工程设计	
子项名称	施工图设计	
图　名	照明灯具平面布置图	
图　号	DS-01	
比　例	1:40	
日　期	2019.10	
页　码	23	

177

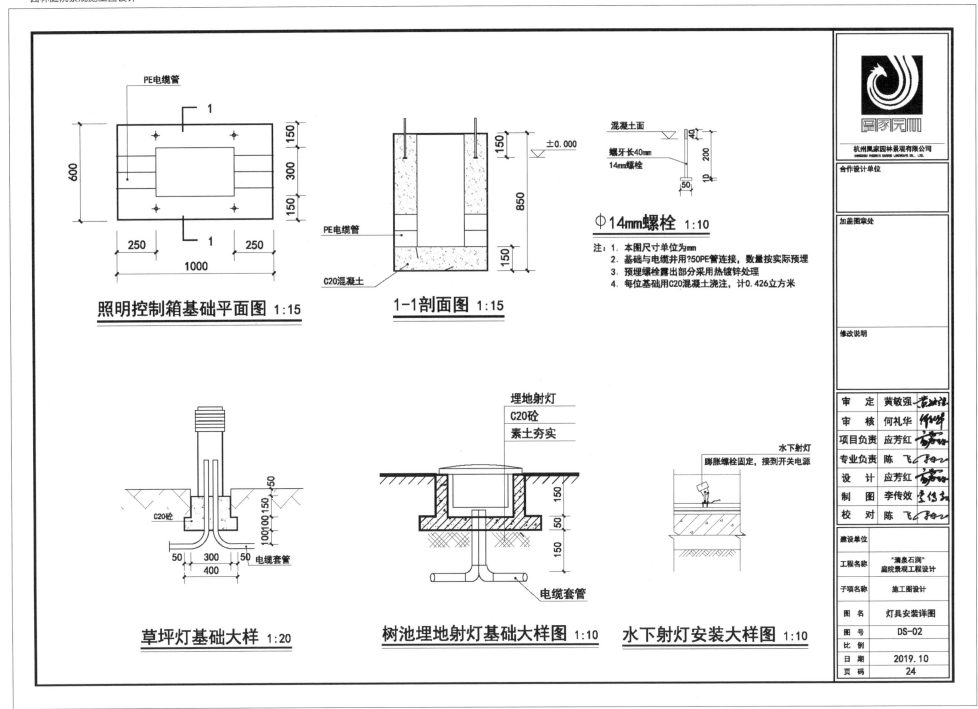

PE电缆管

1

600

150
300
150

250   250

1000

照明控制箱基础平面图 1:15

PE电缆管

C20混凝土

150
850
150

1-1剖面图 1:15

混凝土面

±0.000

螺牙长40mm

14mm螺栓

40
200

50

Φ14mm螺栓 1:10

注：1. 本图尺寸单位为mm
2. 基础与电缆井用Φ50PE管连接，数量按实际预埋
3. 预埋螺栓露出部分采用热镀锌处理
4. 每位基础用C20混凝土浇注，计0.426立方米

C20砼

50
100100150

50   300   50
400

电缆套管

草坪灯基础大样 1:20

埋地射灯
C20砼
素土夯实

150
50
150

电缆套管

树池埋地射灯基础大样图 1:10

水下射灯

膨胀螺栓固定，接到开关电源

水下射灯安装大样图 1:10

杭州凤家园林景观有限公司
SHANGHU PHOENIX GARDEN LANDSCAPE CO., LTD.

合作设计单位	
加盖图章处	
修改说明	

审　定	黄敏强	
审　核	何礼华	
项目负责	应芳红	
专业负责	陈　飞	
设　计	应芳红	
制　图	李传效	
校　对	陈　飞	

建设单位	
工程名称	"滴泉石涧"庭院景观工程设计
子项名称	施工图设计
图　名	灯具安装详图
图　号	DS-02
比　例	
日　期	2019.10
页　码	24

草坪灯意向图

投光灯意向图

水下射灯意向图

景观灯意向图1

景观灯意向图2

台阶灯带意向图

杭州凤家园林景观有限公司
HANGZHOU PHOENIX GARDEN LANDSCAPE CO., LTD.

合作设计单位	
加盖图章处	
修改说明	

审　定	黄敏强	
审　核	何礼华	
项目负责	应芳红	
专业负责	陈　飞	
设　计	应芳红	
制　图	李传效	
校　对	陈　飞	

建设单位	
工程名称	"清泉石涧"庭院景观工程设计
子项名称	施工图设计
图　名	灯具意向图
图　号	DS-03
比　例	
日　期	2019.10
页　码	25

179

苗 木 表

序号	苗木名称	图例	规 格（cm）			单位	数量	备 注
			地径	冠幅	高度			
1	造型黑松		d20	200-230	220-250	株	1	分层3层，定型5年以上，甲供
2	沙朴		d20	300-350	600-650	株	1	树形美观
3	茶花			180-200	200-250	株	1	全冠，形态饱满
4	石榴			200-220	200-250	株	1	果石榴，形态美观
5	红枫\鸡爪槭		d8	180-200	200-220	株	2	形态美观
6	红果冬青			120-150	180-200	株	1	形态美观
7	胡柚		d12	200-250	250-300	株	1	形态美观
8	银姬小蜡球			100-120	100-120	株	1	球形饱满，不脱脚
9	茶梅树			80-100	80-100	株	3	球形饱满，不脱脚
10	无刺枸骨球			80-100	80-100	株	1	球形饱满，不脱脚
11	鹤望兰			50-60	80-100	株	3	精品苗
12	龟背竹			40-50	60-70	m²	1.2	9株/m²，精品苗
13	龙沙宝石月季			20-30	50-60	m²	0.8	25株/m²，m²，精品苗
14	南天竹			30-40	40-50	m²	1.88	精品苗
15	茶梅			20-30	30-40	m²	2.9	36株/m²，精品苗
16	金森女贞			25-30	30-40	m²	1.5	36株/m²，精品苗
17	矮婆鹃			25-30	30-40	m²	2.9	36株/m²，精品苗
18	紫鹃			25-30	25-30	m²	2	36株/m²，精品苗
19	洒金珊瑚			25-30	35-40	m²	1.3	36株/m²，精品苗
20	北海道黄杨绿篱			25-30	60-80	m	21	双排交叉种植
21	矮麦冬					m²	2.7	100株/m²
22	草坪					m²	7	果岭满铺
23	西洋杜鹃	西洋杜鹃		30-40	40-50	盆	1	大盆
24	花叶玉簪	玉簪		25-30	25-30	盆	2	大盆
25	八仙花	八仙花		50-60	50-60	盆	3	大盆

杭州凰家园林景观有限公司
HANGZHOU PHOENIX GARDEN LANDSCAPE CO., LTD.

合作设计单位

加盖图章处

修改说明

审 定	黄敏强	
审 核	何礼华	
项目负责	应芳红	
专业负责	陈飞	
设 计	应芳红	
制 图	李传效	
校 对	陈飞	

建设单位	
工程名称	"清泉石涧"庭院景观工程设计
子项名称	施工图设计
图 名	苗木表
图 号	LS-01
比 例	1:40
日 期	2019.10
页 码	26

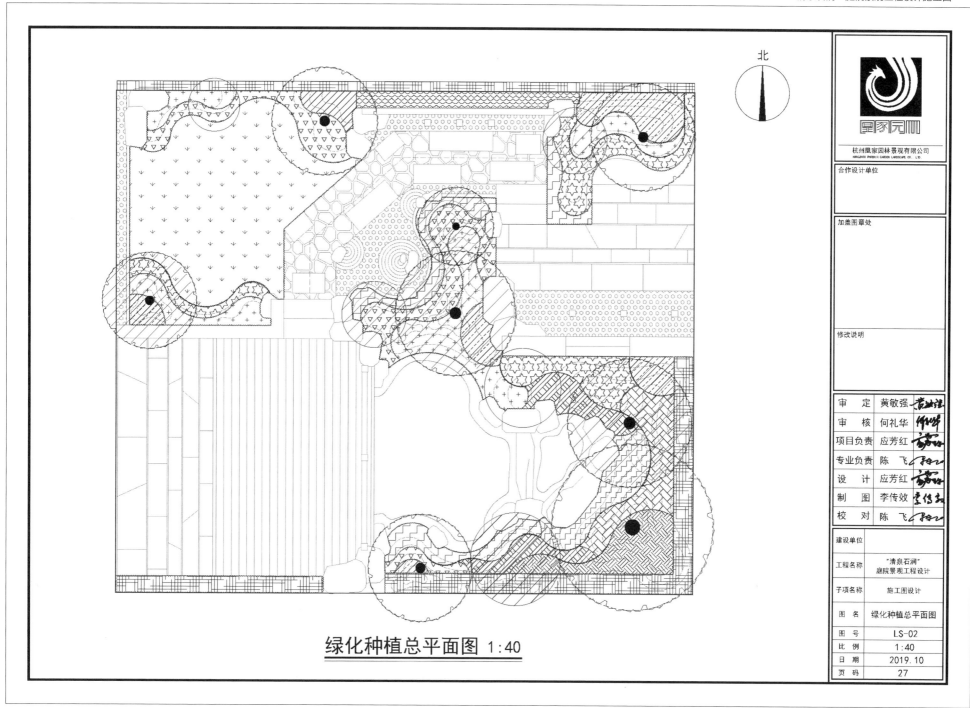

绿化种植总平面图 1:40

北

杭州凰家园林景观有限公司
HANGZHOU PHOENIX GARDEN LANDSCAPE CO., LTD.

合作设计单位	
加盖图章处	
修改说明	

审 定	黄敏强	
审 核	何礼华	
项目负责	应芳红	
专业负责	陈 飞	
设 计	应芳红	
制 图	李传效	
校 对	陈 飞	

建设单位	
工程名称	"清泉石涧"庭院景观工程设计
子项名称	施工图设计
图 名	绿化种植总平面图
图 号	LS-02
比 例	1:40
日 期	2019.10
页 码	27

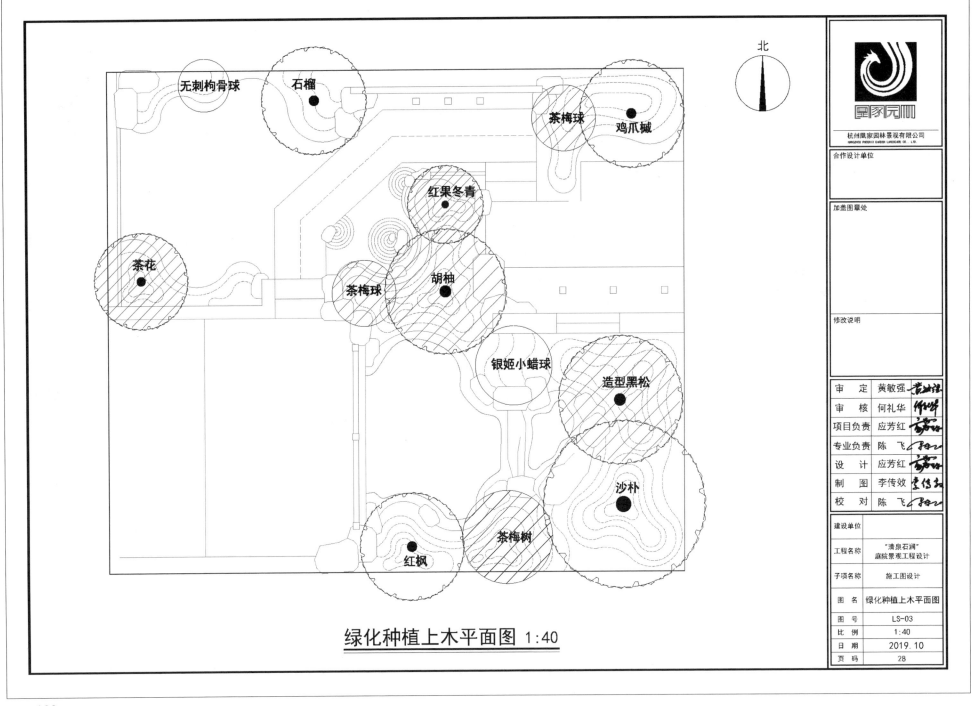

绿化种植上木平面图 1:40

北

杭州凤家园林景观有限公司
HANGZHOU PHOENIX GARDEN LANDSCAPE CO., LTD.

合作设计单位

加盖图章处

修改说明

审　定	黄敏强	
审　核	何礼华	
项目负责	应芳红	
专业负责	陈　飞	
设　计	应芳红	
制　图	李传效	
校　对	陈　飞	

建设单位	
工程名称	"清泉石涧"庭院景观工程设计
子项名称	施工图设计
图　名	绿化种植上木平面图
图　号	LS-03
比　例	1:40
日　期	2019. 10
页　码	28

植物标注：无刺枸骨球　石榴　茶梅球　鸡爪槭　红果冬青　茶花　茶梅球　胡柚　银姬小蜡球　造型黑松　沙朴　茶梅树　红枫

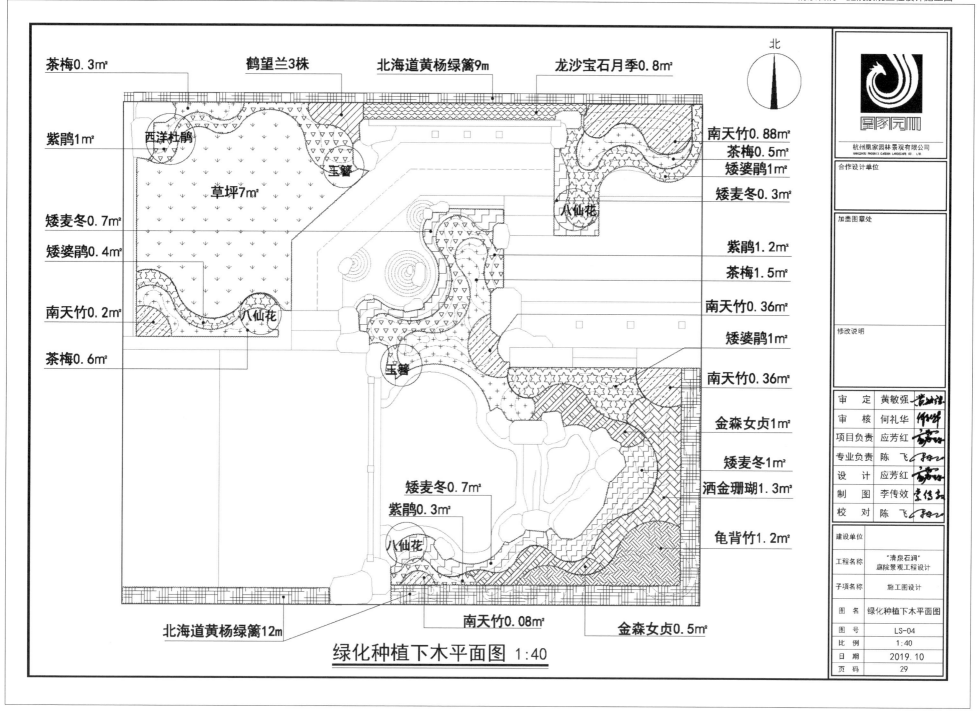

茶梅0.3㎡

鹤望兰3株

北海道黄杨绿篱9m

龙沙宝石月季0.8㎡

紫鹃1㎡

西洋杜鹃

玉簪

草坪7㎡

南天竹0.88㎡
茶梅0.5㎡
矮婆鹃1㎡
矮麦冬0.3㎡

八仙花

矮麦冬0.7㎡

矮婆鹃0.4㎡

南天竹0.2㎡

八仙花

茶梅0.6㎡

紫鹃1.2㎡
茶梅1.5㎡
南天竹0.36㎡
矮婆鹃1㎡

玉簪

南天竹0.36㎡

金森女贞1㎡

矮麦冬1㎡

洒金珊瑚1.3㎡

矮麦冬0.7㎡

紫鹃0.3㎡

八仙花

龟背竹1.2㎡

北海道黄杨绿篱12m

南天竹0.08㎡

金森女贞0.5㎡

绿化种植下木平面图 1:40

北

杭州凰家园林景观有限公司
HANGZHOU PHOENIX GARDEN LANDSCAPE CO.,LTD.

合作设计单位

加盖图章处

修改说明

审　定	黄敏强	
审　核	何礼华	
项目负责	应芳红	
专业负责	陈　飞	
设　计	应芳红	
制　图	李传效	
校　对	陈　飞	

建设单位	
工程名称	"清泉石涧"庭院景观工程设计
子项名称	施工图设计
图　名	绿化种植下木平面图
图　号	LS-04
比　例	1:40
日　期	2019.10
页　码	29

参考书目

1.陈淑君，黄敏强.庭院景观与绿化的设计.北京：机械工业出版社，2015

2.中国建筑标准设计研究院.房屋建筑制图统一标准GB/T50001-2017.北京：中国建筑工业出版社，2017

3.住房和城乡建设部标准定额研究所.风景园林制图标准CJJ/T67-2015.北京：中国建筑工业出版社，2015

4.中国建筑标准设计研究院.环境景观——室外工程细部构造.北京：中国计划出版社，2016

5.谢明洋，赵柯.庭院景观设计.北京：人民邮电出版社，2013

6.王芳，杨青果，王云才.景观施工图识别与绘制.上海：上海交通大学出版社，2014

7.董晓华，赵建明.园林规划设计（第二版）.北京：高等教育出版社，2015

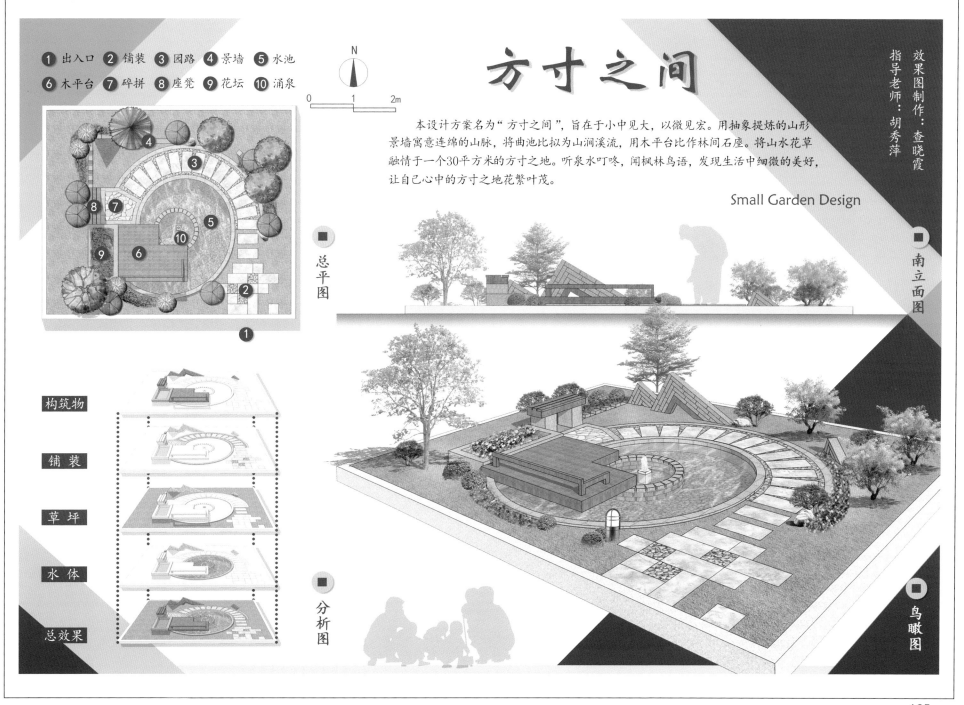

① 出入口 ② 铺装 ③ 园路 ④ 景墙 ⑤ 水池
⑥ 木平台 ⑦ 碎拼 ⑧ 座凳 ⑨ 花坛 ⑩ 涌泉

N

0   1   2m

方寸之间

本设计方案名为"方寸之间",旨在于小中见大,以微见宏。用抽象提炼的山形景墙寓意连绵的山脉,将曲池比拟为山涧溪流,用木平台比作林间石座。将山水花草融情于一个30平方米的方寸之地。听泉水叮咚,闻枫林鸟语,发现生活中细微的美好,让自己心中的方寸之地花繁叶茂。

Small Garden Design

效果图制作：查晓霞
指导老师：胡秀萍

南立面图

总平图

分析图

鸟瞰图

构筑物
铺装
草坪
水体
总效果

185

鸟瞰图

沐水年华

mushuinianhua

设计说明

汇江河山川，聚古木奇石，演化出人间仙境，终于一园。
——《园冶·兴造论》

　　通过庭院的空间布置，打造绿意盎然、生机勃勃的沐水年华。流连山水之间，且让年华停驻。
1.抬升景墙，下沉水体，打造立体空间感受。
2.潺潺流水，鸟叫虫鸣，从听觉感受意境。
3.芬芳植物，让人心旷神怡，沉醉其中。
4.特色小品，融入文化底蕴，增添层次感。

视线分析

道路分析

功能分析

种植分析

设计分析图

设计原则

生态性：融合自然山水　　经济性：打造节约社会
文化性：传播工匠精神　　科普性：具有教育意义

1-1剖面图

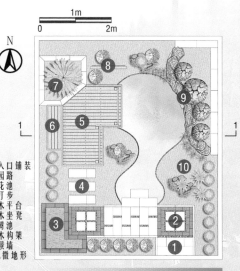

1m
0　　　2m

N

1.入口铺装
2.园路
3.花池
4.汀步
5.木平台
6.木木坐凳
7.树木池
8.木构架
9.景墙
10.微地形

平面图

知乐园

设计说明

　　"知鱼之乐"出自《庄子·秋水》，比喻善于体会物情。在城市化快速发展的今天，人们与自然的关系越来越远。本花园精巧构思一处有益于孩子认知世界、享受自然的小花园。

　　花园里，中式的花窗景墙，传承了江南园林的精湛技艺；休憩平台、木坐凳有机组合，自然而质朴，给人们提供了一个驻足观赏的景观空间；极简主义的跌水景墙和水池相结合，源头活水自成方圆；结合花坛、绿植的搭配，让人们在游赏之时感知"地上花"、"墙上窗"、"水中影"之乐。整个花园，用自然做工，方寸之间，匠心独运，人们在享受景观艺术的同时，让身心再次得到放松，其乐融融。

0 25 50 100 200(CM)

1. 入口铺装
2. 景观小道
3. 花窗景墙
4. 景观花池
5. 独杆石楠
6. 木坐凳
7. 休憩平台
8. 白皮松
9. 景观水池
10. 跌水景墙

侧立面图

总平面图

鸟瞰图

构筑物

铺装

草坪

水景

分析图

2019世界技能大赛园艺项目（成都）国际邀请赛—"国手杯"景观设计赛

青春主旋律

设计说明（300字以内）

　　青春看似是简单的、单纯的、重复而无趣的，实则像是一架钢琴，可以弹奏出许多优美而动听的曲子。本方案以"青春主旋律"为设计主题，将青春这种简单而又丰富多彩、单纯而又写满内涵、重复而又处处是惊喜的无畏精神融入园林景观设计中，方案以灰砖、大理石、防腐木等简单的材料构建出看似台阶实则线条简洁、功能丰富、空间灵活的花园景观，将成都"三分之一平原"、"三分之一丘陵"、"三分之一山地"的独特地形完美地表达与连接，让成都巨大的垂直高差地形成为大自然赐予成都人民最好的礼物。

　　整个方案中，游人们在看似有意或者无意的私密或者公共空间中或坐、或躺、或走、或观、或戏水、或赏花，反映出了成都独特的地形地貌带给园林景观空间的更多可能性，也为成都环境景观的建设提供了参考。

鸟瞰图

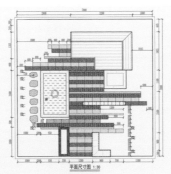

平面尺寸图 1:30

竖向标高图 1:30

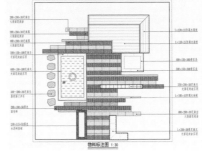

物料标注图 1:30

效果图一

效果图二

效果图三

评审打分处	创意构思（20分）	景观结构合理（15分）	可实现性（40分）	成型效果（20分）	其他（5分）	总分（100分）	备注
	评审意见						

园林国手 "一带一路" 造园技能（昌邑）国际邀请赛——"国手杯" 造园设计大赛

沁锦园

本方案紧扣 "丝路花语，锦绣中华" 的主题，"S" 形的流线来源于 "一带一路" 国际高峰论坛的LOGO（金色和蓝色的丝带构成一个 "S" 形的外表）。当我们行走在这小小的 "丝绸之路" 上，穿越水体，走过陆地，金色的陆地和蓝色的水体，再次还原了 "一带一路" 的内涵。本方案用植物围绕 "S" 形小路，让行人行走的全过程都能与植物为伴，观其花开，听其花语。此外，方案中有一个供人停留休息的木平台，体现了开放和包容。与生活忙碌的角逐中，我们在这里静下心来，观之胜景，感之美好。瀑布之水缓缓流下，带动水体的波纹有节奏地运动着。整个方案静中有动，动中有静，给予人一种安心而又温馨的感觉。

平面尺寸图

竖向设计图

物料标注图

评审打分处	创意构思（20分）	景观结构合理（15分）	可实现性（40分）	成型效果（20分）	其他（5分）	总分（100分）	备注
	评审意见						

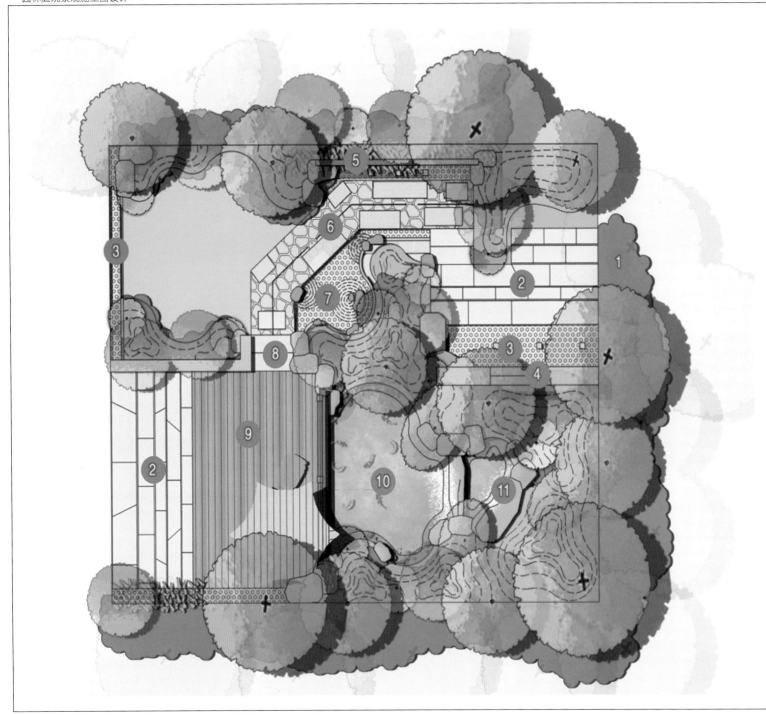

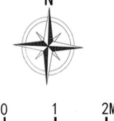

N

0　　　1　　　2M

1 出入口

2 铺装

3 白沙小品

4 对景墙

5 木格栅

6 园路

7 枯山水

8 台阶

9 木平台

10 鱼池

11 假山跌水